"十二五"职业教育国家规划教材
经全国职业教育教材审定委员会审定

高等职业教育创新教材

Biochemistry

生 物 化 学

供护理、临床医学、药学、
医学检验、助产等专业用

（第4版）

主 编　王晓凌　李根亮　陈传平
副主编　王健华　王宏娟　苑　红　陆　璐
编 委（按姓氏笔画排序）
　　　　王　熙（钟山职业技术学院）
　　　　王宏娟（首都医科大学燕京医学院）
　　　　王晓凌（邢台医学高等专科学校）
　　　　王健华（邢台医学高等专科学校）
　　　　李　焕（邢台医学高等专科学校）
　　　　李　雷（江苏省宿迁卫生中等专业学校）
　　　　李根亮（右江民族医学院）
　　　　时费翔（江苏省南通卫生高等职业技术学校）
　　　　沈　剑（常州卫生高等职业技术学校）
　　　　张秀婷（天津生物工程职业技术学院）
　　　　陈传平（皖西卫生职业学院）
　　　　陆　璐（江苏卫生健康职业学院）
　　　　苑　红（内蒙古医科大学）
　　　　蒋薇薇（商丘工学院医学院）

江苏凤凰科学技术出版社·南京
凤凰医学
Phoenix MedPub

图书在版编目（CIP）数据

生物化学 / 王晓凌，李根亮，陈传平主编. — 4 版.
—南京：江苏凤凰科学技术出版社，2022.12
高等职业教育创新教材
ISBN 978 - 7 - 5713 - 3044 - 6

Ⅰ. ①生… Ⅱ. ①王… ②李… ③陈… Ⅲ. ①生物化
学-高等职业教育-教材 Ⅳ. ①Q5

中国版本图书馆 CIP 数据核字(2022)第 125246 号

生物化学

主　　　编	王晓凌　李根亮　陈传平
责任编辑	楼立理
责任校对	仲　敏
责任监制	刘文洋

出版发行	江苏凤凰科学技术出版社
出版社地址	南京市湖南路 1 号 A 楼，邮编：210009
出版社网址	http://www.pspress.cn
照　　　排	南京紫藤制版印务中心
印　　　刷	江苏凤凰数码印务有限公司

开　　　本	880 mm×1 230 mm　1/16
印　　　张	15
字　　　数	410 000
版　　　次	2022 年 12 月第 4 版
印　　　次	2022 年 12 月第 1 次印刷

标 准 书 号	ISBN 978 - 7 - 5713 - 3044 - 6
定　　　价	49.80 元

前　　言

　　为了适应"三教改革"的新要求,推进课程思政的开展,我们组织一批具有丰富教学经验和临床实践经历的教师和专家对《生物化学》第 3 版进行修订。

　　本次修订继承以"学生为中心"的原则,兼顾教师的教学需求,教材形态有了质的飞跃。以二维码形式将纸质教材与网络资源相连通,扩展了教材的容量,丰富了知识和技术的呈现形式;融入大量优质思政素材,助力生物化学课程思政的开展。具体修订如下:

　　一、以"知识拓展与思考""知识链接与思考"等形式融入大量思政素材。这些素材多为经过教学实践检验,取得过满意教学效果的优质素材。相信这些素材的合理使用,必能推动生物化学课程思政走向深入。

　　二、以二维码的形式链接在线资源,扩展了教材容量。由于在线资源的使用,大幅度地扩充了习题数量,新增达标测评题 500 余道,还提供了教学课件、知识链接等教学资源,丰富了教材内容。

　　三、增加"导学案例",引导学生学习。导学案例密切联系医疗卫生实际,可作为理论知识联系临床实际的抓手,为教材学习和教学提供帮助。

　　四、在"三基、五性、三特定"的基础上进一步突出教材具有的"教师易教,学生易学"的特点。对教材文字字斟句酌、反复打磨,对知识结构框架进一步优化,重新绘制了部分图表,替换了陈旧的内容,修正了存在的错误。这些修订提高了教材的科学性、易读性和启发性。

　　生物化学从分子水平研究机体的组成、结构和代谢过程,是医学的"微观基础"。生物化学基础知识是临床医学和护理工作者必须具备的,分子生物学技术和产品在疾病的预防诊断和治疗中发挥越来越重要的作用。教材内容可以满足学生的岗位需求和自身发展需要。全体参编人员以严谨的工作作风,团结协作的精神完成了教材的编写任务,衷心希望能为生物化学的教学改革贡献一份力量。

　　由于时间仓促,编者的能力和水平所限,教材中难免存在不妥之处,诚请同行、专家和广大读者多提宝贵意见,以备再版时进一步完善。

王晓凌　李根亮　陈传平

2022 年 8 月

目　　录

第一章 绪 论

学习目标

掌握:生物化学的概念。

熟悉:生物化学的基本研究内容。

了解:生物化学的发展简史;生物化学与医学的关系。

【导学案例】

从 1958 年至 1965 年,中国科学院上海生物化学研究所、有机化学研究所和北京大学化学系三个单位联合,战胜重重困难和挫折,在世界上首次用化学方法成功合成结晶牛胰岛素。1966 年 4 月,国际生化学会邀请王应睐、邹承鲁、龚岳亭作为华沙欧洲生化联合会议的演讲者,向全世界宣读这一伟大成果,轰动了全世界。

思考题:

1. 人工合成胰岛素有何重大的意义?

2. 在极其艰苦的条件下,我国成功合成牛胰岛素,你对此有何感想?

生物化学是研究生物体的化学组成以及生物体内发生的各种化学变化的科学。生物化学的任务是从分子水平来探讨生命现象的化学本质,所以又被称为生命的化学。生物化学是生命科学领域的前沿学科,在医学、农业和工业等领域具有广泛的应用。

生物化学按照研究对象的不同,可分为动物生物化学、植物生物化学、微生物生物化学等分支。以人体为主要研究对象的生物化学称为医学生物化学,它是医学的一个组成部分,也是一门非常重要的医学基础课程。

[要点:生物化学的概念]

一、生物化学的发展简史

生物化学的发展大致可分为叙述生物化学、动态生物化学和分子生物学三个阶段。一般认为现代意义的生物化学是从 18 世纪中叶开始的。

(一)叙述生物化学阶段

18 世纪中叶至 19 世纪末是生物化学的初级阶段,称为叙述生物化学阶段。此阶段主要对生物体的各种组成成分进行研究,从而确定生物体的化学组成、结构和性质。期间重要的贡献有:对糖类、脂类及氨基酸的性质进行了较为系统的研究;发现了核酸;人工合成了简单的多肽;从血液中分离了血红蛋白;发现酵母发酵过程中"可溶性催化剂",奠定了酶学的基础等。

(二)动态生物化学阶段

从 20 世纪初期开始,生物化学进入蓬勃发展的阶段。1903 年,德国学者纽伯(C. Neuberg)提出"生物化学"的名称,这是生物化学与其他学科脱离,走向独立学科的标志。到 20 世纪 50 年代前,在生物化学研究的很多方面取得了重要的成果。物质代谢方面,基本确定了生物体内主要物质的代谢途径,例如三羧酸循环、尿素合成过程、脂肪酸 β - 氧化过程等;在内分泌方面,发现垂体激素、胰岛素、胰高血糖素、雌二醇、孕酮等多种激素;在营养方面发现必需脂肪酸、必需氨基酸和多种维生素;在酶学方面,得到脲酶的结晶,证明酶的化学本质是蛋白质。

(三)分子生物学时期

20 世纪后半叶以来,生物化学飞速发展,其显著的特征是分子生物学的崛起。具有里程碑意义的是 1953 年 DNA 双螺旋结构模型的提出,这是生物化学进入分子生物学时期的重要标志。此后,对 DNA 的复制、RNA 的转录及蛋白质的合成过程进行了深入的研究。20 世纪 70 年代,重组 DNA 技术的建立,不仅使基因操作无所不能,而且使人们主动改造生物体成为可能。20 世纪 90 年代人类基因组计划启动,2001 年 2 月公布人类基因组草图,2004 年 10 月人类基因组完成图公布,这是生命科学史上的重要里程碑。在人类基因组计划之后,功能基因组学的研究迅速崛起,从基因组整体水平上对基因的活动规律进行研究。蛋白质组学是生命科学进入后基因组时代的标志,它在整体水平上研究细胞内全部蛋白质的组成及其活动规律,是后基因组时代生命科学研究的核心内容之一,它的研究成果必将给医药卫生领域带来一场新的变革。

知识链接与思考
生物化学发展史上的重大发现

在生物化学的发展过程中许多科学家做出了重大的贡献,他们的研究成果推动了生物化学的发展历程。了解详情请扫二维码。

二、我国对生物化学发展的贡献

生物化学是随着人们的生产和生活实践逐渐发展起来的。在我国,劳动人民在生产和生活实践中掌握了很多生物化学知识和技术并代代相传。例如,公元前 21 世纪,我国人民已能酿酒,这是用"曲"作"媒"(即酶)催化谷物淀粉发酵的过程;公元前 12 世纪前,已能用豆、谷、麦等原料分别制成酱、饴、醋等,这些都是利用酶进行的生化过程;汉代已能制作豆腐,这实际是蛋白质的提取和凝固过程;公元 7 世纪,孙思邈用猪肝治疗雀目,这实际是用富含维生素 A 的猪肝治疗夜盲症。

我国科学家对生物化学的发展做出了重要的贡献。早在 20 世纪 30 年代,吴宪提出了蛋白质变性学说,创立了无蛋白血滤液的制备方法和血糖的测定方法。中华人民共和国成立后,我国的生物化学迅速发展。1965 年,我国在世界上首次人工合成了具有生物活性的结晶牛胰岛素;1981 年,我国又成功合成了酵母丙氨酰- tRNA;1999 年,我国参加人类基因组计划,承担其中 1‰ 的任务,并于次年完成;2002 年,我国学者完成了水稻的基因组精细图。此外,在基因工程、蛋白质工程、疾病相关基因研究等方面,我国均取得重要的成果。

三、生物化学的研究内容

（一）生物分子的组成、结构与功能

生物体由蛋白质、核酸、糖、脂类、维生素、水、无机盐（矿物质）等物质组成，其中蛋白质、核酸、多糖等分子量大、结构和功能复杂，称为生物大分子；水、无机盐、维生素等分子量小，结构和功能相对简单，称为生物小分子。结构复杂的生物大分子都是由种类有限的有机小分子物质构成的，例如蛋白质是由氨基酸组成的，核酸是由核苷酸组成的，多糖的组成单位是葡萄糖。核酸和蛋白质对生命体具有极其重要的意义，核酸是遗传信息的载体，而蛋白质是遗传信息的执行者。简单的生命体——病毒是由核酸和蛋白质两种生物大分子构成的。

生物体内的组成物质最终是来自体外，即食物中的营养素。人体需要糖、脂类、蛋白质、水、无机盐、维生素等六大类营养素。人体可以利用简单的小分子物质合成核苷酸，进而合成核酸，因此核酸不属于营养素。

大分子物质结构复杂，例如蛋白质包括一、二、三、四级结构，核酸包括一、二、三级结构，物质的结构与功能之间关系密切，结构是功能的基础，功能是结构的体现。

（二）物质代谢及其调节

生命的基本特征是新陈代谢。新陈代谢包括物质代谢和能量代谢，物质代谢又可分为合成代谢和分解代谢，能量代谢是在物质代谢过程中完成的。在生物体的整个生命过程中，一方面不断地从外界摄取营养物质，合成自身组织，同时储存能量，称为合成代谢；另一方面又不断地将其自身组织进行分解，形成代谢废物排出体外，同时释放能量供机体需要，称为分解代谢。这种机体与周围环境之间进行物质交换和能量交换，以实现自我更新的过程，称为新陈代谢。据估计，一个人在一生中（以 60 岁年龄计算），与外环境交换的物质，约相当于 60 000 kg 水，10 000 kg 糖类，1 600 kg 蛋白质，以及 1 000 kg 脂类。

机体内的代谢错综复杂但又相互联系。在一个细胞中，同一时间有 2 000 多种酶催化着不同代谢途径中的各种化学反应，并使其互不干扰、有条不紊地以惊人的速度进行着。这是因为体内有完善的调节系统，一旦调节系统出现异常，就会引起物质代谢的紊乱，从而导致疾病的发生。例如，当一个人糖代谢的调节系统出现问题时就会引起相应的疾病，比如糖尿病。

生命活动是靠物质代谢来维持的，物质代谢及其调节是生物化学研究和学习的重要内容。

（三）遗传信息的传递与表达

生命的另一重要特征是具有繁殖能力和遗传特性。生物体在繁衍后代的过程中，遗传信息代代相传。人遗传的物质基础是 DNA，基因就是 DNA 分子上有遗传效应的片段。体细胞的分裂增殖就是遗传信息在个体内部的传递，繁衍后代就是遗传信息在亲代和子代之间的传递。遗传信息的传递与表达涉及 DNA 复制、转录、翻译等一系列过程。遗传信息通过一系列的传递过程，最终生成具有各种功能的蛋白质。遗传信息传递涉及遗传、变异、生长、分化等诸多生命过程，也与遗传疾病、恶性肿瘤、心血管病等多种疾病的发生机制有关。因此，基因信息的传递与表达过程及其调控机制，是现代生物化学研究的中心环节。

［要点：生物化学的研究内容］

四、生物化学与医学

生物化学是医学的重要基础。生物化学的理论和技术已经渗透到医学的各个学科和领域，成为各学科、各领域进一步研究和发展不可或缺的知识和技术支撑。如果把解剖学作为医学各学科的"宏观基础"，那么生物化学就是医学各学科的"微观基础"。由生物化学发展起来的分子生物学，为医学研究提供了强有力的工具，没有生物化学的理论和技术支持，其他学科的研究将很难

进行。

　　生物化学在疾病的预防、诊断、治疗等方面均有重要的作用。生物化学检验技术是重要的临床检验技术,通过对血、尿、脑脊液等样品中蛋白质、酶、激素、糖、脂类、胆红素、尿素等众多物质的检测,帮助临床医师诊断疾病、评价治疗效果和分析预后。基因诊断已经应用于临床,用来检测遗传病;基因治疗已经试用于临床并取得一定的疗效。DNA 鉴定成为亲子和亲权鉴定中使用最多和最准确的方法。核酸检测目前是新型冠状病毒检测的"金标准",具有早期诊断、灵敏度和特异性高等特点,在新冠疫情防控中发挥着极其重要的作用。通过生物工程技术,人们生产出越来越多的生物制品,广泛地应用于医疗卫生、生产生活的诸多方面,并在临床诊断、治疗和疾病预防中起着越来越重要的作用。例如,目前使用的乙肝疫苗是基因工程疫苗,具有很好的免疫效果;现阶段临床最常使用的胰岛素是利用基因工程技术获得的高纯度的人胰岛素,克服了猪或牛胰岛素易产生抗体的缺陷;利用基因重组技术,人们可以改变生物的遗传性状,使之更好地为人类服务。

　　生物化学与护理学也是密不可分的。作为新时代的新型护理人才,要具备很多方面的能力,如护理基本操作技术、对常见病和多发病病情及用药反应的观察、对患者进行健康评估及健康教育、对大众进行卫生保健指导等,这些无不与生物化学知识和技术紧密相关。因此,生物化学是护理学教育中非常重要的一门专业基础课。生物化学在护理学中的应用性知识可用于营养学、临床输液、临床护理观察和处理、生化检验、临床治疗用药等很多方面。学习生物化学知识,对 21 世纪的护理人才非常重要。

　　[要点:生物化学与医学的关系]

本章小结

　　生物化学是从分子水平研究生物体的化学组成以及体内发生的各种化学变化的科学。现代意义的生物化学从 18 世纪中叶开始,可大致分为叙述生物化学、动态生物化学和分子生物学三个阶段,我国在生物化学领域取得了很多成果,为生物化学的发展做出了重要的贡献。生物化学的研究内容包括生物分子的组成、结构和功能,物质代谢及其调节,遗传信息的传递与表达等。生物化学是一门重要的医学基础课,生物化学理论和技术已经渗透到医学的各个学科和领域,成为各学科、领域进一步研究和发展不可或缺的知识和技术支持。

教学课件　　　　微课

思考题

1. 什么是生物化学?它的主要研究内容有哪些?
2. 我国在生物化学领域取得了哪些重要成就?
3. 生物化学与医学有何关系?

更多习题,请扫二维码查看。

达标测评题　　　参考答案

（王晓凌）

第二章　蛋白质的结构与功能

学习目标

掌握:蛋白质的元素组成特点;氨基酸的结构特点;蛋白质一级结构的概念和维持力;蛋白
　　质变性的概念、实质和应用。

熟悉:肽键、肽的概念;蛋白质各级空间结构的概念和维持力;蛋白质两性解离、胶体性质、
　　紫外吸收特点及应用;沉淀蛋白质的方法。

了解:氨基酸的分类;蛋白质结构与功能的关系;蛋白质的分类。

【导学案例】

患者,女性,15 岁。因低热,四肢和臀部疼痛不断加重就诊。体格检查:体温 38.5℃,贫血貌,轻度黄疸,肝、脾略大。实验室检查:血红蛋白 70 g/L(正常值为 110～150 g/L),网织红细胞百分比为 11.25%(正常值为 0.50%～1.50%),红细胞镰变试验阳性,白细胞计数和分类正常。诊断为镰状红细胞贫血。

思考题:

1. 镰状红细胞贫血的发病机制是什么?

2. 蛋白质中任何氨基酸的改变都会引起功能改变吗?

蛋白质(protein)是生物体细胞和组织的主要组成成分,是生物体形态结构和生命活动的重要物质基础。蛋白质含量约占人体干重的 45%(湿重的 15%～18%),人体内含有 10 万余种蛋白质,发挥着多种多样的生理功能。机体的一切生命活动都离不开蛋白质。

第一节　蛋白质的分子组成

一、蛋白质的元素组成

尽管自然界中蛋白质的种类繁多,结构各异,但其基本组成元素相同,含碳(50%～55%)、氢(6%～7%)、氧(19%～24%)、氮(13%～19%)、硫(0～4%)。有些蛋白质还含有少量磷、硒或金属元素铁、铜、锌、锰、钴、钼等,个别蛋白质还含有碘。各种蛋白质的含氮量很接近,平均为 16%,这是蛋白质元素组成的一个特点。因此,只要测定生物样品中氮元素含量,就可以按下式推算出样品中蛋白质的含量。

$$样品中蛋白质的含量＝样品的含氮量×6.25$$

[要点:蛋白质元素组成特点及其应用]

- -

知识拓展与思考

"三鹿奶粉"事件

2008 年,很多食用三鹿集团生产的婴幼儿奶粉的婴儿被发现患有肾结石,随后在奶粉中发现化工原料三聚氰胺,由此引起一系列连锁事件,重创了中国乳品行业,这就是"三鹿奶粉事件"。食品中的蛋白质含量通常是用"凯氏定氮法"测定的,即先测定食品的含氮量,再推算其蛋白质的含量。三聚氰胺($C_3H_6N_6$)的含氮量很高(66.7%)。不法分子为了提高掺水牛奶的含氮量,进而获得虚假的蛋白质含量,在牛奶中添加了三聚氰胺。

"三鹿奶粉"事件的教训是深刻的,请思考失信对个人、企业和社会的严重不良影响,如何才能践行社会主义核心价值观中的"诚信"要求。

- -

二、蛋白质的基本组成单位——氨基酸

蛋白质经酸、碱或酶的作用,逐渐水解成分子量越来越小的肽段,直到最后水解出游离的氨基酸(amino acid),因此氨基酸是蛋白质的基本组成单位。

(一)氨基酸的结构特点

存在于自然界中的氨基酸有 300 余种,但组成人体蛋白质的氨基酸只有 20 种,它们在结构上有以下特点。

1. 组成蛋白质的 20 种氨基酸都属于 α - 氨基酸(脯氨酸除外)　组成蛋白质的天然氨基酸的氨基均连接在 α - 碳原子上,因此被称为 α - 氨基酸。脯氨酸没有 α - 氨基,而含有 α - 亚氨基,因此属于 α - 亚氨基酸。

氨基酸结构通式　　脯氨酸　　甘氨酸

2. 组成蛋白质的 20 种氨基酸都属于 L - 氨基酸(甘氨酸除外)　不同氨基酸的差别在于 R 基的不同。甘氨酸 R 基为 H,α - 碳原子不是手性碳原子,只有一种空间构型;而其他氨基酸的 α - 碳原子都是手性碳原子,有旋光异构现象,存在 L - 型和 D - 型两种不同的空间构型。

总之,组成蛋白质的 20 种氨基酸,除甘氨酸和脯氨酸外,其他均为 L - α - 氨基酸(甘氨酸不分型,脯氨酸是亚氨基酸)。

L-α-氨基酸　　　　D-α-氨基酸

[要点:氨基酸的结构特点]

(二)氨基酸的分类

组成蛋白质的 20 种氨基酸,根据其侧链 R 基的性质不同,可以分为四类(表 2-1)。

　　1. 非极性侧链氨基酸　侧链含有非极性的疏水基团,如脂肪烃基、苯基等,在水中溶解度较小。

　　2. 非电离的极性侧链氨基酸　侧链含有羟基、巯基、酰胺基等极性基团,有亲水性,在水溶液中不电离,不带电。

　　3. 碱性侧链氨基酸　侧链含有胍基、氨基或咪唑基,这些基团在水溶液中会结合上 H^+ 而带正电。

　　4. 酸性侧链氨基酸　侧链含有羧基,在水溶液中释放 H^+ 而带负电。

表 2-1　组成蛋白质的 20 种氨基酸及分类

中文名	结构式	英文名	三字符	一字符	等电点(pI)
1. 非极性侧链氨基酸					
甘氨酸	H—CH—COOH, NH₂	glycine	Gly	G	5.97
丙氨酸	CH₃—CH—COOH, NH₂	alanine	Ala	A	6.00
缬氨酸	CH₃—CH—CH—COOH, CH₃ NH₂	valine	Val	V	5.96
亮氨酸	CH₃—CH—CH₂—CH—COOH, CH₃ NH₂	leucine	Leu	L	5.98
异亮氨酸	CH₃—CH₂—CH—CH—COOH, CH₃ NH₂	isoleucine	Ile	I	6.02
苯丙氨酸	C₆H₅—CH₂—CH—COOH, NH₂	phenylalanine	Phe	F	5.48
脯氨酸	proline 环状结构	proline	Pro	P	6.30
2. 非电离的极性侧链氨基酸					
色氨酸	吲哚—CH₂—CH—COOH, NH₂	tryptophan	Trp	W	5.89
丝氨酸	HO—CH₂—CHCOOH, NH₂	serine	Ser	S	5.68
苏氨酸	HO—CH—CHCOOH, CH₃ NH₂	threonine	Thr	T	5.60

续　表

中文名	结构式	英文名	三字符	一字符	等电点（pI）
酪氨酸	HO—⟨苯环⟩—CH$_2$—CHCOOH（NH$_2$）	tyrosine	Tyr	Y	5.66
半胱氨酸	HS—CH$_2$—CHCOOH（NH$_2$）	cysteine	Cys	C	5.07
甲硫氨酸	CH$_3$SCH$_2$CH$_2$—CHCOOH（NH$_2$）	methionine	Met	M	5.74
天冬酰胺	O=C（H$_2$N）—CH$_2$—CHCOOH（NH$_2$）	asparagine	Asn	N	5.41
谷氨酰胺	O=C（H$_2$N）CH$_2$CH$_2$—CHCOOH（NH$_2$）	glutamine	Gln	Q	5.65

3. 碱性侧链氨基酸

赖氨酸	NH$_2$CH$_2$CH$_2$CH$_2$CH$_2$—CHCOOH（NH$_2$）	lysine	Lys	K	9.74
精氨酸	NH$_2$CNHCH$_2$CH$_2$CH$_2$—CHCOOH（NH$_2$）（NH）	arginine	Arg	R	10.76
组氨酸	HC=C—CH$_2$—CHCOOH（N NH）（C H）（NH$_2$）	histidine	His	H	7.59

4. 酸性侧链氨基酸

谷氨酸	HOOCCH$_2$CH$_2$—CHCOOH（NH$_2$）	glutamic acid	Glu	E	3.22
天冬氨酸	HOOC—CH$_2$—CHCOOH（NH$_2$）	aspartic acid	Asp	D	2.97

知识拓展

不组成蛋白质的氨基酸

　　人体中有些氨基酸不是蛋白质的组成成分，如乌氨酸、瓜氨酸、同型半胱氨酸等。这些氨基酸在体内发挥着重要的作用，如乌氨酸和瓜氨酸参与尿素合成，同型半胱氨酸参与甲硫氨酸循环。

三、蛋白质分子中氨基酸的连接方式——肽键

一个氨基酸的 α-羧基与另一个氨基酸的 α-氨基脱水缩合而成的酰胺键（—CO—NH—）称为肽键。蛋白质是由许多氨基酸借助肽键聚合成的高分子化合物。

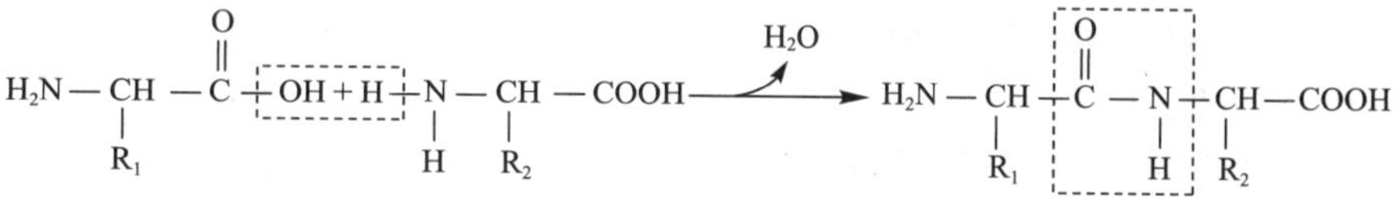

氨基酸通过肽键相连而成的化合物称为肽（peptide）。由两个氨基酸缩合而成的肽称为二肽，由三个氨基酸缩合而成的肽称为三肽，依此类推，通常把十肽以下者称为寡肽，十肽以上者称为多肽。多肽是链状化合物，故又称为多肽链（polypeptide chain）。多肽链中的氨基酸由于脱水缩合已变的基团不全，故称为氨基酸残基（residue）。在多肽链中由氨基酸残基借助肽键连接成的长链骨架称为主链，各氨基酸的 R 基称为侧链。

多肽链有两个末端，有游离 α-氨基的一端称为氨基末端或 N-末端；有游离的 α-羧基一端称为羧基末端或 C-末端。多肽链具有方向性，在阅读和书写时通常从 N 端开始向 C 端依次排列各氨基酸。

四、人体内重要的生物活性肽

在人体内有许多具有调节功能的小分子肽，称为生物活性肽，在代谢、神经传导等方面起着重要的作用。谷胱甘肽（glutathione，GSH）是由谷氨酸、半胱氨酸和甘氨酸组成的三肽。GSH的第一个肽键是谷氨酸的 γ-羧基与半胱氨酸的 α-氨基形成的肽键，故称为 γ-谷胱甘肽。结构式如下：

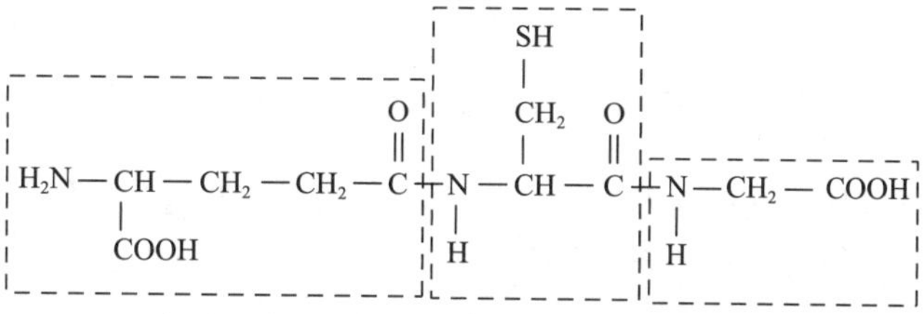

谷氨酸残基　　半胱氨酸残基　　甘氨酸残基

半胱氨酸的巯基是 GSH 主要的功能基团，具有还原性。GSH 可以保护含有巯基的蛋白质或酶不被氧化，保持其原有的生物活性状态；GSH 还可以在谷胱甘肽过氧化物酶催化下，清除细胞内的 H_2O_2，生成 H_2O；GSH 的巯基有嗜核特性，可与外源的致癌剂或药物结合，阻断这些化合物与 DNA、RNA 或蛋白质结合，保护机体免遭侵害。

体内还有许多肽具有生物活性，如下丘脑分泌的促甲状腺激素释放的激素是三肽，神经垂体分泌的抗利尿激素（加压素）和催产素都是九肽，腺垂体分泌的促肾上腺皮质激素是 39 肽。随着科学技术的发展，许多 DNA 重组技术或化学合成的肽类药物或疫苗已应用于疾病的预防和治疗，并且取得了很大的成效。

［要点：肽键的概念、多肽链的两个末端的表示方法］

第二节　蛋白质的分子结构

蛋白质的分子结构包括基本结构和空间结构,基本结构又称为一级结构,空间结构指蛋白质的空间构象,包括二、三、四级结构。并非所有的蛋白质都有四级结构,只有一条肽链的蛋白质只有一、二、三级结构,不具有四级结构;两条或两条以上的肽链组成的蛋白质才可能有四级结构。在蛋白质分子结构中,肽键称为多肽链的主键;相对于肽键,其他化学键都称为次级键。肽键是维持蛋白质一级结构的主要化学键,次级键是维持蛋白质空间结构的主要化学键。

一、蛋白质的一级结构

蛋白质分子中氨基酸的排列顺序称为蛋白质的一级结构(primary structure)。维持蛋白质一级结构稳定的主要化学键是肽键,有些蛋白质分子还包括二硫键。例如,牛胰岛素由 A、B 两条多肽链构成,共 51 个氨基酸残基,其中 A 链含有 21 个氨基酸残基,B 链含有 30 个氨基酸残基。胰岛素分子中有三个二硫键,一个位于 A 链内部,由 A 链的第 6 位和第 11 位两个半胱氨酸形成,称为链内二硫键;另外两个二硫键分别由 A、B 两条链间的两个半胱氨酸形成,称为链间二硫键(图 2-1)。

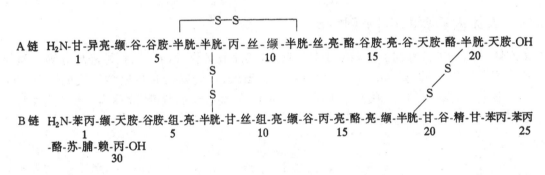

图 2-1　牛胰岛素的一级结构

蛋白质的一级结构是其空间结构和特异生物学功能的基础。蛋白质一级结构的阐明,对揭示某些疾病的发病机制、治疗和预防都有十分重要的意义。

[要点:蛋白质一级结构的概念、维持一级结构稳定的化学键]

二、蛋白质的空间结构

蛋白质分子并不是以完全伸展的形式存在,而是在三维空间内进行折叠和盘曲而形成特有的空间结构。蛋白质的空间结构又称为空间构象。各种蛋白质的分子形状、理化特性和生物学功能主要都是由它特定的空间结构所决定。

(一)蛋白质的二级结构

蛋白质的二级结构(secondary structure)是指多肽链中主链原子的局部空间排布,不涉及侧链原子的构象。多肽链主链原子 C_α(α-碳原子)、CO(羰基碳和氧)和 NH(亚氨基氮和氢)依次出现,重复排列。维持蛋白质二级结构稳定的化学键是氢键。

1. 肽键平面　20 世纪 30 年代末,R. B. Corey 和 L. Pauling 应用 X 线衍射技术研究氨基酸和寡肽的晶体结构发现了肽键平面。肽键中的 C、O、N、H 四个原子和与它们相邻的两个 α-碳原子都处在同一个平面上,该平面称为肽键平面,肽键平面上的六个原子构成肽单元(图 2-2)。其中肽键(C—N)的键长为 0.132 nm,介于 C—N 单键(0.149 nm)和 C═N 双键(0.127 nm)之间,具有部分双键性质,不能自由旋转。两个 C_α 分别与 NH 和 CO 相连的键都是典型的单键,可以自由旋转,旋转角度的大小决定了两个相邻肽键平面的相对空间位置。

［要点:肽键平面或肽单元的概念］

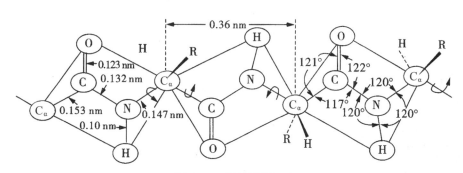

图 2-2　肽键平面示意

2. 蛋白质二级结构的基本形式　蛋白质二级结构的基本形式包括 α-螺旋、β-折叠、β-转角和无规卷曲四种,其中 α-螺旋和 β-折叠是最常见的两种二级结构形式。

(1) α-螺旋(α-helix):是蛋白质中最常见、最典型、含量最丰富的二级结构形式。其结构特点如下:① 多肽链主链以肽单元为单位,以 α-碳原子为转折点,围绕中心轴做有规律的螺旋上升,形成右手螺旋结构。② 螺旋螺距(螺旋上升一圈的高度)为 0.54 nm,每圈包含 3.6 个氨基酸残基,每个残基跨距为 0.15 nm。③ 螺旋中的每个肽键的 N—H 和第四个肽键的羰基氧(═O)相互靠近形成氢键,氢键的方向基本上与螺旋长轴平行。④ 各氨基酸残基的 R 基均伸向螺旋外侧,R 基团的大小、形状、性质及所带电荷状态都能影响 α-螺旋的形成及稳定(图 2-3)。

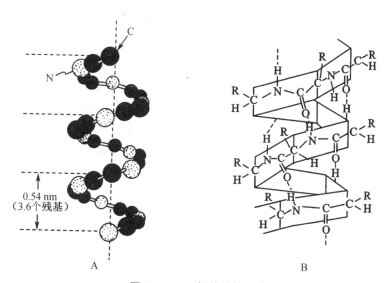

图 2-3　α-螺旋结构示意

在球状蛋白质构象中,α-螺旋是最常见的存在形式,如肌红蛋白和血红蛋白分子中有许多肽段呈 α-螺旋结构。毛发的角蛋白、肌肉的肌球蛋白及血凝块中的纤维蛋白,它们的多肽链几乎全长都卷曲成 α-螺旋。

(2) β-折叠(β-pleated sheet):是多肽链主链一种比较伸展、呈有规律锯齿状的二级结构形式,也称为 β-片层。两条及两条以上肽链或一条肽链的若干肽段的锯齿状结构平行排列,肽链走向可相同(顺向平行),也可相反(反向平行),彼此之间形成氢键以稳固 β - 折叠结构(图 2-4)。蚕丝、蛛丝中的丝心蛋白几乎都是 β - 折叠结构。

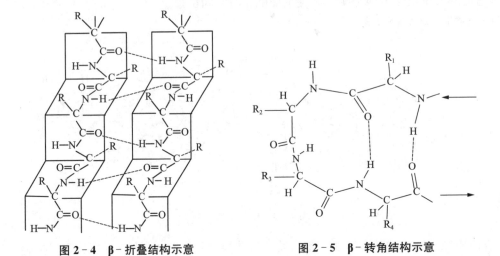

图 2-4　β-折叠结构示意　　　　　　　　图 2-5　β-转角结构示意

(3) β-转角(β-turn):在球状蛋白质分子中,肽链主链常常会出现 180° 的回折,回折部分称为 β-转角。β-转角通常由 4 个连续的氨基酸残基组成,第 1 个氨基酸残基与第 4 个氨基酸残基之间形成氢键,以维持转角构象的稳定(图 2-5)。由于 β-转角可使肽链的走向发生改变,所以常出现在球状蛋白质分子的表面。

(4) 无规卷曲(random coil):多肽链中除上述几种比较规则的构象外,其余没有确定规律性的肽链构象,称为无规卷曲。

[要点:蛋白质二级结构的基本形式和维持其稳定的化学键]

- -

知识拓展

模　体

模体(motif)是具有特殊功能的超二级结构,由两个或三个具有二级结构的肽段,在空间上相互靠近,形成具有特定功能的空间构象。一个模体总有其特殊的氨基酸序列,并发挥特殊的功能。常见的模体有钙结合蛋白中的结合钙离子的模体、锌指模体等。

- -

(二) 蛋白质的三级结构

蛋白质的三级结构(tertiary structure)是指整条多肽链中所有原子的空间排布,包括主链、侧链构象在内。三级结构是在二级结构的基础上,侧链 R 基团相互作用使肽链进一步盘曲、折叠而形成的空间结构。

由一条多肽链构成的蛋白质,其最高级结构是三级结构且具有生物活性。三级结构对蛋白质的分子形状和其活性部位的形成具有重要的作用。例如,肌红蛋白是由 153 个氨基酸残基构成的单链蛋白质,含有一个血红素辅基,多肽链盘曲折叠形成球状的三级结构,存在于心肌和骨骼肌细胞内,有转运和贮存氧的作用。

三级结构的形成和稳定主要靠次级键,包括疏水键、盐键、氢键、范德华力和二硫键等(图 2-6)。在蛋白质分子中含有许多疏水基团,如异亮氨酸、亮氨酸、缬氨酸、苯丙氨酸等氨基酸残基的 R 基团。这些疏水基团有相互集合、避开水相而藏于蛋白质分子内部的自然趋势,这种力量称为疏水键,它是维持蛋白质三级结构稳定的主要化学键。酸性和碱性氨基酸残基的 R 基团可以带电荷,正负电荷可以相互吸引而形成盐键；氢和氧原子在空间上相互靠近、相互吸引形成氢键；各种基团之间还普遍存在着范德华力。有些蛋白质分子中还有二硫键参与三级结构的稳定，它是由邻近的两个半胱氨酸的巯基共价结合而形成的。

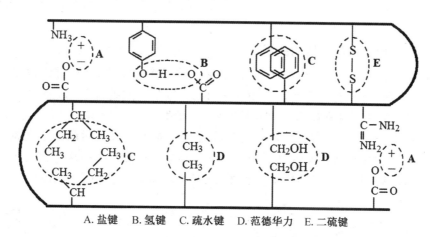

A.盐键　B.氢键　C.疏水键　D.范德华力　E.二硫键

图2-6　稳定蛋白质空间构象的化学键

［要点：具有一条多肽链的蛋白质最高结构为三级结构并具有生物活性］

知识拓展

结　构　域

分子量较大的蛋白质在形成三级结构时，肽链中某些局部的二级结构汇集在一起，常可折叠成多个结构较为紧密的区域并各行使其功能，称为结构域（domain）。每个结构域一般由100~400个氨基酸残基组成，各有其独特的空间构象并承担不同的生物学功能。

（三）蛋白质的四级结构

两条或两条以上具有独立三级结构的多肽链通过非共价键相互连接而形成的空间结构，称为蛋白质的四级结构（quarternary structure）。四级结构中每一条具有独立三级结构的多肽链称为亚基，故四级结构实际上是亚基间的空间排布及相互作用。四级结构是由亚基聚合而成的，但在一定的条件下，亚基可解聚而亚基本身构象仍可不变。只有完整的四级结构才具有生物学功能，亚基单独存在一般不具有生物学功能。

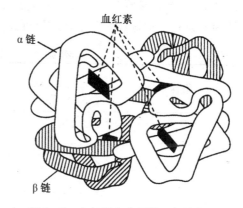

图2-7　血红蛋白分子的四级结构

维持四级结构的作用力是非共价键，包括氢键、盐键、疏水键、范德华力等，其中氢键、盐键最为重要。亚基可相同，也可不同，如过氧化氢酶由四个相同亚基构成，血红蛋白是由两个α亚基和两个β亚基构成的四聚体（图2-7）。胰岛素虽然由两条多肽链组成，但肽链间通过共价键（二硫键）相连，这种结构不属于四级结构。

［要点：四级结构的形成条件；亚基单独存在不具有生物活性］

三、蛋白质结构与功能的关系

蛋白质的一级结构是其空间结构的基础,一级结构和空间结构均与蛋白质的功能有关,但空间结构与功能的关系更加密切。无论一级结构还是空间结构发生改变,都可能影响蛋白质的生物学功能。

(一)蛋白质一级结构与功能的关系

1. 蛋白质一级结构是空间结构的基础,也是蛋白质行使功能的基础　核糖核酸酶是由一条多肽链构成的蛋白质,有 4 对二硫键。当用尿素和 β-巯基乙醇处理时,该酶的次级键(非共价键和二硫键)断裂,空间结构被破坏,生物活性丧失。但肽键不受影响,一级结构仍完整。当用透析法除去尿素和 β-巯基乙醇后,无规则的多肽链又卷曲折叠成天然酶的空间构象,4 对二硫键也正确配对,该酶的生物活性又恢复了(图 2-8)。这一现象说明一级结构是空间结构的基础,空间结构遭破坏时,只要一级结构不被破坏,就有可能恢复原有的空间结构。

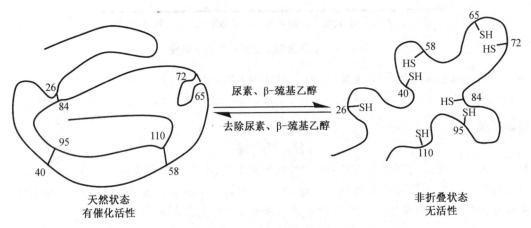

图 2-8　核糖核酸酶一级结构、空间结构与功能的关系

2. 一级结构相似的蛋白质,其空间结构和功能也相似　例如,不同哺乳类动物的胰岛素分子,都是由 51 个氨基酸分 A 和 B 两条链组成,并且二硫键的配对位置和空间结构也极为相似,在一级结构上只有个别氨基酸有差异,因而它们都具有相同的调节糖代谢的作用(表 2-2)。

表 2-2　不同哺乳动物胰岛素一级结构的差异

物种	氨基酸位置			
	A_8	A_9	A_{10}	B_{30}
人	Thr	Ser	Ile	Thr
猪	Thr	Ser	Ile	Ala
兔	Thr	Ser	Ile	Ser
牛	Ala	Ser	Val	Ala
马	Thr	Gly	Ile	Ala

3. 一级结构中重要部位的氨基酸改变能引起功能的改变　镰状细胞贫血患者的血红蛋白 β 链第 6 位谷氨酸被缬氨酸取代,仅此一个氨基酸的改变,就使血红蛋白表面上产生一个疏水小区,引起血红蛋白聚集成不溶性的纤维束,导致红细胞变形为镰状而极易破碎,产生贫血。这种蛋白质一级结构发生改变导致的疾病称为"分子病",其病因为基因突变。

（二）蛋白质空间结构与功能的关系

蛋白质的空间结构直接决定蛋白质的功能,当空间结构发生改变时其生物学功能也随之改变。

1. 血红蛋白空间结构与功能的关系　血红蛋白(Hb)运输氧的功能是通过其对氧的结合与释放来实现的。未结合氧时,Hb 结构较为紧密,称为紧张态(tense state,T 态)。随着与氧的结合,4 个亚基羧基末端之间的盐键断裂,其空间结构发生变化,结构变得相对松弛,称为松弛态(relaxed state,R 态)。在含氧丰富的肺中,Hb 呈 R 态,此时与 O_2 的亲和力高,有利于 Hb 迅速充分与 O_2 结合;在组织中 Hb 呈 T 态,此时与 O_2 的亲和力低,有利于 Hb 迅速释放 O_2,供组织利用。

2. 蛋白质空间结构改变可引起疾病　蛋白质空间结构形成过程中,若多肽链的折叠发生错误,尽管其一级结构不变,但蛋白质的构象发生改变,仍会影响其功能,严重时可导致疾病的发生,称为蛋白质构象病。如人纹状体脊髓变性病、老年痴呆症(阿尔茨海默病)、亨廷顿舞蹈病、疯牛病等。

- -

知识链接

蛋白质作为传染源的疾病

在生物学上,曾经认为传染性疾病的传播必定具有遗传物质(DNA 或 RNA)才能使宿主感染致病。20 世纪后随着医学科学的不断发展,发现一些特殊蛋白质也会成为疾病的传染源。了解详情请扫二维码。

- -

第三节　蛋白质的理化性质

一、蛋白质的两性解离和等电点

蛋白质分子为两性电解质,既含有能解离出 H^+ 的酸性基团,又含有能结合 H^+ 的碱性基团。这些基团包括多肽链末端的游离 α-羧基和 α-氨基,还有氨基酸残基侧链 R 中的一些可解离的基团,如酸性氨基酸(天冬氨酸和谷氨酸)侧链中的—COOH,赖氨酸侧链中的—NH_2,精氨酸侧链中的胍基,组氨酸侧链中的咪唑基等。这些基团在溶液中的解离状态受溶液 pH 的影响。当蛋白质溶液处于某一 pH 时,蛋白质分子解离成阴阳离子的趋势相等,净电荷为零,呈兼性离子状态,此时溶液的 pH 称为该蛋白质的等电点(isoelectric point,pI)。当溶液 pH 小于蛋白质等电点时,蛋白质带正电荷;当溶液 pH 大于蛋白质等电点时,蛋白质带负电荷。蛋白质分子的解离状态如下:

$$Pr\diagdown NH_3^+ \;\; \underset{H^+}{\overset{OH^-}{\rightleftharpoons}} \;\; Pr\diagdown NH_3^+ \;\; \underset{H^+}{\overset{OH^-}{\rightleftharpoons}} \;\; Pr\diagdown NH_2$$

阳离子	兼性离子	阴离子
(pH<pI)	(pH=pI)	(pH>pI)

蛋白质等电点与其所含的酸性氨基酸和碱性氨基酸的数目有关。血浆中绝大部分蛋白质的pI 接近 5.0，在生理条件下血浆蛋白质均以阴离子形式存在。

电泳是指带电粒子在电场中向电性相反的电极移动的现象。在同一 pH 值溶液中，由于各种蛋白质所带电荷的性质、数量和分子大小、形状不同，因此它们在电场中的移动方向和速度不同，通过电泳可以对混合蛋白质进行分离、纯化。例如，血清蛋白醋酸纤维薄膜电泳是以醋酸纤维素薄膜为支持物，通过电泳，按照移动速度从快到慢的顺序可将血清蛋白质分为清蛋白、α₁ 球蛋白、α₂球蛋白、β 球蛋白和 γ 球蛋白五种成分，临床上可作为疾病诊断依据。

［要点：蛋白质等电点的概念；蛋白质带电情况的判断］

二、蛋白质的胶体性质

蛋白质溶液是亲水胶体。蛋白质分子的直径在 1～100 nm，属于胶体颗粒范围，溶于水而形成胶体。蛋白质分子表面大多是亲水基团，能结合水而形成水化膜，因此蛋白质溶液是一种亲水胶体。

蛋白质分子表面的水化膜和同种电荷是维持蛋白质亲水胶体稳定的两个因素。蛋白质表面的亲水基团，如—NH₂、—COOH、—OH 等，能使蛋白质分子表面形成一层比较稳定的水化膜，将蛋白质颗粒彼此隔开，阻止蛋白质分子聚集沉淀。另外，可解离的基团使蛋白质分子表面带有一定量的相同性质电荷，因同种电荷相斥，可防止蛋白质颗粒聚集沉淀。若去除蛋白质表面的水化膜，并中和电荷，则蛋白质可从溶液中聚集沉淀出来（图 2-9）。

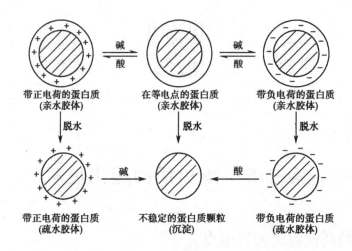

图 2-9　蛋白质胶体溶液的稳定与沉淀

蛋白质胶体颗粒不能透过半透膜。利用半透膜把大分子蛋白质与小分子化合物分开的方法称为透析。当蛋白质溶液中混杂有小分子物质时，如无机盐、单糖等，可将此混合溶液放入用半透膜做成的透析袋内，将透析袋置于蒸馏水或适宜的缓冲液中，小分子物质就会从袋中逸出，而大分子蛋白质留于袋内，使蛋白质得以纯化。人体的细胞膜、线粒体膜、微血管壁等都具有半透膜性质，使各种蛋白质分布于细胞内外的不同部位，对维持血浆胶体渗透压、维持细胞内外水和电解质平衡、物质代谢的调节等都起着非常重要的作用。

蛋白质溶液在超速离心时，由于离心力的作用，蛋白质会下沉，这就是蛋白质的沉降现象。在单位离心力场作用下的沉降速度即为沉降系数（S）。通常情况下，分子量越大，沉降越快，沉降系数越大，因此可以利用超速离心法分离纯化蛋白质。

［要点：透析的概念及其应用］

三、蛋白质的变性、复性与凝固

（一）蛋白质的变性

在某些物理或化学因素作用下，蛋白质分子中的次级键断裂，特定的空间结构被破坏，从而导致蛋白质理化性质改变和生物学活性丧失的现象，称为蛋白质的变性（denaturation）。引起蛋白质变性的因素很多，常见的物理因素有：高温、高压、紫外线及 X 线照射、超声波、剧烈振荡或搅拌等；常见的化学因素有：强酸、强碱、重金属盐、有机溶剂、尿素等。

蛋白质变性的实质是次级键断裂，空间结构被破坏；但肽键不断裂，一级结构并未被破坏。

蛋白质变性后性质的改变主要表现为：溶解度降低，黏度增加，结晶性能力消失，易被蛋白酶水解，生物活性丧失。

蛋白质变性具有广泛的应用。在临床医学上蛋白质变性因素常用于消毒灭菌，例如利用高温、高压、紫外线照射、乙醇等，使细菌蛋白质变性失去活性而达到消毒、灭菌的效果。利用低温保存蛋白质制品防止蛋白质变性，如疫苗、酶、血清需要低温保存。鸡蛋、肉类等富含蛋白食物熟食营养价值比生食高，是因为熟食中的蛋白质已变性，易被消化道的消化酶水解。

［要点：蛋白质变性的概念、变性因素、变性的实质及变性的实际应用］

（二）复性

大多数蛋白质变性后，不能再恢复其天然状态，称为不可逆变性。若蛋白质的变性程度较轻时，去除变性因素后，可自发地恢复原有的空间结构和生物学活性，称为复性（renaturation）。例如，核糖核酸酶在尿素、β-巯基乙醇的作用下变性，去除变性因素，酶活性可恢复。

（三）蛋白质的凝固

蛋白质变性后的絮状物加热可变成比较坚固的凝块，此凝块不易再溶于强酸和强碱中，这种现象称为蛋白质的凝固作用。凝固是蛋白质变性后进一步发展的不可逆结果。如将鸡蛋煮熟后，蛋黄蛋清都凝集为固体，并且不能恢复成原来的液体状态。

- -

知识拓展与思考

吴宪与蛋白质变性学说

同学们是否知道蛋白质变性这一概念是由谁提出的？

蛋白质变性是由我国科学家吴宪（1893—1959 年）提出的。吴宪是中国著名生物化学家、营养学家和医学教育家，中央研究院第一届院士，我国近代生物化学事业的开拓者和奠基人。他一生大部分时间生活在旧中国，目睹了列强的侵略、国家的贫弱和人民的苦难，他努力尝试通过科学和自己的行动来拯救、振兴国家，为改善人民的生活做出贡献。在 1924—1940 年，他与同事严彩韵、邓葆乐等发表"关于蛋白质变性的研究"专题系列论文 16 篇，相关论文 14 篇，并于 1929 年在第 13 届国际生理学大会上首次提出了蛋白质变性理论，认为蛋白质变性的发生与其结构上的变化有关，但这一理论在当时未能引起重视。在进一步深入研究的基础上，他于 1931 年在《中国生理学杂志》上正式提出了"变性说"，用种种事实表明，天然可溶性蛋白质在分子内次级键的作用下形成有规律的折叠，使蛋白质具有一种紧密的构型（现在称为构象）。蛋白质的这种次级键一旦被物理、化学的力破坏，构型就被打开，肽链则由有规律的折叠而变为无序、松散的形式，即发生了变性。蛋白质变性学说尽管被一度忽视，但最终被国内外学者证实并赢得了好评。

请同学们思考，是什么力量促使吴宪投身科学研究，为中国的科技进步奉献毕生精力的？

- -

四、蛋白质的沉淀

蛋白质从溶液中析出的现象称为蛋白质的沉淀。沉淀蛋白质的方法主要有以下四种。

（一）盐析

向蛋白质溶液中加入大量的中性盐,使蛋白质从溶液中沉淀析出的现象称为盐析。常用的中性盐有硫酸铵、硫酸钠、氯化钠等。由于它们在水中的溶解度更大,亲水性更强,与蛋白质胶粒争夺水分子,破坏蛋白质胶粒表面的水化膜;同时,这些中性盐又是强电解质,能抑制蛋白质的解离并中和蛋白质分子表面所带电荷。这样维持蛋白质胶体溶液稳定的两个因素均被破坏,于是蛋白质沉淀析出。调节 pH 至等电点,蛋白质的沉淀效果更好。一般用盐析法沉淀的蛋白质不变性。

由于各种蛋白质颗粒大小、电荷及亲水程度有差别,因此盐析时所需盐溶液浓度不同。例如,用半饱和硫酸铵可沉淀出血浆中的球蛋白,而饱和硫酸铵可沉淀出血浆中的清蛋白,这种向溶液中逐步增加盐浓度,使蛋白质分批析出的方法称为分段盐析。

（二）有机溶剂沉淀法

有机溶剂如乙醇、甲醇、丙酮等是脱水剂,对水的亲和力很大,能破坏蛋白质颗粒表面的水化膜,在等电点时可使蛋白质沉淀。在常温下,使用有机溶剂沉淀蛋白质往往引起变性,但在低温条件下(0~4℃)快速操作,仍能保留蛋白质原有的活性。

（三）重金属盐沉淀法

蛋白质在 pH 大于等电点的溶液中带负电荷,可与带正电荷的重金属离子如汞(Hg^{2+})、铅(Pb^{2+})、铜(Cu^{2+})、银(Ag^+)等结合成不溶性蛋白盐而沉淀。因此,临床上利用蛋白质能与重金属盐结合的这种性质,抢救误服重金属盐中毒的患者。例如,给患者口服大量牛奶或鸡蛋清,然后用催吐剂将结合的重金属盐呕吐出来解毒。用重金属盐沉淀常引起蛋白质变性。

（四）生物碱试剂沉淀法

蛋白质在 pH 小于等电点的溶液中带正电,可与某些生物碱试剂,如苦味酸、钨酸、鞣酸、三氯乙酸等的酸根离子结合生成不溶性的蛋白盐而沉淀。生物碱试剂沉淀蛋白质,一般都会引起蛋白质变性。

［要点:沉淀蛋白质的方法］

五、蛋白质的紫外吸收性质

由于蛋白质分子中的酪氨酸和色氨酸含有共轭双键,对紫外线有吸收能力,在 280 nm 波长处有特征性的最大吸收峰。此性质常用于蛋白质的定性、定量分析。

［要点:蛋白质的紫外吸收峰波长］

六、蛋白质的呈色反应

蛋白质分子中的肽键及侧链上的特殊基团可以和有关试剂反应呈现一定的颜色反应,这些反应常被用于蛋白质的定性、定量分析。

（一）双缩脲反应

分子中含有两个或两个以上肽键的化合物能与硫酸铜的碱性溶液反应生成紫红色化合物。此反应可用于蛋白质和多肽的定性和定量测定,如临床检验中常用双缩脲反应来测定血清总蛋白、血浆纤维蛋白原的含量。由于氨基酸不呈现此反应,故此反应也可用于检测蛋白质、多肽的水解程度。

（二）与茚三酮的反应

在 pH 为 5～7 的溶液中，蛋白质分子中的游离 α-氨基能与茚三酮反应生成紫蓝色化合物。此反应可用于蛋白质的定性、定量分析。

（三）酚试剂反应

蛋白子分子中的酪氨酸残基在碱性条件下能与 Folin-酚试剂（磷钨酸与磷钼酸）反应生成蓝色化合物。此反应的灵敏度比双缩脲反应高 100 倍，比紫外分光光度法高 10～20 倍。临床上常用此反应来测定一些微量蛋白质的含量，如血清黏蛋白、脑脊液中的蛋白质等。

第四节　蛋白质的分类

一、按分子组成分类

根据蛋白质分子组成的不同，可以将其分为单纯蛋白质和结合蛋白质两大类。

（一）单纯蛋白质

在蛋白质分子中，除氨基酸外，不含有其他成分的蛋白质称为单纯蛋白质。如清蛋白、球蛋白、谷蛋白、精蛋白、组蛋白、硬蛋白、醇溶谷蛋白等都属于单纯蛋白质。另外，消化道中所有的消化酶也属于单纯蛋白质。

（二）结合蛋白质

结合蛋白质由蛋白质和非蛋白质（辅基）两部分组成。结合蛋白质又可按辅基的不同而分为糖蛋白、核蛋白、脂蛋白、磷蛋白、金属蛋白及色蛋白等（表 2-3）。

表 2-3　蛋白质按分子组成分类

蛋白质类别	举　例	非蛋白成分（辅基）
单纯蛋白质	清蛋白、球蛋白、谷蛋白、醇溶谷蛋白、硬蛋白、组蛋白、精蛋白	无
结合蛋白质		
核蛋白	病毒核蛋白、染色体核蛋白	核酸
糖蛋白	免疫球蛋白、黏蛋白、血型糖蛋白	糖类
脂蛋白	乳糜微粒、低密度脂蛋白	各种脂类
磷蛋白	酪蛋白、卵黄磷蛋白	磷酸
色蛋白	血红蛋白、肌红蛋白、细胞色素	色素
金属蛋白	铁蛋白、铜蓝蛋白	金属离子

二、按分子形状分类

根据蛋白质分子形状不同，可将蛋白质分为球状蛋白质和纤维状蛋白质两大类。

（一）球状蛋白质

这类蛋白质分子的长轴与短轴相差不大，长短轴之比小于 10，整个分子盘曲呈球状或橄榄状，大多数可溶于水。生物界多数蛋白质为球状蛋白质，有特异生理活性，如胰岛素、血红蛋白、某些调节蛋白及免疫球蛋白等都属于球状蛋白质。

（二）纤维状蛋白质

这类蛋白质分子的长轴与短轴相差悬殊,长短轴之比大于 10,多数为结构蛋白,难溶于水。分子的构象呈长纤维形,多由几条肽链合成麻花状的长纤维,如毛发、指甲中的角蛋白,皮肤、骨、牙和结缔组织中的胶原蛋白和弹性蛋白等。

三、按功能分类

根据蛋白质的主要功能,可将蛋白质分为活性蛋白质和非活性蛋白质两大类。属于活性蛋白质的有酶、蛋白质激素、运动蛋白和受体蛋白等;属于非活性蛋白质的有角蛋白、胶原蛋白等。

本章小结

蛋白质是维持人体结构和功能的重要大分子物质,氮是其特征元素,平均含量约为 16％。蛋白质的基本组成单位是氨基酸。蛋白质的分子结构包括一级结构和空间结构,维持蛋白质一级结构稳定的功能键是肽键。蛋白质的空间结构包括二、三、四级结构,只有一条多肽链的蛋白质最高级结构是三级结构。一级结构相似的蛋白质,空间结构和功能也相似,蛋白质的空间结构直接决定了蛋白质的功能。维持蛋白质胶体稳定的因素是水化膜和同种电荷。蛋白质在某些理化因素的作用下,特定的空间结构被破坏,导致理化性质改变和生物学活性丧失,称为蛋白质变性。沉淀蛋白质的方法包括盐析、有机溶剂沉淀法、重金属盐沉淀法、生物碱试剂沉淀法。

教学课件　　　微课

思考题

1. 组成蛋白质的元素有哪些? 如何由含氮量计算蛋白质的含量?

2. 蛋白质二级结构有哪几种形式? 维持二级结构的化学键是什么?

3. 什么是蛋白质的变性? 变性因素有哪些? 蛋白质变性的实质是什么?

4. 沉淀蛋白质的方法有哪些?

更多习题,请扫二维码查看。

达标测评题

（时费翔）

第三章　核酸的结构与功能

学习目标

掌握：核酸的基本成分、基本单位；核酸一级结构的概念和特点；DNA双螺旋结构要点。

熟悉：RNA的主要种类和功能；tRNA空间结构要点；DNA的变性和复性。

了解：DNA的三级结构；核酸的一般性质和分子杂交。

【导学案例】

新型冠状病毒感染的肺炎疫情出现后，在密切接触者及相关人群中进行核酸检测有助于及早发现新冠病毒感染者，特别是无症状感染者，从而有利于及早采取隔离和治疗措施，既可以避免传染他人，又可以减少自身疾病发展而造成重症的风险。因此，根据要求科学合理地开展核酸检测，既有利于精准防控，维护群众健康，又有利于保障人员合理流动，推动社会经济和生产生活秩序的稳定。

思考题：

1. 什么是"核酸检测"？

2. 为什么可以根据核酸检测结果来判断是否被病毒感染？

核酸（nucleic acid）是遗传的物质基础，它是由核苷酸（nucleotide）组成的具有复杂三维结构的大分子化合物，可分为脱氧核糖核酸（deoxyribonucleic acid，DNA）和核糖核酸（ribonucleic acid，RNA）两大类。DNA储存遗传信息，是物种进化和世代繁衍的物质基础；RNA在遗传信息的传递和表达过程中发挥着重要的作用。两类核酸的分布和功能，如表3-1。

表3-1　核酸的分类、分布及功能

分类	分布	功能
脱氧核糖核酸（DNA）	98％以上分布于细胞核（染色质），其余分布于细胞器（线粒体、叶绿体）	储存遗传信息
核糖核酸（RNA）	90％分布于细胞质，其余分布于细胞核	传递遗传信息

知识链接

核酸的发现

1868年，瑞士医生米歇尔从脓细胞中提取到一种富含磷元素的酸性化合物，命名为"核素"（nuclein），后改称核酸。进一步阅读请扫二维码。二维码

第一节　核酸的分子组成

一、核酸的元素组成

核酸是一类由碳、氢、氧、氮、磷等元素组成的化合物,其中磷在各种核酸中的比例比较恒定,占 9%～10%。因此,可以通过测定生物样品中的含磷量推算核酸的含量。

二、核酸的基本结构单位——核苷酸

食物中的核酸大多以核蛋白形式存在,在胃中受胃酸的作用,分解为核酸和蛋白质。在小肠中核酸水解为核苷酸,核苷酸再水解为核苷和磷酸,核苷可以进一步水解为戊糖(pentose)和碱基(base)(图 3-1)。人体可以自身合成核苷酸和核酸,核酸的消化产物对人体并不重要,核酸不属于必需营养素。

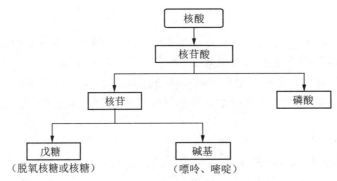

图 3-1　核酸的水解产物

(一)核酸的基本成分

从核酸消化过程可知,核酸彻底水解的最终产物是碱基、戊糖和磷酸,三者是组成核酸的基本成分。

1. 碱基　构成核苷酸的碱基是含氮杂环化合物,有嘌呤(purine)和嘧啶(pyrimidine)两类。核酸中嘌呤碱主要是腺嘌呤(adenine,A)和鸟嘌呤(guanine,G);嘧啶碱主要是胞嘧啶(cytosine,C)、胸腺嘧啶(thymine,T)和尿嘧啶(uracil,U)(图 3-2)。

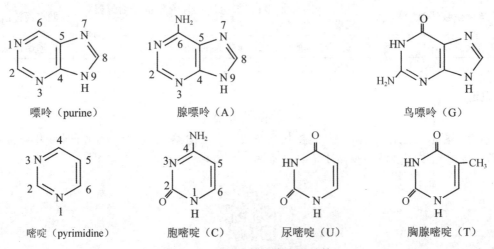

图 3-2　核酸中的两类主要碱基

知识拓展

稀有碱基

稀有碱基又称为修饰碱基,它们是在转录后由普通碱基加工修饰形成的,如 5-甲基胞苷、二氢尿嘧啶等。核酸中的稀有碱基一般较少,但 tRNA 中含有较多的稀有碱基。

---

2. 戊糖　核酸中有两种戊糖。DNA 中为 D-2-脱氧核糖(D-2-deoxyribose),RNA 中则为 D-核糖(D-ribose)(图 3-3)。为了与碱基中的碳原子编号相区别,核糖或脱氧核糖中碳原子标以 $C-1'$,$C-2'$等。脱氧核糖与核糖两者的差别只在于脱氧核糖中与 $2'$ 位碳原子连接的不是羟基而是氢,这一差别使 DNA 在化学上比 RNA 稳定得多。

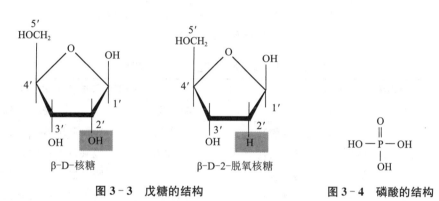

图 3-3　戊糖的结构　　　　　　图 3-4　磷酸的结构

3. 磷酸　其分子式为 H_3PO_4,结构式如图 3-4。

两类核酸的基本成分,如表 3-2。

表 3-2　两类核酸的基本成分比较

核酸的基本成分	DNA	RNA
磷酸	磷酸	磷酸
戊糖	脱氧核糖	核糖
嘌呤碱	腺嘌呤(A)、鸟嘌呤(G)	腺嘌呤(A)、鸟嘌呤(G)
嘧啶碱	胞嘧啶(C)、胸腺嘧啶(T)	胞嘧啶(C)、尿嘧啶(U)

［要点:DNA 和 RNA 基本成分的异同］

(二) 核苷

核苷是戊糖与碱基之间以糖苷键相连接而形成的化合物。戊糖中 $C-1'$ 与嘧啶碱的 N-1 或与嘌呤碱的 N-9 相连接,戊糖与碱基间的连接键是 N—C 键,一般称为 N-糖苷键。核苷的命名是核苷前加上碱基的名字,如腺嘌呤核苷、胞嘧啶脱氧核苷(图 3-5)。

(三) 核苷酸

核苷分子中戊糖的游离羟基与磷酸通过磷酸酯键连接而形成的化合物,称为核苷酸。戊糖上的游离羟基均可与磷酸脱水缩合形成酯键,但生物体内的核苷酸主要是通过戊糖 $C-5'$ 的羟基与磷酸结合的。根据戊糖种类不同,核苷酸又可分为核糖核苷酸和脱氧核糖核苷酸两类,核糖核苷酸是组成 RNA 的基本单位,而脱氧核糖核苷酸是组成 DNA 的基本单位(表 3-3)。

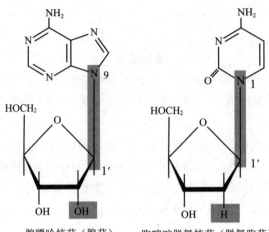

腺嘌呤核苷（腺苷）　　　胞嘧啶脱氧核苷（脱氧胞苷）

图 3-5　核苷的结构

表 3-3　常见的核苷酸及其缩写符号

核糖核苷酸（NMP）		脱氧核糖核苷酸（dNMP）	
符　号	名　　称	符　号	名　　称
AMP	腺苷一磷酸（腺苷酸）	dAMP	脱氧腺苷一磷酸（脱氧腺苷酸）
GMP	鸟苷一磷酸（鸟苷酸）	dGMP	脱氧鸟苷一磷酸（脱氧鸟苷酸）
CMP	胞苷一磷酸（胞苷酸）	dCMP	脱氧胞苷一磷酸（脱氧胞苷酸）
UMP	尿苷一磷酸（尿苷酸）	dTMP	脱氧胸苷一磷酸（脱氧胸苷酸）

［要点:核酸的基本单位］

- -

知识拓展

体内某些重要的游离核苷酸

除了上述核苷酸,还有一些游离核苷酸,在生命活动中起着非常重要的作用,如多磷酸核苷酸、环化核苷酸等。

1. 多磷酸核苷酸　核苷一磷酸（NMP 或 dNMP）的磷酸基团可进一步磷酸化生成核苷二磷酸（NDP 或 dNDP）和核苷三磷酸（NTP 或 dNTP）,其中 ATP 是机体中最主要的直接供能物质,为各种生理活动提供能量（图 3-6）。ATP 分子结构中的 β-磷酸基和 γ-磷酸基水解时会释放大量能

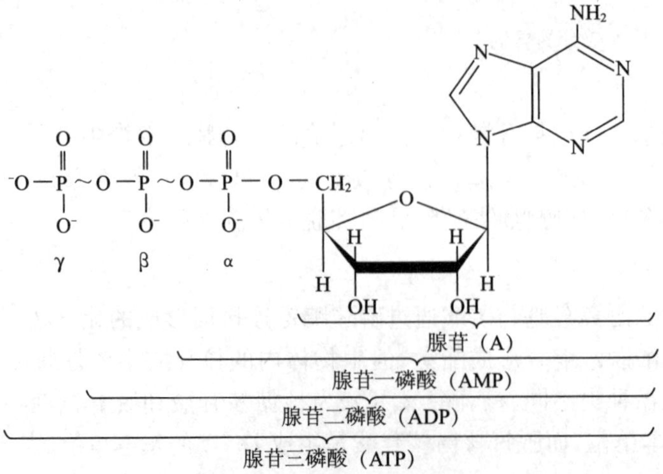

腺苷（A）

腺苷一磷酸（AMP）

腺苷二磷酸（ADP）

腺苷三磷酸（ATP）

图 3-6　ATP 结构示意

量,其磷酸酯键为高能键(用"～"表示)。ATP 有三个磷酸酯键,其中有两个是高能键,ADP 有一个高能键,AMP 不存在高能键。

2. 环化核苷酸　核苷酸 C-5'上的磷酸与 C-3'上的羟基脱水缩合,形成环化核苷酸。重要的环化核苷酸有 3',5'-环腺苷酸(cAMP)和 3',5'-环鸟苷酸(cGMP)。它们含量极微,作为激素的第二信使在信息传导过程中起着重要的作用(图 3-7)。

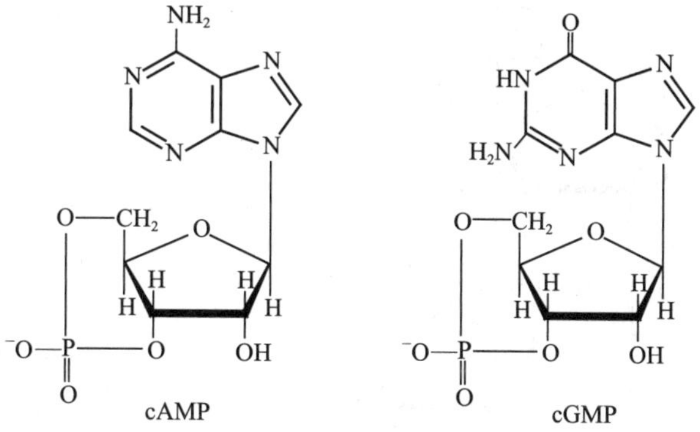

图 3-7　环化核苷酸

3. 辅酶类核苷酸　在许多辅酶的成分中也含有核苷酸,如腺苷酸(AMP)是 NAD^+、$NADP^+$、FAD、辅酶 A 等的组成成分。其中 NAD^+、FAD 是生物氧化体系的重要组成成分,在传递氢原子和电子中有重要的作用。

第二节　核酸的分子结构

核酸(DNA 和 RNA)是由许多核苷酸通过 3',5'-磷酸二酯键连接而形成的多聚核苷酸链。

一、核酸的一级结构

核酸的一级结构是指核酸分子中核苷酸的排列顺序。在核酸分子中,一个核苷酸通过其戊糖的第 5'位碳原子(C-5')上的磷酸基与相邻的另一个核苷酸的戊糖第 3'位碳原子(C-3')上的羟基脱水缩合形成的酯键称为 3',5'-磷酸二酯键。3',5'-磷酸二酯键是维持核酸一级结构的化学键,核苷酸通过该键相连形成多核苷酸链。由于在 DNA 或 RNA 中核苷酸的不同表现在碱基的不同,因此核酸的一级结构也可表述为核酸分子中碱基的排列顺序。

每条多核苷酸链都有其严格的方向性,一端具有游离的 5'-磷酸基,称为 5'末端(5'端);另一端有游离的 3'-羟基,称为 3'末端(3'端)(图 3-8A)。习惯上将 5'末端作为多核苷酸链的"头",写在左边,将 3'末端作为"尾",写在右边,即按 5'→3'方向书写。图 3-8B 为多核苷酸链从繁到简的书写形式,一般多采用最后一种形式。

DNA 是生物信息大分子,碱基顺序就是遗传信息所表达的内容,碱基顺序略有改变,就可能引起遗传信息的巨大变化,可见各种生物 DNA 一级结构的分析研究对阐明 DNA 结构和功能具有根本性的意义。

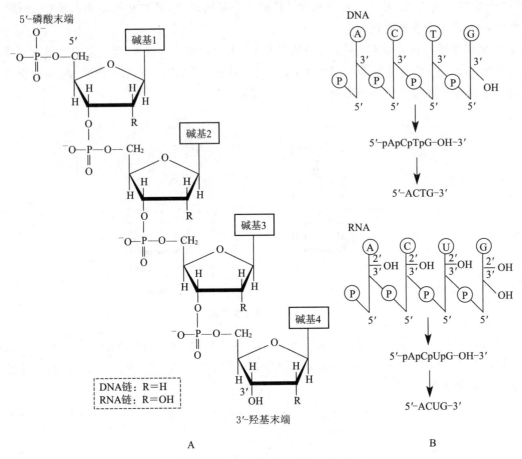

图 3-8　多核苷酸链及其表示方法

[要点:核酸一级结构的概念及维持一级结构的化学键]

二、核酸的空间结构

(一) DNA 的空间结构

DNA 的空间结构可分为二级结构和三级结构。组成 DNA 的脱氧核糖核苷酸,主要有 dAMP、dGMP、dCMP、dTMP 四种。1950 年,查戈夫(Erwin Chargaff)总结出 DNA 碱基组成的规律,称为查戈夫规则。其主要内容为:① 所有 DNA 分子中腺嘌呤与胸腺嘧啶的摩尔数相等,即 A=T;鸟嘌呤与胞嘧啶的摩尔数相等,即 G=C。由此可知,嘌呤碱基摩尔总数等于嘧啶碱基摩尔总数,即 A+G=C+T。② 不同生物种属的 DNA 碱基组成不同。③ 同一个体不同器官、不同组织的 DNA 具有相同的碱基组成。这一规律的发现为 DNA 双螺旋结构模型的建立以及 DNA 生物学功能的研究提供了重要依据。

1. DNA 的二级结构　DNA 二级结构是双螺旋结构(double helix structure)(图 3-9)。Watson 和 Crick 于 1953 年提出 DNA 双螺旋模型,这一模型揭示了遗传信息传递和表达的规律,成为分子生物学发展的里程碑。DNA 双螺旋模型的要点如下。

(1) DNA 分子是由两条平行但走向相反(一条链的走向为 5′到 3′,另一条链的走向为 3′到 5′)的多聚脱氧核苷酸链围绕同一假想的中心轴,以右手螺旋方式形成的双螺旋结构。

(2) 两条链上的碱基严格按照碱基互补规律配对。A 与 T 相配对,形成 2 个氢键;G 与 C 相配对,形成 3 个氢键。

(3) 双螺旋结构外侧是由磷酸与脱氧核糖组成的亲水骨架,内侧为疏水碱基,碱基配对形成的平面与螺旋轴垂直。双螺旋结构的直径为 2.37 nm,螺距为 3.54 nm。螺旋每一周平均包含 10.5 个碱基对,故相邻碱基对平面之间的距离为 0.34 nm。双螺旋结构的表面存在一个大沟(major groove)和一个小沟(minor groove)。

（4）维持 DNA 双螺旋结构稳定性的因素主要是碱基对之间的氢键和碱基平面之间的碱基堆积力。氢键是双螺旋的横向维持力,碱基堆积力是双螺旋的纵向维持力。

［要点:DNA 双螺旋结构的特点］

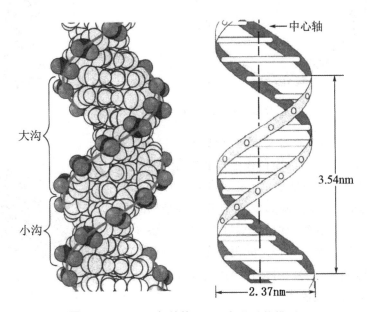

图 3-9　DNA 二级结构——双螺旋结构模型

DNA 双螺旋结构的多种形式

DNA 双螺旋结构有多种形式,Waston 和 Crick 提出的 DNA 双螺旋结构为 B 型结构,在生理条件下 DNA 双螺旋大多以 B 型形式存在。除了 B 型结构外,DNA 还存在 A、C、D、E、Z 等型结构。例如,Z 型结构为左手双螺旋结构,螺旋呈锯齿形,其表面只有一条深沟,每旋转一周包括 12 个碱基对。

- -

知识链接与思考

DNA 双螺旋结构的研究

沃森(Watson)和克里克(Crick)探索 DNA 二级结构的过程,以及对后人的启示。进一步阅读请扫二维码。

- -

2. DNA 三级结构　DNA 三级结构是在 DNA 双螺旋基础上进一步扭曲盘旋形成的超螺旋结构。生物体内有些 DNA 是以双链环状 DNA 形式存在,如细菌 DNA、人的线粒体 DNA 等。在双螺旋结构基础上,环状 DNA 可以进一步扭曲形成麻花状的超螺旋结构(图 3-10)。

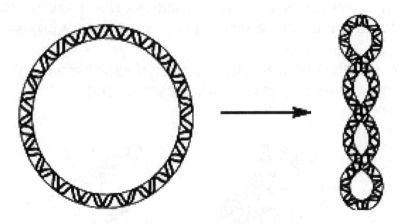

图 3-10　环状 DNA 的超螺旋结构

真核生物基因组 DNA 通常与蛋白质结合,经过多层次反复折叠,压缩近 10 000 倍后,以染色体形式存在于平均直径为 5 μm 的细胞核中。染色体的基本单位是核小体(nucleosome),核小体包括核心颗粒和连接区两部分,具有双螺旋结构的 DNA 双链盘绕组蛋白八聚体(含组蛋白 H_2A、H_2B、H_3、H_4 各 2 分子)形成核小体的核心颗粒,核心颗粒之间再由 DNA 和组蛋白 H_1 构成的连接区相连(图 3-11)。许多核小体连成串珠状,再经过反复盘旋折叠,最后形成染色体。

[要点:DNA 三级结构是超螺旋结构]

(二) RNA 的空间结构

人的 RNA 分子都是单链的,但是 RNA 分子的某些区域可自身回折进行碱基互补配对,形成局部双螺旋,碱基配对规律为 A 与 U 配对、G 与 C 配对。配对区双链紧密结合形成双螺旋,非配对区双链相距较远形成凸出或者环。这种短的双螺旋区域和环共同形成茎环(stem-loop)结构,又称发荚(hairpin)结构。茎环结构是 RNA 中最普通的二级结构形式,二级结构进一步折叠形成三级结构。

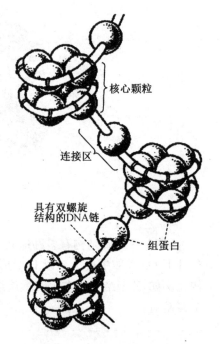

图 3-11　核小体结构示意

RNA 主要包括 mRNA、tRNA 和 rRNA 三种类型,本章着重介绍 tRNA。

1. 信使 RNA(messenger RNA,mRNA)　mRNA 是蛋白质生物合成的直接模板。mRNA 占细胞内 RNA 总量的 2%~5%,种类繁多,分子大小不一,含几百至几千个核苷酸残基,是细胞内最不稳定的一类 RNA。

真核生物的 mRNA 前体称为不均一核 RNA(heterogeneous nuclear RNA,hnRNA),需要经过加工修饰才转变为成熟的 mRNA。成熟的真核生物 mRNA 的特点是:5′端有帽子结构,即 7-甲基鸟苷三磷酸(m^7Gppp);3′端有数十至数百个多聚腺苷酸结构,称为多聚腺苷酸尾(polyA)(图 3-12)。mRNA 分子中,有编码区和非编码区,编码区是 mRNA 分子的主要结构部分,该区域编码特定蛋白质分子的一级结构,非编码区位于编码区的两端,与蛋白质生物合成的调控有关。mRNA 的空间结构中也存在局部双螺旋结构或发夹结构,但其数目、位置各不相同,因此形态各异。

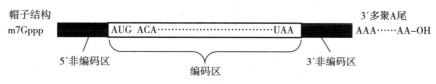

图 3－12　真核生物 mRNA 结构示意

2. 转运 RNA(transfer RNA，tRNA)　tRNA 的主要生理功能是转运蛋白质生物合成所需的氨基酸。每种氨基酸都有其相应的一种或几种 tRNA，在细菌中有 30～40 种 tRNA，在动物和植物中有 50～100 种 tRNA。tRNA 约占 RNA 总量的 15%。

tRNA 的一级结构有几个明显的特点：① tRNA 是三种 RNA 中分子最小的一类，由 70～90 个核苷酸组成的一条单链。② 稀有碱基含量高，占 tRNA 碱基总数的 10%～20%，包括二氢尿嘧啶(DHU)、假尿嘧啶核苷(ψ)和甲基化的嘌呤(ᵐG，ᵐA)等。它们都是在转录后经酶促修饰形成的。③ RNA 的 3′末端是 CCA—OH 序列，这一序列是 tRNA 结合和转运氨基酸所必不可少的。

(1) tRNA 二级结构：tRNA 二级结构为三叶草形(图 3－13A)。配对碱基形成局部双螺旋而构成臂，不配对的单链部分则形成环。三叶草形结构由 4 臂 4 环组成。氨基酸臂由 7 对碱基组成双链区，其 3′末端含有 CCA—OH 序列，是选择性结合氨基酸的部位，氨基酸就结合在 3′末端的羟基上。位于左右两侧的环状结构根据其含有的稀有碱基特征，分别称为 DHU 环和 TψC 环，位于下方的环称为反密码环。反密码环由 7 个碱基组成，其中间的 3 个碱基构成反密码子，不同 tRNA 的反密码子不同。反密码子可识别并结合 mRNA 的密码子。

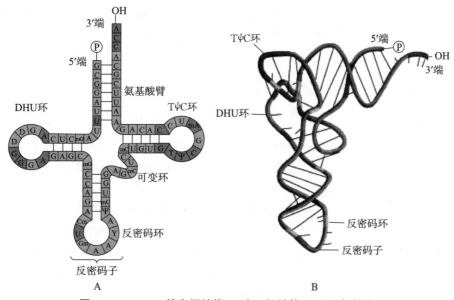

图 3－13　tRNA 的空间结构(A 为二级结构、B 为三级结构)

(2) tRNA 的三级结构　所有 tRNA 分子都有相似的三级结构，呈倒 L 形(图 3－13B)，其中一端是氨基酸臂，3′端-CCA—OH 序列可结合氨基酸，另一端是反密码环，含有反密码子。L 形的拐弯处是 DHU 环和 TψC 环。

［要点：tRNA 的二级结构特点、三级结构的形式］

3. 核糖体 RNA(ribosome RNA，rRNA)　rRNA 与蛋白质共同构成核糖体(又称核蛋白体)，核糖体是蛋白质生物合成的场所。rRNA 是细胞内含量最丰富的 RNA，约占细胞总 RNA 的 80%，是一类代谢稳定，分子量最大的 RNA。

原核生物主要的 rRNA 有三种,即 5S、16S 和 23S rRNA。真核生物则有四种,即 5S、5.8S、18S 和 28S rRNA。rRNA 与蛋白质组成核糖体(表 3-4)。

表 3-4 核糖体的组成

组成	原核生物核糖体(70S)		真核生物核糖体(80S)	
	小亚基	大亚基	小亚基	大亚基
大小(S)	30S	50S	40S	60S
含有的 rRNA 种类	16S	5S、23S	18S	28S、5S、5.8S
含有的蛋白质种类	21	34	33	49

第三节　核酸的理化性质

一、核酸的一般性质

核酸属于大分子化合物,最小的 tRNA 分子量在 2×10^4 以上,DNA 的分子量则高达 $10^6 \sim 10^{11}$。核酸分子中含有酸性的磷酸基和碱性的碱基,因而核酸是两性电解质。在溶液中发生两性电离,其等电点较低(pI 为 2~3),多表现酸性,在生理条件下呈阴离子状态。因此,不同性质的核酸也可通过电泳方法进行分离。核酸的碱基中含有共轭双键,故具有紫外吸收性质,其最大紫外吸收峰在 260 nm 处,利用这一特征可对核酸进行定性定量分析。

[要点:核酸的紫外吸收峰波长]

二、核酸的变性、复性与分子杂交

(一) DNA 的变性

DNA 的变性(DNA denaturation)是指在某些理化因素作用下,DNA 分子中碱基对之间的氢键断裂,使 DNA 双链结构解开变成单链的过程。由于并不涉及核苷酸间磷酸二酯键的断裂,因此变性作用并不引起 DNA 一级结构的改变。

引起 DNA 变性的常见理化因素有加热、酸、碱、尿素和甲酰胺等,实验室常用加热的方法,称为热变性。由于 DNA 双螺旋解开,碱基的共轭双键暴露,所以 DNA 变性后在波长 260 nm 的吸光度值(A_{260})会增加,这种现象称为增色效应(hyperchromic effect)。如果缓慢加热 DNA 溶液,并在不同温度测定其 A_{260} 值,可得到"S"形 DNA 解链曲线(图 3-14)。从 DNA 解链曲线可见 DNA 变性作用是在一个相当窄的温度范围内完成的。

在 DNA 解链过程中,紫外吸光度值的变化($\triangle A_{260}$)达到最大变化值的 50% 时所对应的温度称为 DNA 的解链温度或融解温度(melting temperature,Tm)。在达到 Tm 时,DNA 分子内 50% 的双链结构被解开。DNA Tm 值一般在 70~85℃,Tm 值的高低与其分子大小及 G+C 含量有关,DNA 分子越大,G+C 含量越高,Tm 越大。

[要点:DNA 变性的概念、本质;Tm 的概念及影响因素]

(二) DNA 的复性与分子杂交

变性 DNA 在适当条件下,两条互补链可重新配对,恢复天然的双螺旋结构,这一现象称为复性(renaturation)。热变性的 DNA 经缓慢冷却后即可复性,又称为退火(annealing)。复性后核酸

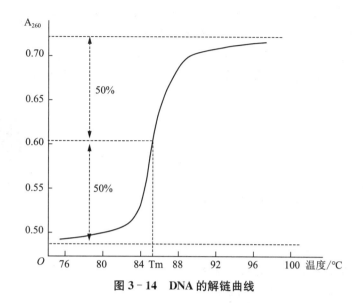

图 3-14　DNA 的解链曲线

的一系列理化性质得到恢复。最适宜的复性温度是比 Tm 约低 25℃。在这个温度下,给以足够的时间,核酸就有机会恢复到天然核酸的状态。

近年来发展起来的分子杂交技术就是以核酸的变性与复性为基础的。如果将不同种类的 DNA 单链或 RNA 单链混合在同一溶液中,只要两种单链分子之间存在一定程度的碱基配对关系,它们就有可能形成杂化双链,这种现象称为核酸分子杂交(hybridization)。杂交后所形成的杂化双链分子,称为杂交分子。杂交可发生在 DNA-DNA、RNA-RNA 和 DNA-RNA 之间。

核酸分子杂交技术是生命科学研究领域中应用最为广泛的技术之一,可用于遗传病的基因诊断、法医学上的性别分析和亲子鉴定,常用的杂交方法有 Southern 印迹法、Northern 印迹法和原位杂交(in situ hybridization)等,在人类学研究中具有极其重要的应用价值。

知识拓展

基因芯片

基因芯片(gene chip),又称 DNA 芯片(DNA chip),它是将 DNA 分子固定于支持物上,并与标记的样品杂交,通过自动化仪器检测杂交信号的强度来判断样品中靶分子的数量。基因芯片也可进行基因突变体检测和基因序列测定,为进一步了解基因间的相互关系及基因克隆提供有用的工具。目前,基因芯片已在生命科学、医学、食品、环境、农业等多个领域有着广泛的应用。

本章小结

核酸是遗传的物质基础,根据其中戊糖的种类不同可分为脱氧核糖核酸(DNA)和核糖核酸(RNA)两大类。核酸的基本单位是核苷酸,由磷酸、戊糖、碱基构成;核苷酸之间按照一定次序通过 3′,5′-磷酸二酯键连接成多核苷酸链,形成核酸的一级结构。

DNA 二级结构是两条反向平行的多核苷酸链围绕同一中心轴以右手螺旋方式盘旋而成,碱基互补配对。RNA 以单链形式存在,但也可自身回折形成局部双链区。tRNA 的二级结构为三叶草形结构,有结合氨基酸的氨基酸臂和能识别 mRNA 遗传密码子的反密码环。tRNA 的三级结构为倒 L 形结构。

在某些理化因素作用下 DNA 双链的互补碱基间的氢键断裂,使双螺旋结构解离为单链的现象称为 DNA 的变性。变性的 DNA 在波长 260 nm 处的紫外吸收增大,称为增色效应。在适当条件下,变性的 DNA 的两条互补链可重新配对而恢复天然的双螺旋结构,这一现象称为 DNA 的复性。在 DNA 变性和复性过程中,不同来源或不同种类的 DNA 单链或 RNA 分子在同一溶液中,只要两条链之间存在一定程度的碱基配对关系,就可以在不同的分子间形成杂化双链,这种现象称为分子杂交。

教学课件　　　微课

思考题

1. 从分子组成、结构及功能等方面比较 DNA 和 RNA。

2. 叙述 DNA 双螺旋结构模式的主要特点。

3. 简述 tRNA 一、二、三级结构的特点。

4. 简述真核生物成熟 mRNA 的结构特点。

5. 已知人类细胞基因组的大小约为 30 亿 bp,试述这么长的 DNA 分子是如何装配到直径只有几微米的细胞核内的。

更多习题,请扫二维码查看。

达标测评题

（陈传平）

第四章　酶

学习目标

掌握:酶的概念和酶促反应特点;酶的活性中心的概念和组成;酶原的概念和酶原激活生理意义;同工酶的概念和临床应用;影响酶促反应速度的因素及其作用特点。

熟悉:酶的分子组成;酶催化作用机制;Km 的意义;高温、低温对酶活性的影响;有机磷中毒、磺胺药抑菌机制。

了解:酶的命名和分类;酶活性的调节;酶在医学上的应用。

【导学案例】

一女性患者,自服"敌百虫"约 100 mL,被送医抢救。体格检查:意识模糊,急性病容,光敏,唇无发绀,呼吸急促,口吐白沫,双肺湿啰音,腹平软。诊断为有机磷化合物中毒。治疗方法:催吐洗胃,硫酸镁导泻,阿托品和解磷定静脉注射。

思考题:

1. 敌百虫引起中毒的机制是什么?

2. 解磷定是如何复活胆碱酯酶的?

生物体内千变万化的化学反应几乎都是在酶的催化下进行的。在酶的作用下,机体的物质代谢和能量代谢得以有条不紊地进行。没有酶,就没有新陈代谢的正常进行,就没有生命。

第一节　概　　述

一、酶与生物催化剂

酶(enzyme,E)是由活细胞产生的具有催化功能的蛋白质。20 世纪 80 年代之前从细胞中发现的数千种酶,其化学本质都是蛋白质。酶是机体内催化各种代谢反应最主要的催化剂。

1982 年,切赫(T. R. Cech)首次发现一些 RNA 也具有催化作用,并提出了核酶(ribozyme)的概念,后来人们又发现了具有催化活性的 DNA,称之为脱氧核酶(deoxyribozyme)。核酶和脱氧核酶的发现使人们对酶本质的认识更加深刻,丰富了生物催化剂的知识。与一般催化剂不同,酶、核酶及脱氧核酶均属于生物催化剂。本章提到的酶仅指化学本质为蛋白质的生物催化剂。

酶所催化的化学反应称为酶促反应;在酶促反应中被酶催化的物质称为底物(substrate,S);催化反应产生的物质称为产物(product,P);酶对底物的催化能力称为酶的活性,酶失去催化能力称为酶失活。

[要点:酶的概念]

- -

知识拓展与思考

第一个证明酶是蛋白质的人

第一个证明酶是蛋白质的人是 1887 年出生于美国的生物化学家詹姆斯·巴彻勒·萨姆纳 (James Batcheller Sumner)。17 岁时不幸失去左臂的他没有向命运低头,坚持学习化学,博士毕业后成为康内尔大学的助理教授,并确定了自己的宏伟目标——纯化脲酶。他以顽强的毅力和勇气不懈努力十余年,终于在 1926 年成功地从南美热带植物刀豆中分离纯化出脲酶结晶,并首次直接证明酶的化学本质是蛋白质,推动了酶学的发展。萨姆纳于 1946 年获得诺贝尔化学奖。

思考题:

萨姆纳的经历对我们面对挫折和逆境有何启示?

- -

二、酶促反应的特点

酶与一般催化剂比较,既有共性,也有其特点。共性主要表现为:只能催化热力学允许的化学反应;化学反应前后没有质和量的改变;只能加快可逆反应的进程,缩短达到平衡所需的时间,不能改变反应的平衡点,即平衡常数。

酶是蛋白质,又具有一般催化剂所没有的特点,具体如下:

(一)酶促反应具有高度的催化效率

酶具有极高的催化效率,比非催化反应高 $10^8 \sim 10^{20}$ 倍,比一般催化剂高 $10^7 \sim 10^{13}$ 倍,而且不需要较高的反应温度。许多可能需要数千年才能达到平衡的化学反应,在酶的催化下可能仅需要数秒的时间。

(二)酶促反应具有高度的特异性

酶对其所催化的底物有严格的选择性,称为酶的特异性或专一性(specificity)。酶往往只能作用于一种或一类化合物,催化一种或一类化学反应,而一般催化剂没有这样严格的选择性。根据酶对底物选择的严格程度不同,酶的特异性可分为三种类型。

1. 绝对特异性 一种酶只作用一种底物进行一种化学反应,生成特定的产物。例如,脲酶只催化尿素水解生成 CO_2 和 NH_3,而不能催化甲基尿素的水解。

2. 相对特异性 一种酶能作用于一类化合物或一种化学键,这种不十分严格的选择性称为相对特异性。例如,蔗糖酶不仅水解蔗糖,也水解棉籽糖中的同一种糖苷键。

3. 立体异构特异性 有些酶仅作用于立体异构体中的一种,这种酶对底物立体构型有要求的现象称为立体异构特异性。例如,L-乳酸脱氢酶只催化 L-乳酸的脱氢反应,对 D-乳酸无作用。

(三)酶活性的高度不稳定性

酶是蛋白质,能使蛋白质变性失活的因素都可以引起酶变性失活,如强酸、强碱、高温、高压等。因此,酶活性具有高度不稳定性。

(四)酶促反应具有可调节性

体内的酶促反应受多种因素的调节,这些因素主要通过改变酶的结构和含量,从而改变酶促反应速度,使代谢过程受到精确调控。例如,酶原的激活使酶在适合的环境中发挥作用,别构酶受别构剂的调节等。酶活性受到调控是酶区别于一般催化剂的重要特征。

[要点:酶促反应的特点]

三、酶的分类和命名

（一）酶的分类

根据酶促反应的类型,酶分为六大类。

1. 氧化还原酶类　催化底物进行氧化还原反应的酶类,包括转移电子、氢的反应和分子氧参加的反应。如脱氢酶、氧化酶、还原酶等。

2. 转移酶类　催化底物之间基团(如甲基、氨基、磷酸基等)转移或交换的酶类。如氨基转移酶、甲基转移酶、己糖激酶、乙酰转移酶等。

3. 水解酶类　催化底物发生水解反应的酶类。如蛋白酶、胆碱酯酶、磷酸二酯酶等。

4. 裂解酶类　催化一种底物裂解为两种化合物或其逆反应的酶类,又称裂合酶类。如脱水酶、脱羧酶、醛缩酶、柠檬酸合酶等。

5. 异构酶类　催化各种同分异构体之间相互转变的酶类。如异构酶、变位酶、差向异构酶等。

6. 合成酶类　催化两分子底物合成为一分子产物,同时偶联有 ATP 高能磷酸键水解释放能量的酶类,又称连接酶类。如脂酰 CoA 合成酶、氨基酰- tRNA 合成酶、DNA 连接酶等。

（二）酶的命名

1. 习惯命名法

(1) 根据底物命名　如蛋白酶、淀粉酶、脂肪酶等。

(2) 根据反应类型命名　如转氨酶、脱氢酶等。

(3) 根据底物和反应类型综合命名　如乳酸脱氢酶、柠檬酸合成酶等。

(4) 在这些命名基础上加上酶的来源或其他特点　如胃蛋白酶、唾液淀粉酶、酸性磷酸酯酶等。

习惯命名法比较简单,但缺乏系统性,有时出现一酶多名或一名多酶的情况。为了应用方便,国际酶学委员会(enzyme commission,EC)从每种酶的数个习惯名称中选定一个简便实用的名称,作为推荐名称。

2. 系统命名法　为了克服习惯命名的弊端,国际酶学委员会以酶的分类为依据,于 1961 年提出系统命名法。系统命名法规定每种酶的名称需由两部分组成:酶的所有底物和反应类型。底物名称之间以":"相隔,并附有一个四位数字的分类编号,表明酶的类别、亚类、亚-亚类以及在亚-亚类中的排号。数码前冠以 EC,数码间以"."分隔。该方法命名准确、具有唯一性,但名称往往过于复杂烦琐,不便于应用,因此在实际应用中多使用推荐名称。酶的分类与命名举例,如表 4 - 1。

表 4 - 1　酶的分类与命名举例

酶的分类	催化的化学反应	推荐名称	系统名称	EC 编号
氧化还原酶类	L - 谷氨酸＋H_2O＋NAD^+→α - 酮戊二酸＋NH_3＋NADH	谷氨酸脱氢酶	L - 谷氨酸:NAD^+氧化还原酶	EC1.4.1.3
转移酶类	L - 天冬氨酸＋α - 酮戊二酸→草酰乙酸＋ L - 谷氨酸	天冬氨酸氨基转移酶	L - 天冬氨酸:α - 酮戊二酸氨基转移酶	EC2.6.1.1

第二节　酶的分子结构与功能

一、酶的分子组成

酶的化学本质是蛋白质,根据其分子组成,可将酶分为单纯酶和结合酶两类。

1. 单纯酶　仅由蛋白质组成,通常只有一条多肽链。如淀粉酶、蛋白酶、核糖核酸酶等。

2. 结合酶   由蛋白质和非蛋白质两部分组成,其中蛋白质部分称为酶蛋白,非蛋白部分称为辅助因子。酶蛋白和辅助因子结合形成的复合物称为全酶,只有全酶才有催化活性。酶蛋白决定反应的特异性,辅助因子决定反应的类型和性质。

辅助因子包括金属离子和小分子有机化合物。金属离子是最多见的辅助因子,如 Mg^{2+}、Zn^{2+}、Cu^{2+}、Fe^{2+}、Mn^{2+} 等,在反应中有传递电子、维持酶空间构象等作用。作为辅助因子的小分子有机化合物多为 B 族维生素的衍生物,在反应中传递氢原子(质子)、电子或一些基团。

根据辅助因子与酶蛋白结合的紧密程度不同,辅助因子可分为辅酶和辅基。与酶蛋白结合疏松,用透析、超滤等物理方法能将其除去的称为辅酶;与酶蛋白结合紧密,不能用透析、超滤等物理方法将其除去的称为辅基。二者并无本质的区别,常被统称为辅酶。

二、酶的活性中心

酶分子中有许多化学基团,但其中只有一小部分基团与酶的催化活性直接相关。酶分子中与酶的活性密切相关的化学基团称为酶的必需基团。常见的必需基团有丝氨酸的羟基、半胱氨酸的巯基、组氨酸的咪唑基、酸性侧链氨基酸的羧基和碱性侧链氨基酸的氨基等。这些必需基团在一级结构上可能相距甚远,但在空间结构中彼此靠近。酶的必需基团彼此靠近,形成具有特定空间结构的区域,能与底物特异地结合并将底物转化为产物,这一区域称为酶的活性中心。结合酶的辅助因子可参与活性中心的构成。

酶活性中心内的必需基团分为两类:结合基团和催化基团。结合基团的作用是识别结合底物,形成酶-底物复合物;催化基团的作用是影响底物分子中某些化学键的稳定性,催化底物转变为产物。有的基团同时具有结合基团和催化基团的作用。还有一些必需基团位于活性中心外,并不参与酶活性中心的组成,但对维持酶活性中心空间构象的稳定是必需的。这些基团称为活性中心外必需基团(图 4-1)。

[要点:酶活性中心的概念和组成]

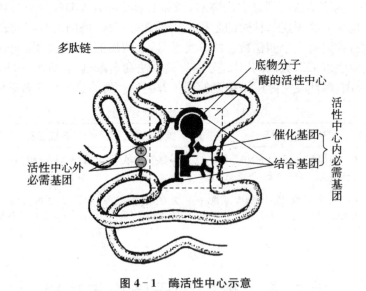

图 4-1   酶活性中心示意

三、酶的作用机制

(一)酶大幅度降低反应活化能

酶之所以具有高度催化效率,在于其能大幅度降低反应活化能。化学反应的发生取决于底物分子间的碰撞。碰撞后有化学反应发生的称为有效碰撞;无化学反应发生的称为无效碰撞。在反应瞬间,只有那些能量较高,达到或超过一定能量水平的分子(即活化分子)才可能发生有效碰撞,发生化学反应。底物分子从初态(低能态)转变为活化态所需要的能量称为活化能。反应体系中活化分子数目越多,有效碰撞的频率越高,化学反应速度越快。

酶和一般催化剂加速化学反应速度的机制都是降低反应所需的活化能,但酶通过特有的作用机制,可以使反应活化能降得更低,使底物只需更少的能量便可从初态转变为活化态,而表现出酶催化作用的高效性(图4-2)。

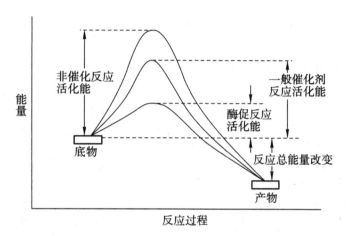

图4-2　酶促反应活化能的改变

(二)中间产物学说

酶之所以能降低反应活化能是因为在酶促反应中,酶(E)先与底物(S)结合,形成不稳定的酶-底物复合物(ES),然后复合物分解成产物和酶,这就是中间产物学说。该反应过程可用下式表达。

$$E + S \rightleftharpoons ES \longrightarrow E + P$$
酶　底物　　　中间产物　　　酶　产物

ES为中间产物,正是ES的形成,使原本所需活化能较高的一步反应,变成所需活化能较低的两步反应,从而大大地降低反应所需的活化能,使反应速度大幅度提高。中间产物中的底物处于不稳定的过渡态,更易发生反应而生成产物。

与一般催化剂不同,酶是生物大分子,其之所以能大幅度降低反应活化能还与以下因素有关。

1. 邻近效应与定向排列　在两个以上底物参加的反应中,酶可以将底物之间以特定的方向结合在酶的活性中心,使它们相互接近并形成有利于反应的正确定向关系。

2. 表面效应　酶的活性中心多形成疏水"口袋",这样提供一种有利于酶与其特定底物结合并催化其反应的环境。

3. 多元催化　酶的催化机制呈现多元催化作用,如酸碱催化、亲核催化、亲电子催化等。

(三)诱导契合假说

酶与底物的结合不是锁与钥匙式的机械关系,而是在酶与底物相互接近时,其结构相互诱导、相互变形和相互适应,进而相互结合,这一过程称为酶-底物结合的诱导契合(图4-3)。酶的构象改变有利于与底物结合;底物在酶的诱导下发生构象改变而处于过渡态,易受酶的催化攻击。过渡态的底物分子与酶活性中心的结构互相吻合。

[要点:酶的作用机制]

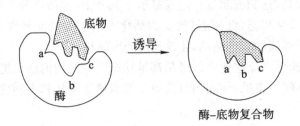

图4-3　酶与底物结合的诱导契合假说示意

四、酶原与酶原的激活

有些酶在细胞内合成或初分泌时没有催化活性,这种酶的无活性前体称为酶原。例如,血浆中的凝血酶原、纤溶酶原、消化液中的蛋白酶原等。在一定的条件下,无活性的酶原转变成有活性的酶的过程称为酶原的激活。例如,胰腺细胞分泌的胰蛋白酶原随胰液进入小肠后,在小肠中存在的肠激酶催化下,从肽链的N端水解掉一个六肽片段,引起蛋白质分子一级结构改变,空间结构随之改变,形成酶的活性中心,从而成为有催化活性的胰蛋白酶(图4-4)。胰蛋白酶还能进行自身催化,使更多的胰蛋白酶原被激活;同时,可进一步激活肠道中的其他蛋白酶原,如胰凝乳蛋白酶原、弹性蛋白酶原等,形成一种逐级放大的连锁反应,加速食物的消化过程。

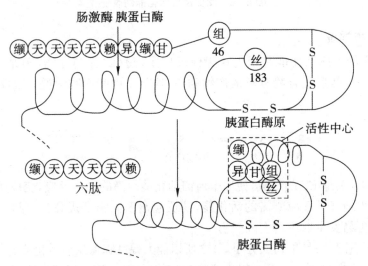

图4-4　胰蛋白酶原激活的示意

酶原的激活过程实质上是酶的活性中心形成或暴露的过程。在这一过程中,酶原蛋白肽链受某种因素作用,水解掉一个或多个小分子肽段,致使一级结构、空间结构发生改变,形成或暴露了酶的活性中心,表现出酶的活性。

酶原的存在与激活具有重要的生理意义。这既可避免细胞产生的蛋白酶对细胞进行自身消化,防止组织自溶,又可使酶到达适合的环境和部位发挥作用,从而保证体内代谢过程正常进行。例如,若胰液中的蛋白酶原、磷脂酶原过早地在胰腺被激活,必将使胰腺本身组织及血管、神经遭到破坏,引起急性胰腺炎。正常情况下,血液中的凝血酶以酶原形式存在,不会引起凝血;当发生出血时,凝血酶原转变为凝血酶,促进血液凝固,防止大量出血。此外,酶原可以视为酶的储存形式。

[要点:酶原的概念;酶原激活的实质;酶原存在的生理意义]

五、同工酶

同工酶是指催化相同的化学反应,而酶蛋白的分子结构、理化性质、免疫学性质等各不相同的一组酶。同工酶的一级结构存在差异,但其活性中心的三维结构相同或相似,可以催化相同的化学反应。现已发现百余种酶具有同工酶。同工酶存在于同一种属或同一个体的不同组织或同一组织的不同亚细胞结构中,它使不同的组织、器官和不同的亚细胞结构具有不同的代谢特征。这为同工酶用于诊断不同器官的疾病提供了理论依据。

乳酸脱氢酶(LDH)是最早发现的同工酶。LDH 是四聚体,由两种不同的亚基构成,即骨骼肌型(M 型)亚基和心肌型(H 型)亚基。两种亚基以不同的比例组成五种同工酶(图 4 - 5A),即 $LDH_1(H_4)$、$LDH_2(H_3M)$、$LDH_3(H_2M_2)$、$LDH_4(HM_3)$、$LDH_5(M_4)$。电泳时,五种同工酶泳动的方向相同,却具有不同的电泳速度,$LDH_1 \rightarrow LDH_5$ 依次递减。

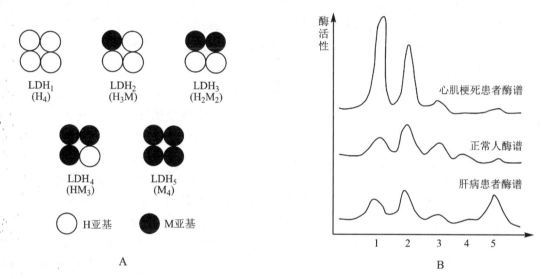

图 4 - 5　乳酸脱氢酶同工酶的组成及疾病状态下血清酶谱的变化

不同的组织器官中,LDH 同工酶的含量与分布不同(表 4 - 2)。

表 4 - 2　人体主要组织器官中 LDH 同工酶的含量与分布

组织器官	同工酶含量/%				
	LDH_1	LDH_2	LDH_3	LDH_4	LDH_5
心肌	67	29	4	<1	<1
肾	52	28	16	4	<1
肝	2	4	11	27	56
肺	10	20	30	25	15
骨骼肌	4	7	21	27	41
血清	27	38	22	9	4

当某组织细胞发生病变时,可向血中释放某种特殊的同工酶。临床上通过对患者血清同工酶谱的检测分析,有助于疾病的鉴别和诊断(图 4 - 5B)。例如,心肌梗死的患者,LDH_1 释放入血,血清 LDH_1 高于正常。各种原因引起肝细胞受损的患者,血清 LDH_5 活性升高。

［要点:同工酶的概念和临床意义］

知识拓展

肌酸激酶同工酶

肌酸激酶(CK)是临床上经常测定的同工酶。肌酸激酶是由 M(肌型)亚基和 B(脑型)亚基组成的二聚体,在细胞质内存在三种同工酶,即 BB(CK_1)、MB(CK_2)、MM(CK_3)。CK_2 仅见于心肌且含量很高,正常血液中几乎不含 CK_2,血清中 CK_2 活性的测定对于早期诊断心肌梗死有一定的意义。

六、酶的调节

生物体内各种物质的代谢是一系列酶催化的复杂的、连续的化学反应,称为代谢途径。代谢途径中活性最小、催化反应速度最慢的一个或几个酶称为关键酶(或限速酶)。要改变整个代谢途径的方向、速度,主要是对关键酶进行调节。改变酶的活性与含量是体内对酶调节的主要方式。

(一)酶活性的调节

1. 酶的别构调节　小分子化合物与酶分子活性中心以外的某一部位特异地结合,引起酶蛋白分子构象改变,从而改变酶的活性,这种调节称为酶的别构调节或变构调节,受别构调节的酶称为别构酶。使酶发生别构效应的物质,称为别构效应剂,能与别构效应剂结合的部位称为别构部位或调节部位。别构效应剂可以是酶的底物、代谢产物或其他小分子代谢物。

别构酶通常含有多个亚基,别构部位与酶的催化部位可在同一亚基上,也可在不同亚基上。别构效应剂与酶的别构部位结合,引起该亚基变构,同时也引起其他亚基发生构象改变,使这些亚基与别构效应剂的亲和力增大或减小,这种现象称为正协同效应或负协同效应。

通过改变酶的构象使酶活性增强,酶促反应速度加快的别构效应剂称为别构激活剂;反之,引起酶促反应速度减慢的别构效应剂称为别构抑制剂。别构抑制是最常见的一种别构调节。例如,ATP 和柠檬酸是 6-磷酸果糖激酶-1 的别构抑制剂,该酶是糖代谢途径的关键酶之一。当 ATP 和柠檬酸过多时,该代谢途径受到抑制,避免产能过剩;AMP、ADP 是该酶的别构激活剂,增多时可促进糖代谢,加速葡萄糖的氧化供能。酶的别构调节是体内物质代谢快速调节的重要方式。

2. 酶的共价修饰调节　体内有些酶可在其他酶的催化下,酶蛋白肽链上的一些基团可与某种化学基团发生可逆的共价结合,使酶的活性发生改变,这种调节方式称为酶的共价修饰或化学修饰。

常见的共价修饰有磷酸化与去磷酸化、乙酰化与去乙酰化、甲基化与去甲基化、腺苷化与去腺苷化以及巯基的氧化与还原(—S—S—与—SH),其中以磷酸化与去磷酸化修饰最为常见。通过共价修饰,酶的活性可发生从无到有(或有到无)、从低到高(或高到低)的互变。例如,催化糖原合成的糖原合酶,该酶有 a、b 两种形式,糖原合酶 a 有活性,磷酸化后即形成糖原合酶 b,失去原有的生物学活性,抑制糖原的合成。酶的共价修饰是体内物质代谢快速调节的另一重要方式。

3. 酶原与酶原的激活　详见本节"四、酶原与酶原的激活"。

上述三种酶活性的调节方式均有酶分子结构的变化,都属于结构调节,而不存在酶含量的变化。

(二)酶含量的调节

1. 酶蛋白合成的诱导与阻遏　机体为适应内外环境的需要,细胞可增加或减少某些酶的生物合成。一般在转录水平上促进酶合成的作用称为诱导作用;相反,在转录水平上减少酶合成的作用称为阻遏作用。诱导剂通常是该酶的底物、产物、激素、药物等;阻遏剂通常是代谢过程的终产物。由于酶的合成需要经过基因转录、翻译、翻译后加工等过程,所以诱导剂的效应出现较迟,一般需要数小时才能见效。然而,一旦酶被诱导合成以后,即使去除诱导因素,酶的活性依然存在。酶的诱导与阻遏作用是对代谢的缓慢而长效的调节。

2. 酶的降解 酶是机体的组成成分,也在不断地自我更新。细胞内的各种酶具有稳定的分子构象,一旦此构象受到破坏,酶便被细胞内的蛋白水解酶所识别而降解为氨基酸。酶的降解速率与酶的结构、机体的营养和激素的调节有关。例如,饥饿时精氨酸酶降解速度减慢,酶含量相对增加,这样的代谢改变可适应机体在饥饿时的需要。

第三节 影响酶促反应速度的因素

影响酶促反应速度的因素包括底物浓度、酶浓度、温度、pH、激活剂和抑制剂。研究某一因素对酶促反应速度的影响时,反应体系中其他因素应保持不变。

一、底物浓度对酶促反应速度的影响

在其他因素不变的情况下,底物浓度[S]对酶促反应速度(V)的影响随底物浓度的变化而不同,在图形上呈矩形双曲线(图4-6)。当底物浓度很低时,酶促反应速度随底物浓度的增加而迅速增加,两者成正比关系;当底物浓度较高时,反应速度随底物浓度的进一步增加仍在增加,但不成正比,而且增加的幅度不断下降;当底物浓度增加到一定的程度,再继续加大底物浓度,反应速度将不再增加,趋于恒定,称为最大反应速度(V_{max})。

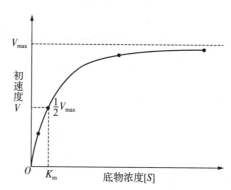

图4-6 底物浓度对酶促反应速度的影响

底物浓度改变对酶促反应速度的影响,可以用中间产物学说解释。酶促反应的速度取决于 ES 的生成量,反应速度与 ES 浓度成正比。在底物浓度很低时,酶的活性中心大多没有与底物结合,增加底物浓度,ES 的浓度也成正比增加,此时反应速度与底物浓度成正比;当底物浓度继续增加,酶的活性中心大部分与底物结合时,随着底物浓度的增加,ES 浓度虽然增加,但增加的幅度不断下降,反应速度与底物浓度不再成正比;当底物增加到一定浓度时,所有的酶都与底物形成了复合物,此时再增加底物浓度也不会增加 ES 浓度,反应速度达到最大值。

1913 年,米凯利斯(Michaelis)和曼顿(Menten)提出了反应速度与底物浓度关系的数学方程,即著名的米-曼氏方程,简称米氏方程,即:

$$V = \frac{V_{max}[S]}{K_m + [S]}$$

式中:V 为酶促反应速度,V_{max} 为最大反应速度,[S]为底物浓度,K_m 为米氏常数。

米氏常数 K_m 是酶学研究的一个重要参数,其意义如下:

1. K_m 值等于酶促反应速度为最大反应速度一半时的底物浓度,单位为 mol/L 当 $V = 1/2 V_{max}$ 时:

$$\frac{V_{max}}{2} = \frac{V_{max}[S]}{K_m + [S]} \dashrightarrow K_m = [S]$$

2. K_m 在一定条件下可表示酶与底物的亲和力 K_m 值越小,酶与底物亲和力越大;反之,K_m

值越大,酶与底物亲和力越小。一种酶催化多种不同的底物时,K_m值不同。通过K_m值,可以判断哪一种底物是酶的最适底物。K_m值最小的,即是该酶的最适底物(天然底物)。

3. K_m值是酶的特征性常数之一　K_m值只与酶的结构、底物以及反应环境(如温度、pH、离子强度)有关,而与酶的浓度无关。对于某一特定的酶促反应而言,在一定的反应条件下,酶的K_m值是一定的。各种酶的K_m值范围在$10^{-6}\sim10^{-2}$ mol/L。

［要点:底物浓度对酶促反应速度的影响可用矩形双曲线表示;米氏常数的意义］

知识拓展

米-曼氏方程的发现

米凯利斯(Michaelis)是德国-美国化学家,主要从事细胞染色体的研究,但他更感兴趣的是如何将物理、化学原理应用到生物化学反应中去。他运用化学动力学定律,和他的助手曼顿(Menten)一起,于1913年提出了"快速平衡"理论:当底物浓度远远大于酶浓度时,假定ES分解成底物和酶的逆反应可忽略不计。在这一理论基础上推导出一个数学方程,这个方程描述了酶促反应速度和底物浓度之间的关系,并以他自己和他助手的名字命名:米凯利斯-曼顿方程,简称米-曼氏方程。

二、酶浓度对酶促反应速度的影响

在酶促反应体系中,当底物浓度远远大于酶浓度,足以使酶饱和时,酶促反应速度与酶浓度成正比关系(图 4-7)。

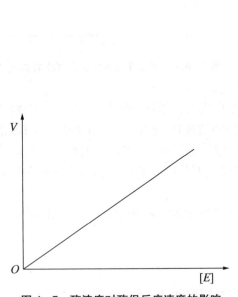

图 4-7　酶浓度对酶促反应速度的影响

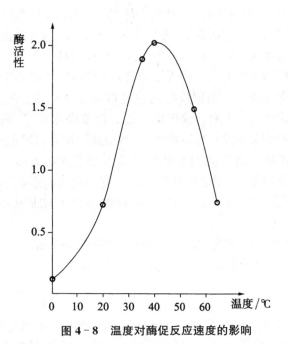

图 4-8　温度对酶促反应速度的影响

三、温度对酶促反应速度的影响

温度对酶促反应速度具有双重影响。在较低的温度范围内,酶促反应速度随温度的升高而增大,但超过一定温度后,酶蛋白开始变性,酶促反应速度反而下降。一般情况下,温度升高到60℃以上,大多数酶开始变性;80℃时,多数酶甚至完全失去活性,变性已不可逆转。酶促反应速度达到最大时的温度称为酶的最适温度。温血动物组织中酶的最适温度在 35～40℃。温度与酶活性的关系曲线呈抛物线(图 4-8)。

高温和低温对酶活性的影响有本质不同。高温引起酶变性失活,降低温度,酶活性也不能恢复;低温抑制酶活性,但不会引起酶的变性失活,温度回升,酶活性可以恢复。低温对酶活性的这种影响对临床实践、科学研究工作具有重要的指导意义。临床上采用的低温麻醉以及脑出血病人头部戴冰帽、冰袋,就是通过降低体温,从而降低酶的活性,减慢组织细胞代谢的速度,以提高机体特别是脑细胞对氧和营养物质缺乏的耐受力。低温保存酶制剂、菌种、血清标本等也是基于这一原理,以确保它们的应用价值和标本检测的准确性、可靠性。

酶的最适温度不是酶的特征性常数,它与酶促反应进行的时间密切相关。酶可以在短时间内耐受较高的温度,只有在酶的反应时间固定的情况下,才有确定的最适温度。环境温度高于或低于最适温度,酶活性都不能达到最高。在生化实验中测定酶活性时,应严格控制反应液的温度。

［要点:高温和低温对酶活性影响的不同］

四、pH 对酶促反应速度的影响

酶蛋白上有许多极性基团,在不同的 pH 条件下解离状态不同,其所带电荷的种类、数量也各不相同,酶活性中心的某些必需基团往往仅在某一解离状态时才最容易与底物结合或具有最大的催化活性。pH 的改变同时也影响底物与辅酶的解离状态,从而影响它们与酶的亲和力。因此,环境 pH 的改变对酶的催化作用影响很大。酶促反应速度达到最大时的环境 pH 称为酶的最适 pH。酶的最适 pH 各不相同,但生物体内绝大多数酶的最适 pH 趋于中性,少数酶的最适 pH 可偏酸或偏碱(如胃蛋白酶的最适 pH 为 1.8,肝精氨酸酶的最适 pH 为 9.8)。pH 与酶活性的关系曲线多为抛物线(图 4-9)。

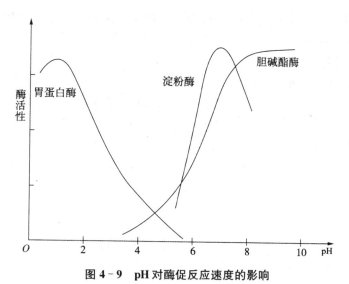

图 4-9　pH 对酶促反应速度的影响

酶的最适 pH 不是酶的特征性常数,它受底物浓度、缓冲液的种类与浓度以及酶的纯度等因素影响。溶液 pH 偏离酶的最适 pH 时会导致酶活性降低甚至失活。在测定酶活性时,应选用适宜的缓冲液(最适 pH)以保持酶活性的相对恒定,从而减少实验误差。

五、激活剂对酶促反应速度的影响

使酶由无活性变为有活性或使酶活性增加的物质称为酶的激活剂(activator)。激活剂多为金属离子,如 K^+、Mg^{2+}、Mn^{2+} 等;少数为阴离子,如 Cl^- 等;有机化合物也可作为激活剂,如胆汁酸盐等。

激活剂可分为必需激活剂和非必需激活剂两类。必需激活剂对酶促反应是必不可少的,大多是金属离子;非必需激活剂可使酶的活性增高,但没有时,酶仍有一定的催化活性,只是催化效率较低。如 Mg^{2+} 是己糖激酶的必需激活剂,Cl^- 是唾液淀粉酶的非必需激活剂等。

六、抑制剂对酶促反应速度的影响

凡使酶的活性下降而不引起酶蛋白变性的物质称为酶的抑制剂(inhibitor,I)。抑制剂可与酶的必需基团相结合,从而抑制酶的活性。除去抑制剂后,酶的活性可以恢复。根据抑制剂与酶结合的紧密程度不同,酶的抑制作用分为可逆性抑制与不可逆性抑制两类。

(一)不可逆性抑制

抑制剂以共价键与酶分子活性中心内的必需基团结合,使酶失去活性,用透析、超滤等物理方法不能将其除去,此类抑制作用称为不可逆性抑制。

1. 有机磷化合物对胆碱酯酶的抑制作用 胆碱酯酶是一类以羟基(—OH)为必需基团的酶。有机磷农药(如敌敌畏、敌百虫、对硫磷、1059 等)能特异地与胆碱酯酶活性中心内丝氨酸残基的羟基结合,使酶磷酰化失去活性,从而影响乙酰胆碱的水解,引起生物体内乙酰胆碱堆积,胆碱能神经过度兴奋,表现出一系列中毒症状(流涎、肌肉痉挛、针状瞳孔等)。

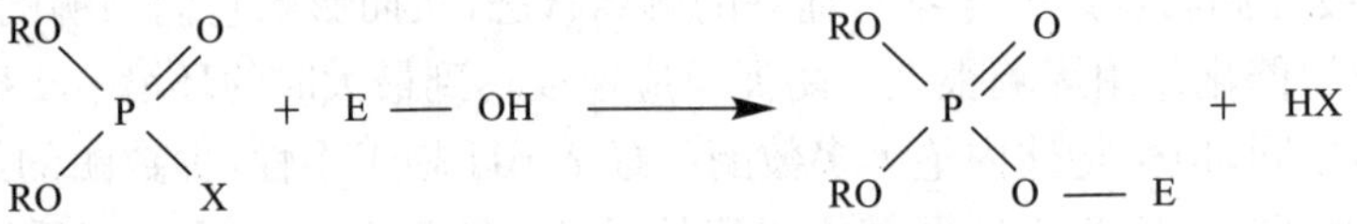

临床上可用药物解磷定(PAM)解除有机磷化合物对胆碱酯酶的抑制作用。解磷定通过夺取已与胆碱酯酶结合的磷酰基,使胆碱酯酶游离出来恢复其催化活性。

2. 重金属离子、砷化物对巯基酶的抑制作用 巯基酶是一类以巯基(—SH)为必需基团的酶。某些低浓度的重金属离子(Hg^{2+}、Ag^{2+} 等)以及 As^{3+} 可与巯基酶分子中的巯基特异地结合,使酶失去活性。化学毒气路易士气就是一种含有砷的化合物,它能抑制体内巯基酶而使人畜中毒。

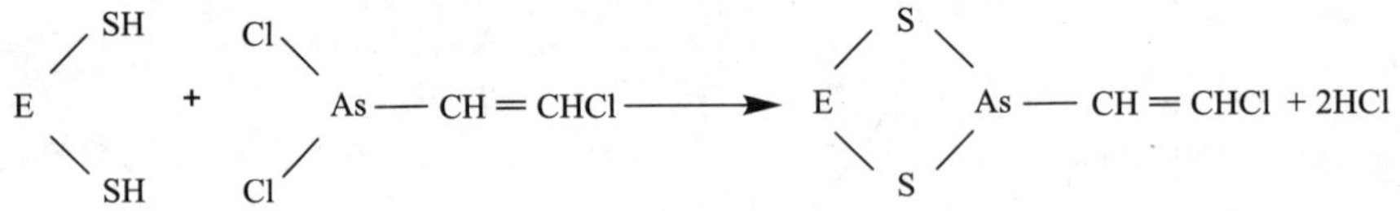

砷化物、重金属盐引起的中毒可用富含巯基的药物予以解毒。如二巯丙醇(BAL)含有两个巯基,在体内达到一定的浓度后,可与有毒物质结合,使巯基酶恢复活性。

[要点:不可逆性抑制的实例;有机磷中毒的机制]

知识拓展

青霉素的作用机制

青霉素属于 β - 内酰胺类抗生素,是细菌细胞壁合成时所需的糖肽转移酶的不可逆抑制剂,影响细菌细胞壁的合成,从而起到杀菌作用。

知识链接与思考

青蒿素是恶性疟原虫的 Ca²⁺‑ATPase 6 不可逆抑制剂

从 1969 年开始,以屠呦呦为代表的抗疟药研究团队经过数百次试验和失败后,从传统中医古籍文献中获得启示,用低温萃取法获得了青蒿乙醚中性提取物样品,并进一步获得抗疟有效单体化合物的结晶,将其命名为"青蒿素"。青蒿素是恶性疟原虫的钙 ATP 蛋白 6(Ca^{2+}‑ATPase 6) 的不可逆抑制剂,能导致疟原虫细胞质内钙离子浓度升高,引起细胞凋亡,从而发挥抗疟作用。进一步阅读请扫二维码。

(二)可逆性抑制

抑制剂以非共价键与酶或酶‑底物复合物结合,使酶活性降低或丧失,用透析、超滤等物理方法可将其除去,恢复酶的活性,此类抑制作用称为可逆性抑制。根据抑制剂与酶、酶‑底物复合物结合的特点不同,可逆性抑制可分为竞争性抑制、非竞争性抑制和反竞争性抑制三种类型。

1.竞争性抑制　抑制剂与酶的底物结构相似,共同竞争酶的活性中心,从而阻碍酶与底物结合,使酶促反应速度降低,这种抑制作用称为竞争性抑制作用。

$$E + S \rightleftharpoons ES \longrightarrow E + P$$
$$+$$
$$I$$
$$\Big\updownarrow K_i$$
$$EI$$

因底物、抑制剂与酶的结合均是可逆的,所以竞争性抑制的强度取决于抑制剂浓度和底物浓度的相对比例,可以通过提高底物浓度的方法减弱或解除竞争性抑制。例如,丙二酸和琥珀酸的结构相似,是琥珀酸脱氢酶的竞争性抑制剂。丙二酸与琥珀酸脱氢酶的亲和力远大于琥珀酸,当丙二酸的浓度仅为琥珀酸的 1/50 时,琥珀酸脱氢酶的活性便被抑制 50%。当增大丙二酸的浓度时,抑制作用进一步增强;而增大琥珀酸浓度时,抑制作用减弱。当底物浓度增大到远远大于抑制剂浓度时,几乎所有的酶分子都与底物分子结合,反应速度仍可达到最大速度,但此时比无抑制剂时所需底物浓度增大,因此竞争性抑制作用的 V_{max} 不变,K_m 增大。

```
COOH        COOH                          COOH
 |           |                             |
CH₂         CH₂      琥珀酸脱氢酶            CH
 |           |       ⟷                     ‖
COOH        CH₂                            HC
             |                             |
            COOH                          COOH

丙二酸       琥珀酸                        延胡索酸
```

临床上有些药物的作用机制便是竞争性抑制,磺胺类药物是其典型代表之一。对磺胺药敏感的细菌在生长、繁殖时,不能利用环境中的叶酸,只能在菌体内二氢叶酸合成酶的催化下,以对氨基苯甲酸等为底物合成二氢叶酸（FH_2），二氢叶酸进一步还原成四氢叶酸（FH_4），四氢叶酸是合成核酸时不可缺少的辅酶。磺胺类药物与对氨基苯甲酸的结构相似，是二氢叶酸合成酶的竞争性抑制剂，可以抑制菌体内二氢叶酸的合成，进而影响四氢叶酸的合成，细菌核酸合成障碍，抑制了细菌的生长繁殖。人体可以直接从食物中获取叶酸，因而不受影响。根据竞争性抑制的特点，服用磺胺类药物时必须保持血液中药物的高浓度，以发挥其有效的竞争性抑菌的作用。

$$H_2N—\bigcirc—COOH \qquad H_2N—\bigcirc—SO_2NHR$$

对氨基苯甲酸（PABA）   磺胺类药物

许多抗癌药物，如甲氨蝶呤（MTX）、氟尿嘧啶（FU）、6 -巯基嘌呤（6 - MP）等，几乎都是体内某种酶的竞争性抑制剂，它们分别抑制体内四氢叶酸、嘧啶核苷酸、嘌呤核苷酸的合成，从而影响核酸的生物合成，抑制细胞的分裂、增生，达到抑制肿瘤生长的目的。另外，临床上用别嘌呤醇治疗痛风，用他汀类药物治疗高胆固醇血症等的机制也是竞争性抑制。

［要点：竞争性抑制的概念和特点；磺胺药物的作用机制］

2. 非竞争性抑制　一些抑制剂与底物结构不相似，不与底物竞争酶的活性中心，而是与活性中心外的必需基团结合，使酶活性降低，这种抑制作用称为非竞争性抑制。

酶-底物-抑制剂复合物（ESI）不能进一步释放产物，影响酶促反应速度。这种抑制作用的强度只取决于抑制剂浓度，而与底物浓度无关，不能通过增大底物浓度的方法减弱或解除抑制。非竞争性抑制剂的出现，降低了酶促反应速度，但不影响酶与底物之间的亲和力。非竞争性抑制作用的 V_{max} 降低，K_m 不变。

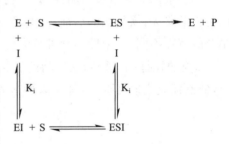

3. 反竞争性抑制　抑制剂不直接与酶结合，仅与酶-底物复合物（ES）结合，使 ES 的量下降，导致酶促反应速度降低，这种抑制作用称为反竞争性抑制。

反竞争性抑制剂的存在不仅不会影响 E 和 S 的结合，反而增加二者的亲和力，这与竞争性抑制作用相反。反竞争性抑制作用的 V_{max} 降低，K_m 减小。

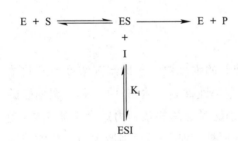

第四节　酶在医学上的应用

一、酶在临床医学上的应用

（一）酶与疾病的发生

酶的质、量及活性的异常均有可能导致某些疾病的发生。现已发现 140 多种先天性代谢病多由酶的先天性或遗传性缺陷所致。表 4-3 列出了部分遗传性缺陷病及其所缺乏的酶。

表 4-3 部分遗传性酶缺陷所致的疾病

缺陷酶	相应疾病
酪氨酸酶	白化病
苯丙氨酸羟化酶	苯丙酮酸尿症
尿黑酸氧化酶	尿黑酸症
6-磷酸葡萄糖脱氢酶	蚕豆病
葡萄糖-6-磷酸酶	糖原累积症
次黄嘌呤-鸟嘌呤磷酸核糖转移酶（HGPRT）	自毁容貌症

激素代谢障碍或维生素缺乏可引起某些酶的异常。如维生素 K 缺乏时,凝血因子Ⅱ、Ⅶ、Ⅸ、Ⅹ的前体不能在肝细胞内羧化生成成熟的凝血因子。患者可出现因这些因子缺乏所致的临床症状,如皮下、胃肠道出血等。

某些化学毒剂、药物可抑制体内某些酶的活性而引起中毒性疾病。如有机磷农药对胆碱酯酶活性的抑制,重金属、砷化物对巯基酶活性的抑制,氰化物、CO 对细胞色素氧化酶活性的抑制等。

许多疾病也可引起酶异常,酶的异常又可使病情加重。例如,急性胰腺炎的患者,因多种蛋白酶原在胰腺中被激活,造成组织内大量蛋白质被水解破坏,胰腺功能受到严重影响。

（二）酶与疾病的诊断

血液和体液中酶、同工酶活性的测定早已成为临床疾病诊断及鉴别诊断的重要参考指标之一。据统计,临床酶的测定约占临床化学检验的 1/4,可见其重要价值。

许多组织器官的疾病常表现为血液、体液中一些酶活性的异常,主要因为:① 组织细胞受损或细胞膜通透性增大,细胞内酶释放入血增加。如急性肝炎,血清丙氨酸氨基转移酶活性增高;急性胰腺炎,血清、尿液淀粉酶活性增高。② 细胞代谢、增殖过快,其特异性标志酶释放入血过多。如前列腺癌患者,血清酸性磷酸酶活性可增高;成骨肉瘤患者,成骨细胞中碱性磷酸酶合成增加,血清碱性磷酸酶活性可增高。③ 酶的合成或清除障碍时,血清酶活性异常。如肝功能严重障碍患者,肝细胞合成某些酶的能力下降,血清凝血酶原、凝血因子含量减少;肝硬化影响血清碱性磷酸酶的清除;胆管阻塞影响碱性磷酸酶的排泄,均可使血清中碱性磷酸酶活性明显增高。

同工酶的检测可提高酶学诊断的特异性,对病变器官的定位有实用价值,有助于临床进行鉴别诊断。

（三）酶与疾病的治疗

许多药物通过对生物体内某些酶的抑制作用达到治疗目的。如磺胺类药物通过抑制二氢叶酸合成酶的活性,抑制细菌的生长繁殖;抗肿瘤药物通过抑制核酸合成途径中相关酶的活性,遏制肿瘤细胞增殖的速度。

酶制剂可作为药物直接用于治疗。例如,助消化的多酶片,包含胃蛋白酶、胰蛋白酶、胰脂肪酶、胰淀粉酶等;有助于溶栓的尿激酶、链激酶;能消炎抑菌的溶菌酶、胰蛋白酶、糜蛋白酶等;辅酶Q、辅酶 A、细胞色素 C 等作为药物,用于危重病人的辅助治疗。

二、酶在医学科学研究上的应用

酶除了可以作为试剂应用于临床检验,作为药物应用于临床治疗,酶还可以作为工具应用于医学科学研究。例如,在基因工程中,人们利用酶具有高度特异性的特点,将酶作为工具,在分子水平上对核酸等生物大分子进行定向、定位的分割与连接。最典型的工具酶包括各种限制性核酸内切酶、外切酶、连接酶以及聚合酶链反应中所用的热稳定性 DNA 聚合酶。

还可以用酶标记法替代同位素标记,通过测定酶的活性判断被标记物及其与被标记物定量结合的某物质的存在、含量及定位。

　　酶分子工程是方兴未艾的酶工程学,包括对酶分子中功能基团进行化学修饰、酶的固定化、抗体酶等。抗体酶是酶工程研究的前沿之一。底物和酶的活性中心结合时底物变形而成过渡态,将底物过渡态类似物作为抗原,免疫动物使之产生抗体,该抗体可与底物过渡态结合,并催化底物生成产物,这类具有催化功能的抗体分子称抗体酶。因此,可通过抗体酶的途径来制备自然界不存在的新酶种,抗体酶的研制、应用将使一些医学科学研究取得突破性进展。

本章小结

　　酶是由活细胞产生的具有催化功能的蛋白质。根据分子组成,酶可分为单纯酶和结合酶。单纯酶仅由蛋白质组成,而结合酶由酶蛋白(蛋白质部分)和辅助因子(非蛋白质部分)组成,只有全酶才有催化活性。

　　酶除具有一般催化剂的共性外,还具有高度催化效率、高度特异性、高度不稳定性和可调节性等特性,其中酶的特异性又可分为绝对特异性、相对特异性和立体异构特异性。

　　酶的活性中心能与底物特异地结合并将底物转化为产物的空间区域。酶的活性中心内的必需基团由结合基团和催化基团组成。酶具有高度催化效率的机制是有效降低反应的活化能。

　　酶原是酶无活性的前体,酶原激活的实质是酶的活性中心形成或暴露的过程。同工酶是指催化相同的化学反应,而酶蛋白的分子结构、理化性质及免疫学性质均不同的一组酶。酶的调节包括对酶的活性与含量调节。

　　影响酶促反应速度的因素包括底物浓度、酶浓度、温度、pH、激活剂和抑制剂。

教学课件　　　微课

- -

思考题

1. 简述酶促反应的特点。

2. 说明酶原与酶原激活的意义。

3. 影响酶促反应速度的因素有哪些? 简述各因素对酶促反应速度的影响特点。

4. 以乳酸脱氢酶为例,说明同工酶的临床意义。

5. 试用竞争性抑制的原理,解释磺胺类药物的抑菌机制。

更多习题,请扫二维码查看。

达标测评题

（苑　红）

学习目标

掌握：维生素的概念、特点和分类；脂溶性维生素的生理功能和缺乏症。

熟悉：引起维生素缺乏症的原因；水溶性维生素的辅助因子形式和缺乏症。

了解：维生素的命名、食物来源；水溶性维生素的生理功能。

【导学案例】

患者，女性，67岁。近期纳差、便秘、失眠、体重下降。双肘、双腕、颈后对称性红斑，有明显疼痛感。神情木讷。诊断为癞皮病。

思考题：

1.癞皮病的发病机制是什么？

2.试给出治疗方案和饮食建议。

第一节　概　　述

一、维生素的概念和特点

维生素(vitamin)是维持机体正常生命活动所必需的一类小分子有机化合物。人体对维生素的需要量很少(每日仅需毫克或微克量)，但机体自身不能合成或合成量不足，因此必须从食物中摄取。维生素既不是能源物质，也不是机体组织细胞的构成成分，其主要在调节物质代谢、维持细胞生理功能等方面发挥重要的作用。长期缺乏某种维生素会导致相应维生素缺乏症。

［要点：维生素的概念和特点］

二、维生素的命名和分类

(一)命名

维生素有多种命名方法。一是按其被发现的先后顺序以拉丁字母命名，如维生素 A、维生素 B、维生素 C、维生素 D、维生素 E 等；二是按其化学结构特点命名，如维生素 B_1 是含硫的胺类故又称为硫胺素；三是按其生理功能和治疗作用命名，如维生素 B_1 又称为抗脚气病维生素。有些维生素最初发现时认为是一种，后证实是多种维生素的混合物，命名时在原字母下方标注数字以区分，如维生素 B_1、维生素 B_2、维生素 B_6、维生素 B_{12} 等。

（二）分类

根据溶解性不同，维生素可分为两大类：脂溶性维生素和水溶性维生素。脂溶性维生素包括维生素 A、维生素 D、维生素 E、维生素 K；水溶性维生素主要包括 B 族维生素和维生素 C，其中 B 族维生素又包括维生素 B_1、维生素 B_2、维生素 PP、泛酸、维生素 B_6、生物素、叶酸和维生素 B_{12}。

［要点：维生素的分类］

三、引起维生素缺乏症的原因

维生素缺乏会引发相应的缺乏症，损害人体健康，常见原因如下。

（一）摄入量不足

食物中维生素含量不足，或者食物加工、烹调、储存方式不当，造成维生素大量破坏或流失，引起维生素摄入量不足。如烹调时加碱、淘洗过度、米面加工过细可使维生素 B_1 大量损失。

（二）吸收障碍

吸收障碍多见于消化系统疾病患者，如长期腹泻、胃酸分泌减少、消化道或胆道梗阻等。胆汁分泌减少可影响脂溶性维生素的吸收，因此肝胆疾病患者易出现脂溶性维生素缺乏。

（三）需要量增加

在某些生理或病理条件下，机体对维生素的需要量会增加，如生长期儿童、妊娠和哺乳期妇女、慢性消耗性疾病患者等。

（四）食物以外的维生素供应不足

肠道中的正常菌群能合成多种维生素，包括维生素 K 和各种 B 族维生素，长期服用抗生素可抑制肠道菌群生长，引起这些维生素缺乏；长期日光照射不足，可使皮下维生素 D_3 产生不足，导致维生素 D 缺乏。

［要点：引起维生素缺乏症的原因］

第二节　脂溶性维生素

脂溶性维生素均不溶于水，而溶于脂类和多种有机溶剂，在食物中与脂类共存，并与脂类一起吸收。吸收后的脂溶性维生素在血液中与脂蛋白或特异性载体结合而运输。脂溶性维生素可储存于肝（维生素 A、维生素 D、维生素 K）和脂肪组织（维生素 E），短期缺乏不会引起缺乏症，长期过量摄入会出现中毒反应。脂溶性维生素不能随尿排出，但可以随胆汁由粪便排出体外。

一、维生素 A

（一）化学本质、性质及来源

维生素 A 又称抗干眼病维生素，化学本质是含 β-白芷酮环的不饱和一元醇。天然维生素 A 有 A_1（视黄醇）和 A_2（3-脱氢视黄醇）两种形式。在细胞中醇脱氢酶催化视黄醇和视黄醛之间的可逆反应，视黄醛在视黄醛脱氢酶的催化下不可逆地氧化生成视黄酸。视黄醇、视黄醛和视黄酸均为维生素 A 的活性形式。

维生素 A 对热、酸、碱稳定，易被氧化，紫外线照射可促进其氧化破坏，故应存放于棕色瓶中。

维生素 A 存在于动物性食物中，如肝、鱼肝油、蛋黄、乳制品、肉类等。植物性食物中不含维生素 A，但含有被称为维生素 A 原的多种胡萝卜素，其中以 β-胡萝卜素最为重要。胡萝卜、菠菜、西兰花、甘薯、芒果、哈密瓜等深色蔬菜和水果含有丰富的β-胡萝卜素。在小肠黏膜加双氧酶作用下一分子β-胡萝卜素可氧化分解为两分子视黄醛。

（二）生理功能及缺乏症

1. 构成视觉细胞内的感光物质　视杆细胞内的感光物质是视紫红质，能感受弱光。视紫红质由视蛋白和11-顺视黄醛组成。11-顺视黄醛是由视黄醇氧化而来的。视紫红质在暗处生成，感受弱光后视紫红质中的11-顺视黄醛迅速发生异构化作用转变为全反型视黄醛，与视蛋白分离，引起视杆细胞膜的 Ca^{2+} 通道开放，Ca^{2+} 内流引发神经冲动，传导到大脑皮质产生暗视觉（图5-1）。维生素A缺乏时，11-顺视黄醛补充不足，视紫红质合成减少，对弱光敏感性降低，暗适应时间延长，严重时会引起夜盲症。

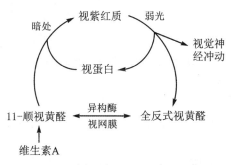

图5-1　视紫红质的生成和分解

2. 维持上皮组织结构完整和功能健全　维生素A以视黄酸形式参与细胞膜糖蛋白的合成，是维持上皮组织结构完整和功能健全所必需的物质。维生素A缺乏时，上皮组织干燥、增生和角化，抗感染能力下降。在皮肤表现为皮脂腺和汗腺角化，皮肤干燥，毛囊角化，毛发脱落等。在眼部表现为泪腺上皮角化，泪液分泌减少，角膜干燥，导致干眼病。

3. 促进生长发育　维生素A通过调控基因表达，影响细胞分化，促进生长发育。缺乏维生素A时，儿童生长发育受阻，骨骼生长不良，生殖功能减退。

4. 抗氧化和抗癌作用　维生素A是强还原剂，具有抗氧化作用，能清除自由基，防止脂质过氧化。维生素A还可以诱导肿瘤细胞分化和凋亡，抑制肿瘤生长。

维生素A摄入过量可引起中毒，其症状主要有头痛、恶心、皮肤干燥、脱屑、脱发、肝细胞损伤、高脂血症等。

［要点：维生素A的生理功能和缺乏症］

二、维生素D

（一）化学本质、性质及来源

维生素D又名钙化醇、抗佝偻病维生素，是类固醇衍生物。自然界存在多种维生素D，其中最重要的是维生素 D_2 和维生素 D_3。维生素D除对光敏感外，化学性质较稳定。

维生素D在食物中的含量有限，主要来自动物性食物，如肝、蛋黄、鱼肝油、乳类等。植物油和酵母中含有的麦角固醇不能被人体吸收，经紫外线照射可转变成维生素 D_2 而被人体吸收，称为维生素 D_2 原。人体皮肤储存有从胆固醇生成的7-脱氢胆固醇，经紫外线照射可以转变成维生素 D_3，称为维生素 D_3 原（图5-2）。一般膳食中维生素D含量很少，因此皮下的7-脱氢胆固醇成为人体维生素D的主要来源，适当的日光浴可以满足人体对维生素D的需要。

维生素 D_3 的活性形式是 $1,25-(OH)_2-D_3$，维生素 D_3 先在肝内羟化生成 $25-(OH)-D_3$，然后在肾小管内二次羟化生成 $1,25-(OH)_2-D_3$，进一步发挥作用。

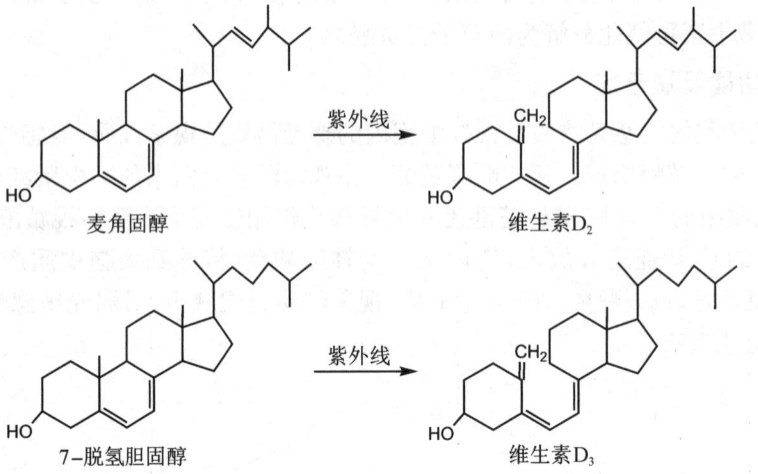

图 5-2   维生素 D 原及其转化

（二）生理功能及缺乏症

维生素 D 的主要功能是促进小肠对钙、磷的吸收,促进肾小管对钙、磷的重吸收,以及促进骨的更新。

缺乏维生素 D 时,血钙和血磷降低,神经肌肉的兴奋性增高,表现为手足搐搦。严重时,儿童可致佝偻病,成年人可致软骨病。

过量服用维生素 D 可引起中毒,表现为异常口渴、皮肤瘙痒、厌食、嗜睡、呕吐、腹泻、尿频、高钙血症、高钙尿症、软组织钙化等。由于皮肤储存的 7-脱氢胆固醇有限,多晒太阳不会引起维生素 D 中毒。

[要点:维生素 D 的活性形式、生理功能和缺乏症]

知识拓展与思考

阳光维生素

食物中的维生素 D 含量很少,晒太阳成了正常人群补充维生素 D 的主要方式。研究表明约 80% 的维生素 D 来源于太阳光紫外线照射,其余来自饮食,故维生素 D 被称为"阳光维生素"。

能有效地将人体皮肤中 7-脱氢胆固醇转化为维生素 D_3 的紫外线波长为 295～300 nm,属于紫外线 B 波段。该波段紫外线很难穿透透明玻璃,因此在寒冷的冬季躲在阳台玻璃后晒太阳以图补充维生素 D 的行为几乎是无效的。

过量紫外线辐射对人体是有害的。短时过量暴露于紫外线辐射的环境会使皮肤灼伤,长期过量暴露于紫外线辐射的环境可能导致皮肤出现松弛、老化,甚至出现肿块、癌变,还可能导致眼睛的玻璃体混浊、产生白内障,使人体免疫力降低等。

适量的阳光照射可以补充维生素 D,有益于健康;过量晒太阳可以造成皮肤损伤,导致皮肤癌变。事物都是一分为二的,过犹不及,做事情一定把握好"度"。请查找相关资料,根据自己的皮肤类型、季节、紫外指数等因素,制订自己的晒太阳方案。

三、维生素 E

（一）化学本质、性质及来源

维生素 E 又名生育酚,是苯骈二氢吡喃衍生物,包括生育酚和生育三烯酚两类,每类又可分为

α、β、γ、δ四种,自然界以α-生育酚分布最广,活性最高。维生素E是淡黄色油状物,对热、酸稳定,对碱不稳定,对氧极为敏感。

维生素E主要存在于植物油中,其中以麦胚油含量最多,豆类、蔬菜中含量也较丰富。

(二)生理功能及缺乏症

1. 抗氧化作用　维生素E是体内最重要的脂溶性抗氧化剂,能清除自由基和过氧化物,保护生物膜的结构和功能,避免脂质过氧化物的产生。

2. 与动物生殖功能有关　动物缺乏维生素E时生殖器官发育不良、生殖功能受损。人类尚未发现因维生素E缺乏所致的不孕症,但临床上常用维生素E治疗先兆流产、习惯性流产等。

3. 促进血红素合成　维生素E可提高血红素生成的关键酶δ-氨基-γ-酮戊酸(ALA)合酶和ALA脱水酶的活性,促进血红素的合成。

维生素E一般不易缺乏,在严重的脂类吸收障碍和肝严重损伤时可引起缺乏症,表现为红细胞数量减少,脆性增加等溶血性贫血症。有时也可引起神经功能障碍。

四、维生素K

(一)化学本质、性质及来源

维生素K又称凝血维生素,是2-甲基萘醌的衍生物。维生素K对热、酸稳定,易受光照和碱的破坏。

天然的维生素K有维生素K_1和维生素K_2,K_1主要存在于深绿叶蔬菜和植物油中,K_2是人体肠道细菌的合成产物。维生素K_3和维生素K_4系人工合成品,具有水溶性,可口服、注射。

(二)生理功能及缺乏症

维生素K的主要生理功能是参与凝血。凝血因子II、VII、IX、X在肝内初合成时是无活性的前体,维生素K作为γ-谷氨酰羧化酶的辅酶参与凝血因子的活化,从而加速血液凝固。

维生素K来源丰富且肠道细菌能合成,一般不会缺乏。但长期大量使用广谱抗生素或脂肪吸收不良,可引起维生素K缺乏。缺乏维生素K表现为凝血功能障碍,凝血时间延长,严重缺乏时皮下、肌肉及胃肠道可出血。

第三节　水溶性维生素

水溶性维生素包括B族维生素、维生素C等。水溶性维生素溶于水,在食物加工过程中容易失活或流失,多数在碱性环境中易破坏;吸收快,在体内很少储存,需及时从膳食中补充;过量摄入后随尿排出,很少因蓄积而中毒。水溶性维生素一般通过构成酶的辅酶或辅基参与物质代谢。

一、维生素B_1

(一)化学本质、性质及来源

维生素B_1又称抗脚气病维生素,是第一个被发现的维生素,由含氨基的嘧啶环和含硫的噻唑环组成,故也称硫胺素。维生素B_1为白色结晶,极易溶于水,在中性或碱性环境中加热易破坏,在酸性溶液中稳定且耐热。

焦磷酸硫胺素(TPP)是维生素B_1在体内的活性形式(图5-3)。

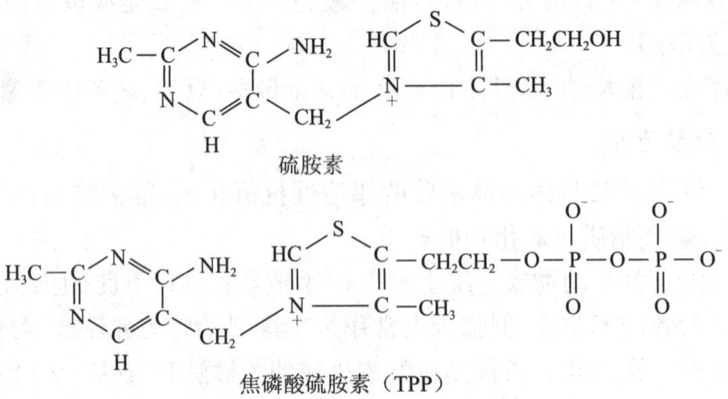

硫胺素

焦磷酸硫胺素（TPP）

图 5-3　硫胺素及其活性形式

维生素 B_1 主要存在于谷物、豆类的外皮和胚芽中,干果、酵母、动物内脏、瘦肉、蛋类、绿叶蔬菜等含量也较多。

（二）生理功能及缺乏症

1. TPP 是 α-酮酸氧化脱羧酶系的辅酶　TPP 参与线粒体内丙酮酸、α-酮戊二酸的氧化脱羧反应。维生素 B_1 缺乏时,糖分解代谢受阻,神经组织供能不足,使乳酸、丙酮酸堆积,影响神经髓鞘磷脂的合成,可出现神经肌肉兴奋性异常,导致慢性末梢神经炎和其他神经肌肉病变,即脚气病。严重者可发生水肿、心力衰竭。

知识链接

脚气和脚气病

脚气和脚气病不是同一种疾病。脚气是足癣的俗名,又称"脚湿气""香港脚",是由真菌感染引起的足部皮肤病。脚气病是因维生素 B_1 缺乏引起的全身性疾病。脚气病没有传染性,而脚气有传染性。

脚气病最初表现为胃部不适、便秘、易激动、易疲劳、记忆力减退、失眠、体重下降等,进一步则发展为以肢端麻木、感觉异常、站立困难等为主要表现的多发性周围神经炎,严重者可出现心力衰竭,即脚气性心脏病。

治疗脚气病以改善饮食营养为主,多摄入粗粮、猪肉、动物内脏等,避免食物加工过度。戒除大量饮酒、饮咖啡等生活习惯,必要时口服维生素 B_1 片。

------

2. TPP 是转酮醇酶的辅酶　TPP 也是磷酸戊糖途径中转酮醇酶的辅酶。维生素 B_1 缺乏时磷酸戊糖途径障碍,影响核酸和神经髓鞘磷脂的合成。

3. TPP 在神经传导中起作用　TPP 可促进神经递质乙酰胆碱的合成,同时抑制胆碱酯酶对其分解。乙酰胆碱能明显增强胃肠蠕动,使消化液分泌增加。维生素 B_1 缺乏时,乙酰胆碱合成减少、分解加快,造成胃肠蠕动缓慢,消化液分泌减少,食欲缺乏、消化不良、肠胀气等消化功能障碍。

[要点:维生素 B_1 的活性形式和缺乏症]

二、维生素 B_2

（一）化学本质、性质及来源

维生素 B_2 又名核黄素,是核糖醇和异咯嗪的缩合物(图 5-4)。维生素 B_2 为橙黄色针状结晶,在酸性和中性溶液中对热稳定,在碱性或光照条件下极易降解。

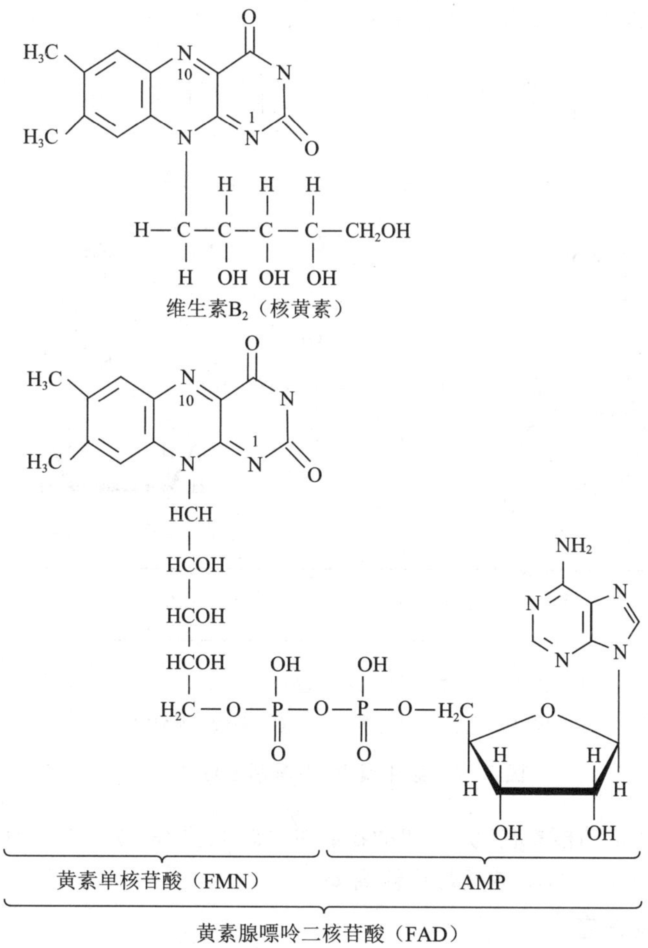

图 5-4　核黄素及其活性形式

在体内,维生素 B_2 的活性形式是黄素单核苷酸(FMN)和黄素腺嘌呤二核苷酸(FAD)(图 5-4)。

维生素 B_2 广泛分布于动、植物组织中,在动物肝脏、蛋类、乳类、肉类、豆类、绿叶蔬菜等食物中含量丰富。

(二)生理功能及缺乏症

FMN 及 FAD 是体内氧化还原酶(如脂酰 CoA 脱氢酶、琥珀酸脱氢酶、黄嘌呤氧化酶)的辅基,在反应中起传递氢的作用。它们参与生物氧化,可促进糖、脂类和蛋白质的分解代谢,对维持皮肤、黏膜和视觉功能有重要的作用。

维生素 B_2 缺乏时,可引起口角炎、唇炎、舌炎、结膜炎、阴囊炎等。用光照疗法治疗新生儿黄疸时,在破坏皮肤胆红素的同时,核黄素也可同时遭到破坏,引起新生儿维生素 B_2 缺乏。

[要点:维生素 B_2 的活性形式和缺乏症]

三、维生素 PP

(一)化学本质、性质及来源

维生素 PP 即维生素 B_3,又称抗癞皮病维生素,包括尼克酸(烟酸)和尼克酰胺(烟酰胺),二者均属吡啶的衍生物,并可相互转化。

维生素 PP 是性质最稳定的维生素,不易被酸、碱、热、光、氧破坏,一般加工烹调损失很小,但会随水流失。

维生素 PP 在体内的活性形式是尼克酰胺腺嘌呤二核苷酸(NAD^+,又称辅酶Ⅰ)和尼克酰胺腺嘌呤二核苷酸磷酸（$NADP^+$，又称辅酶Ⅱ）（图 5－5）。

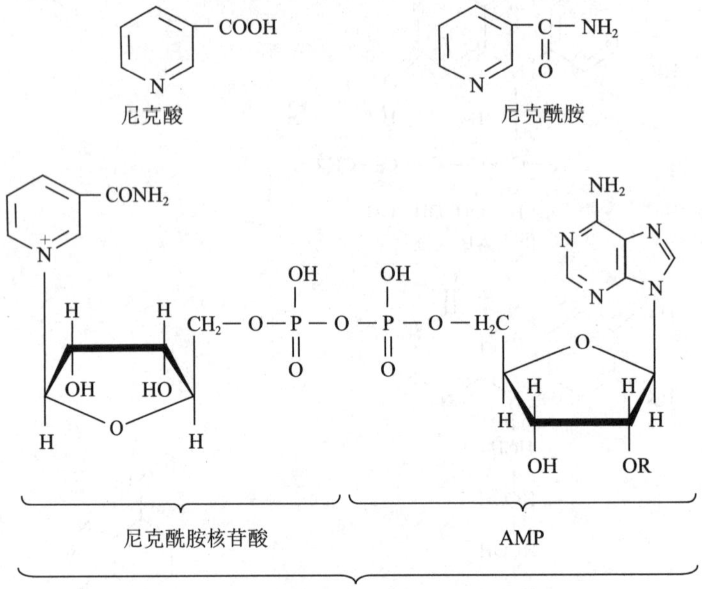

R＝H，尼克酰胺腺嘌呤二核苷酸（NAD^+）

R＝PO_3H_2，尼克酰胺腺嘌呤二核苷酸磷酸（$NADP^+$）

图 5－5 维生素 PP 及其活性形式

维生素 PP 广泛存在于动植物食物中，如动物肝脏、瘦肉、全谷、豆类等。体内色氨酸可转变为维生素 PP，但转化率低（60∶1），不能满足机体需要。

（二）生理功能及缺乏症

NAD^+ 和 $NADP^+$ 是脱氢酶的辅酶，在反应中起传递氢的作用。

尼克酸（烟酸）可降低血浆胆固醇和脂肪，扩张血管，临床上被用于辅助治疗动脉粥样硬化和高胆固醇血症等。长期过量服用则可引起肝损伤。

维生素 PP 缺乏时，神经组织受损，导致癞皮病，其典型症状为皮肤暴露部位出现对称性皮炎，并伴有消化不良和腹泻，严重者会因神经组织变性而导致痴呆。

抗结核药物异烟肼的结构与维生素 PP 相似，长期服用可因拮抗作用而引起体内维生素 PP 缺乏。

［要点：维生素 PP 的活性形式和缺乏症］

知识拓展

由长期吃玉米所引发的疾病

长期以玉米为主食地区易发生癞皮病（又称糙皮病）。玉米中所含的烟酸多数为结合型，占烟酸总量的 64%～73%。结合型烟酸非常稳定，酸性情况下加热 30 min 也不释放出游离型烟酸，故结合型烟酸一般情况下不能被人体所利用。终年以玉米为主食地区，皮炎、舌炎、腹泻及周围神经炎患者较多，痴呆发病率远高于其他地区。

四、泛酸

（一）化学本质、性质及来源

泛酸又称维生素 B_5，因在自然界广泛存在，故也称遍多酸，由二甲基羟丁酸和 β－丙氨酸组成。

泛酸是浅黄色黏稠油状物,在中性环境中稳定,对氧化剂和还原剂不敏感,易被酸碱破坏。

泛酸在体内的活性形式是辅酶 A(CoA)(图 5-6)和酰基载体蛋白(acyl carrier protein,ACP)。

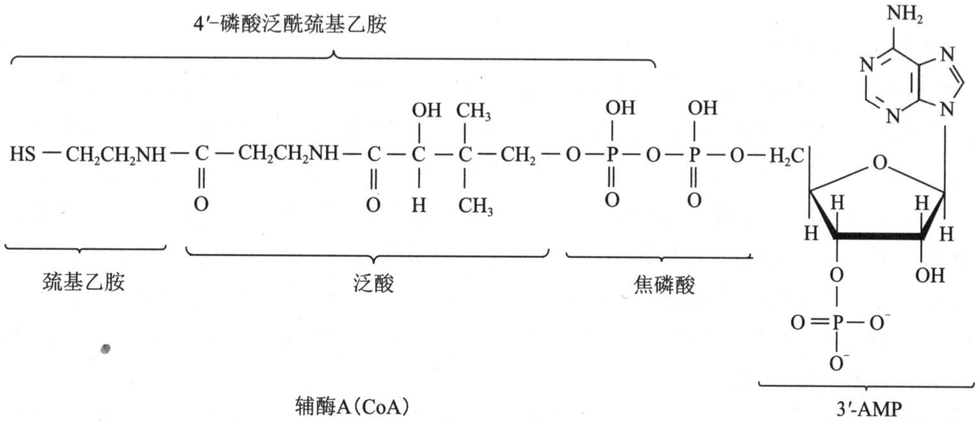

图 5-6　泛酸和辅酶 A

泛酸广泛存在于动植物中,在谷类、豆类、瘦肉、动物内脏等食物中含量丰富,肠道细菌也可以合成泛酸。

(二)生理功能及缺乏症

泛酸参与体内糖、脂肪、氨基酸代谢及生物转化过程中的酰基转移反应。辅酶 A 是各种酰基转移酶的辅酶,其巯基(—SH)与酰基转移密切相关,因此辅酶 A 常用 HSCoA 表示。

泛酸缺乏症很少见。

[要点:泛酸的活性形式]

五、维生素 B$_6$

(一)化学本质、性质及来源

维生素 B$_6$ 是吡啶的衍生物,包括吡哆醇、吡哆醛和吡哆胺,在体内的活性形式是磷酸吡哆醛和磷酸吡哆胺,二者可以相互转变(图 5-7)。大多数组织含有吡哆醛激酶,能催化吡哆醛转变为磷酸吡哆醛,磷酸吡哆醛是维生素 B$_6$ 在血浆中的主要转运形式。

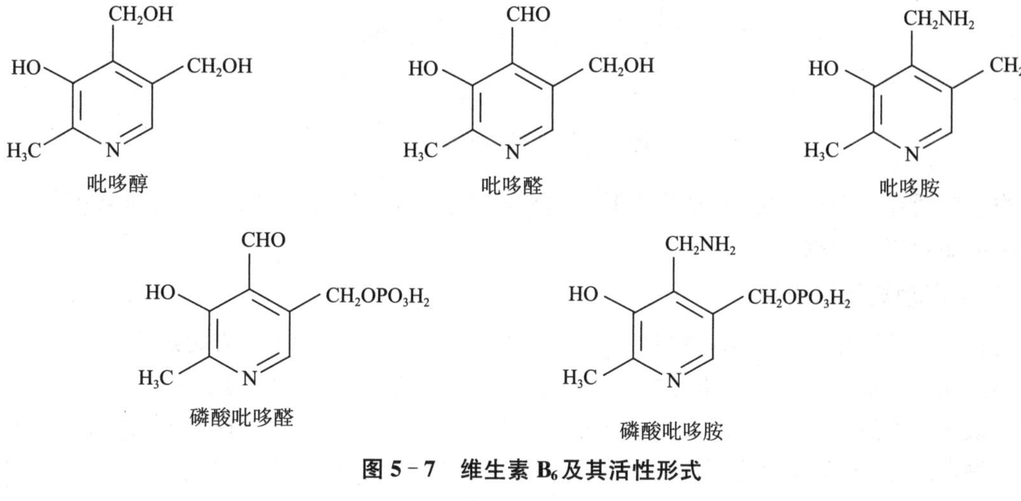

图 5-7　维生素 B$_6$ 及其活性形式

维生素 B_6 纯品为无色结晶,易溶于水和乙醇,微溶于有机溶剂,在酸性溶液中稳定,在碱性溶液中易破坏,对光敏感,不耐高温。

维生素 B_6 来源广泛,动物肝脏、鱼、肉类、全麦、豆类、蛋黄、酵母等含量丰富,肠道细菌也能合成维生素 B_6。

(二) 生理功能及缺乏症

磷酸吡哆醛是氨基酸代谢中多种酶的辅酶。磷酸吡哆醛既是氨基酸转氨酶的辅酶,也是氨基酸脱羧酶的辅酶,参与氨基酸的分解代谢。磷酸吡哆醛作为谷氨酸脱羧酶的辅酶催化生成抑制性神经递质——γ-氨基丁酸,故临床上常用维生素 B_6 治疗小儿惊厥、妊娠呕吐和精神焦虑。

磷酸吡哆醛是血红素合成关键酶 δ-氨基-γ-酮戊酸(ALA 合酶)的辅酶,并参与血红蛋白合成过程中 Fe^{2+} 的掺入,因此维生素 B_6 缺乏可造成小细胞低色素性贫血和血清铁升高。

磷酸吡哆醛是胱硫醚 β 合酶的辅酶,催化同型半胱氨酸与丝氨酸生成胱硫醚,并进一步分解代谢。维生素 B_6 缺乏可引起高同型半胱氨酸血症,高同型半胱氨酸血症是心脑血管病、认知障碍和骨质疏松相关骨折的独立危险因素。

磷酸吡哆醛是糖原分解的关键酶糖原磷酸化酶的重要组成部分,体内约80%的维生素 B_6 以磷酸吡哆醛的形式存在于肌肉中。

人类尚未发现维生素 B_6 缺乏的典型病例。值得注意的是,抗结核药异烟肼能与磷酸吡哆醛结合,使其失去辅酶作用,故使用该药时需补充维生素 B_6。

过量服用维生素 B_6 可引起中毒,造成神经损伤,表现为周围感觉神经病。

[要点:维生素 B_6 的活性形式]

六、生物素

(一) 化学本质、性质及来源

生物素是噻吩环与尿素缩合并带有戊酸侧链的化合物(图5-8),又称维生素 B_7、维生素 H、辅酶 R。生物素为无色针状结晶,耐酸,不耐碱,高温和氧化剂可使其失活。

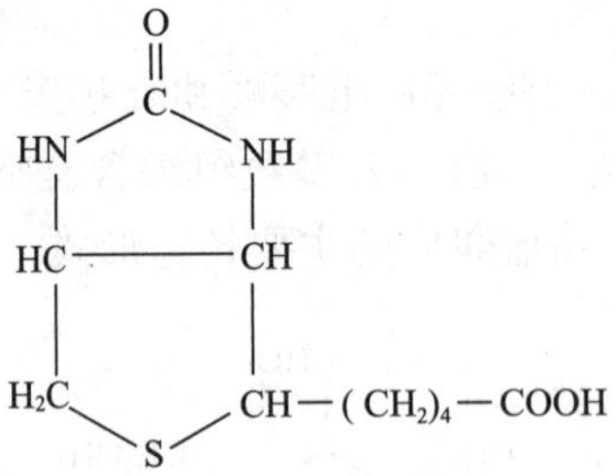

图 5-8　生物素的结构

生物素广泛存在于动植物中,动物内脏、牛奶等食物中含量最多,其次为豆类和菜花等。人体肠道细菌也能合成生物素。

(二) 生理功能及缺乏症

生物素是多种羧化酶的辅基,参与糖、脂、蛋白质和核酸代谢中 CO_2 的固定过程。

生物素缺乏症很少见。生鸡蛋清中含有一种抗生物素蛋白,可使生物素失活并难以吸收,引起生物素缺乏。加热后,抗生物素蛋白则被破坏失活。长期使用抗生素可抑制肠道细菌生长,也可导致生物素缺乏,表现为疲乏、恶心、呕吐、食欲缺乏、皮炎及脱屑性红皮病。

知识链接与思考

生食鸡蛋的危害

　　生食鸡蛋会降低蛋白质的营养价值,影响生物素的吸收,增加感染风险等。进一步阅读请扫二维码。

七、叶酸

(一)化学本质、性质及来源

　　叶酸(folic acid)又名蝶酰谷氨酸,由2-氨基-4-羟基-6-甲基蝶啶、对氨基苯甲酸和L-谷氨酸连接形成,因绿叶中含量丰富而得名(图5-9)。在二氢叶酸还原酶催化下,叶酸分子中7、8位加氢生成二氢叶酸(FH_2),进一步在5、6位加氢生成四氢叶酸(FH_4)。FH_4是叶酸在体内的活性形式。

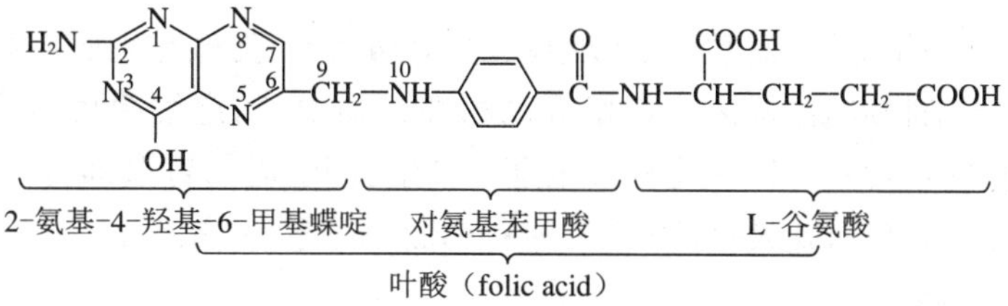

图5-9　叶酸的结构

　　叶酸为黄色结晶,微溶于水,在酸性溶液中不稳定,加热或光照时易分解破坏。动物肝脏、酵母、水果、绿叶蔬菜等含有丰富叶酸,肠道细菌也能合成叶酸。

(二)生理功能及缺乏症

　　FH_4是一碳单位转移酶的辅酶。FH_4分子的N^5、N^{10}能可逆地结合一碳单位,参与嘌呤、胸腺嘧啶、胆碱等多种物质的合成。

　　叶酸缺乏时,会造成骨髓幼期红细胞DNA合成受阻,细胞分裂增殖速度减慢,细胞体积增大,细胞核内染色质疏松,称为巨幼红细胞。这种红细胞大部分在骨髓内成熟前就被破坏,引起巨幼红细胞性贫血。另外,叶酸缺乏可引起高同型半胱氨酸血症,孕妇缺乏叶酸可导致胎儿神经管畸形。

　　叶酸一般不会缺乏,但孕妇和哺乳期妇女因细胞分裂增殖增强及生乳导致代谢旺盛,应适量补充叶酸。口服避孕药或抗惊厥药能干扰叶酸的吸收及代谢,如长期服用此类药物应考虑补充叶酸。

　　[要点:叶酸的活性形式与缺乏症]

- -

知识链接

神经管畸形

神经管畸形是一种严重的出生缺陷,是造成孕妇流产、死胎、死产和婴幼儿终身残疾的主要原因之一。孕妇适时每日补充小剂量叶酸,可有效地预防胎儿神经管畸形的发生。进一步阅读请扫二维码。

- -

八、维生素 B_{12}

(一)化学本质、性质及来源

维生素 B_{12} 又称钴胺素,含有一个金属离子钴,是唯一含金属元素的维生素。因结合基团不同,维生素 B_{12} 在体内的存在形式有多种,如氰钴胺素、羟钴胺素、甲基钴胺素和 $5'$-脱氧腺苷钴胺素,其中甲基钴胺素和 $5'$-脱氧腺苷钴胺素是维生素 B_{12} 的活性形式,它们也是血液中的主要存在形式。

维生素 B_{12} 是粉红色结晶,在弱酸性溶液中稳定,但遇强酸、强碱和光照易被破坏。

维生素 B_{12} 存在于动物肝脏、瘦肉、鱼、蛋等动物性食物中,肠道细菌也能合成,但植物性食物不含维生素 B_{12},故长期素食者易缺乏此种维生素。维生素 B_{12} 需与胃壁细胞分泌的一种称为内因子(IF)的糖蛋白结合才能在回肠吸收,IF 缺乏时可引起维生素 B_{12} 缺乏。

(二)生理功能及缺乏症

1. 甲基钴胺素是甲基转移酶的辅酶　它可催化 N^5—CH_3—FH_4 的甲基转移,促进 FH_4 再生,增强甲硫氨酸与核酸的合成。维生素 B_{12} 缺乏时,游离的 FH_4 减少,导致核酸合成障碍,细胞分裂受阻,造成巨幼红细胞性贫血。

2. $5'$-脱氧腺苷钴胺素是 L-甲基丙二酰 CoA 变位酶的辅酶　维生素 B_{12} 缺乏时,底物 L-甲基丙二酰 CoA 大量堆积,而 L-甲基丙二酰 CoA 与脂肪酸合成中间产物丙二酰 CoA 结构相似,最终因竞争性抑制导致脂肪酸正常合成受阻,从而影响神经髓鞘的转换,引发进行性脱髓鞘。故维生素 B_{12} 具有营养神经的作用。

维生素 B_{12} 广泛存在于动物性食物中,正常膳食者很难发生维生素 B_{12} 缺乏症,偶见于有严重吸收障碍疾病的患者及长期素食者。维生素 B_{12} 缺乏除了引起巨幼红细胞贫血、神经疾病外,还可引起高同型半胱氨酸血症。

[要点:维生素 B_{12} 的活性形式和缺乏症]

九、维生素 C

(一)化学本质、性质及来源

维生素 C 又称 L-抗坏血酸,是多羟基酸性化合物,具有强还原性。维生素 C 为无色片状晶体,在酸性溶液中比较稳定,在中性和碱性溶液中加热易被氧化破坏,烹饪不当可引起维生素 C 的大量损失。

维生素 C 广泛存在于新鲜的蔬菜、水果中,猕猴桃、番茄、柑橘、辣椒、鲜枣等富含维生素 C。

干种子中虽不含维生素 C，但一发芽便可合成，所以豆芽等也是维生素 C 的重要来源。植物中含维生素 C 氧化酶，蔬菜、水果存放时间过久，维生素 C 会大量破坏，被氧化灭活为二酮古洛糖酸。

（二）生理功能及缺乏症

1. 参与体内的羟化反应

（1）促进胶原蛋白的合成　维生素 C 是胶原脯氨酸羟化酶和胶原赖氨酸羟化酶的辅酶，维生素 C 缺乏时，胶原蛋白合成不足，细胞间隙增大，毛细血管的脆性和通透性增加，引起牙龈腐烂、牙齿松动、出血、骨折以及创伤不易愈合等症状，临床上称为坏血病。

（2）参与胆固醇的转化　胆固醇的主要转化产物是胆汁酸，而维生素 C 是胆汁酸合成限速酶——7α-羟化酶的辅酶。另外，胆固醇转化为肾上腺皮质激素时也需要维生素 C 参与。维生素 C 缺乏时，胆固醇转化受阻并蓄积于体内，会增加动脉粥样硬化的风险。

（3）参与芳香族氨基酸代谢　维生素 C 参与苯丙氨酸羟化为酪氨酸、酪氨酸羟化为儿茶酚胺、色氨酸转变为 5-羟色胺等反应。

2. 参与体内氧化还原反应

（1）保持巯基酶的活性和谷胱甘肽的还原状态　含巯基的酶如琥珀酸脱氢酶、乳酸脱氢酶等的—SH 可因维生素 C 的存在而保持其还原状态，从而使酶保持活性。维生素 C 使谷胱甘肽保持还原状态，防止生物膜发生脂质过氧化反应，对维持生物膜结构和功能正常具有重要的意义。

（2）促进 Fe^{3+} 还原成 Fe^{2+}　维生素 C 能使高铁血红蛋白（MHb）还原为亚铁血红蛋白（Hb），使其恢复运氧能力；同时，可将肠中 Fe^{3+} 还原为 Fe^{2+}，有利于食物中铁的吸收。

（3）促进叶酸还原为有活性的四氢叶酸。

3. 能增强机体免疫力　维生素 C 能增加淋巴细胞的生成、促进免疫球蛋白的合成、增强吞噬细胞的吞噬能力，因此可以提高机体的免疫力。临床上用于心血管疾病、病毒性疾病等的支持性治疗。

［要点：维生素 C 的重要生理功能及缺乏症］

十、硫辛酸

（一）化学本质、性质及来源

硫辛酸为含硫八碳酸，氧化型为 6,8-二硫辛酸，还原型为二氢硫辛酸（图 5-10）。

硫辛酸为淡黄色晶体，既有水溶性（微溶）又具脂溶性。硫辛酸在维生素中的分类地位还不确定，有人认为它不属于维生素，有人根据其具有脂溶性，将其列入脂溶性维生素，但它以辅酶形式参与物质代谢，类似于 B 族维生素，故有人将其归为水溶性维生素。

硫辛酸在自然界广泛分布，肝和酵母中含量尤为丰富。在食物中硫辛酸常和维生素 B_1 同时存在。人体可以合成硫辛酸，目前尚未见其缺乏症。

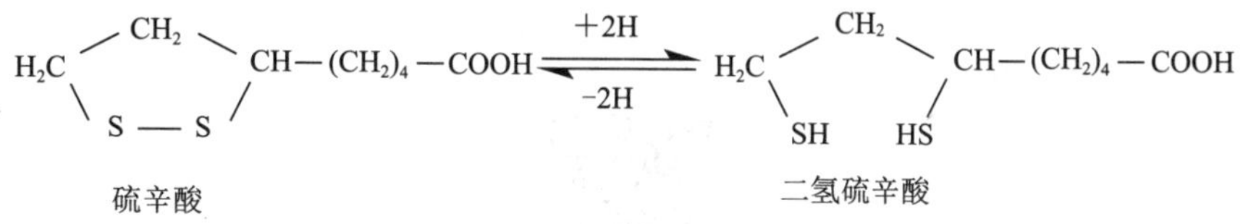

图 5-10　硫辛酸和二氢硫辛酸的结构

（二）生理功能

1. 硫辛酸是 α-酮酸氧化脱羧酶系的重要辅酶　在糖代谢的氧化脱羧反应中发挥重要的作用，临床用于治疗糖尿病引起的神经病变。

2. 硫辛酸具有强抗氧化作用　既可保护巯基酶免受重金属离子的毒害,又可还原再生其他重要的抗氧化剂(如维生素 C、维生素 E、谷胱甘肽等)。

本章小结

　　维生素是人体内不能合成,或合成量很少,不能满足机体的需要,必须由食物供给,维持正常生命活动过程所必需的一组小分子量有机化合物。维生素既不是构成机体组织细胞的组成成分,也不是供能物质,但在调节物质代谢和维持正常生理功能等方面发挥极其重要的作用。维生素按照其溶解性不同分为脂溶性维生素和水溶性维生素。脂溶性维生素包括维生素 A、维生素 D、维生素 E、维生素 K;水溶性维生素主要包括 B 族维生素和维生素 C。人体对维生素的需要量很少,每日需要量常以毫克(mg)或微克(μg)计算,但机体一旦缺乏维生素,可发生物质代谢和生理功能障碍并出现相应的维生素缺乏症。

教学课件　　　　微课

思考题

1. 写出以下维生素的常见缺乏症(表 5-1)。

表 5-1　维生素及其常见缺乏症

维生素名称	常见缺乏症	维生素名称	常见缺乏症
维生素 A		维生素 PP	
维生素 D		叶酸	
维生素 K		维生素 B_{12}	
维生素 B_1		维生素 C	

2. 写出以下维生素的活性形式(表 5-2)。

表 5-2　维生素及其活性形式

维生素名称	活性形式	维生素名称	活性形式
维生素 D_3		泛酸	
维生素 B_1		维生素 B_6	
维生素 B_2		叶酸	
维生素 PP		维生素 B_{12}	

　　更多习题请扫二维码查看。

达标测评题

（李　雷）

第六章　生物氧化

学习目标

掌握:生物氧化的概念;呼吸链的概念、组成和电子传递规律;ATP 的生成方式;影响氧化磷酸化的因素。

熟悉:生物氧化的特点;CO_2 的生成方式;能量的储存和利用。

了解:胞液(细胞质基质)中 NADH 氧化的两种转运机制;非线粒体氧化体系概况。

【导学案例】

患者,男性,56 岁,独居一室,用煤炉取暖,清晨家属发现其昏迷,紧急送医。体温 36.8℃,脉搏 98 次/min,呼吸 24 次/min,血压 130/75 mmHg,昏迷,呼之不应,皮肤黏膜无出血点,瞳孔等大,直径 2.5 mm,对光反射灵敏,口唇呈樱桃红色,无呕吐物,颈软、无抵抗,心界不大。初步诊断为煤气中毒。

思考题:

1. 引发煤气中毒的机制是什么?
2. 如何对该患者进行救治?

第一节　概　　述

一、生物氧化的概念

物质在生物体内进行的氧化称为生物氧化(biological oxidation),主要是指糖、脂肪、蛋白质等营养物质在体内氧化分解为 CO_2 和 H_2O 并释放能量的过程。生物氧化在细胞内进行,需要摄取 O_2 并释放 CO_2,故又称为细胞呼吸。

生物氧化主要在线粒体进行,称为线粒体氧化体系。另外,在微粒体、过氧化物酶体等也存在氧化体系,称为非线粒体氧化体系。二者的主要区别是:线粒体氧化体系氧化营养物质生成 ATP,非线粒体氧化体系与代谢物、药物或毒物的生物转化有关,不生成 ATP。

［要点:生物氧化的概念］

二、生物氧化的方式

在化学本质上,生物氧化与物质在体外的氧化相同,生物氧化中氧化方式遵循氧化反应的一般规律,即加氧、脱氢、失电子反应。脱氢反应是生物氧化的最主要方式。

1. 加氧反应　向底物分子中直接加入氧原子或氧分子,如:

$$\bigcirc + \frac{1}{2}O_2 \longrightarrow \bigcirc\text{—OH}$$

苯　　　　　　　　　　　酚

2. 脱氢反应　从底物分子上脱下一对氢原子,或加水脱氢,如:

$$CH_3CH(OH)COOH \longrightarrow CH_3COCOOH + 2H$$
乳酸　　　　　　　　　　丙酮酸

$$CH_3CHO + H_2O \longrightarrow CH_3COOH + 2H$$
乙醛　　　　　　　　　　乙酸

3. 失电子反应　从底物分子上脱下一个电子。如:

$$Fe^{2+} \longrightarrow Fe^{3+} + e$$

[要点:生物氧化的方式,脱氢反应是最主要的氧化方式]

三、生物氧化的特点

生物氧化与体外燃烧在化学本质上是相同的,都生成 CO_2 和 H_2O,释放能量。同一物质体内外氧化的耗氧量、最终产物和释放的能量均相同,但生物氧化也有其自身的特点。

1. 反应条件温和,在细胞内(体温接近中性 pH 条件下)由酶催化进行。

2. 反应分步进行,能量逐步释放。与体外燃烧的一步反应不同,生物氧化包括许多反应步骤,能量逐步释放,一部分以化学能形式(ATP)储存,供生命活动能量所需,其余以热能形式释放。

3. H_2O 由代谢物脱下的氢,经呼吸链传递后,与氧结合而生成。这与体外燃烧中氢和氧直接化合生成 H_2O 不同。

4. CO_2 由有机酸脱羧生成。这与体外燃烧中碳和氧直接化合生成 CO_2 不同。

5. 生物氧化的速度由细胞自动调控。

[要点:生物氧化的特点]

第二节　线粒体生物氧化体系

线粒体是细胞的"动力工厂",糖、脂肪、蛋白质等营养物质氧化分解的最后阶段均在线粒体内进行,产生二氧化碳和水并释放大量能量,这些能量的相当一部分以 ATP 形式储存下来。

一、生物氧化过程中水的生成

生物氧化过程中,代谢物脱下的成对氢原子(2H)在线粒体内通过多种酶和辅酶所组成的连锁反应逐步传递,最终与氧结合生成水。某些酶和辅酶按一定的顺序排列在线粒体内膜上,构成一条与细胞利用氧密切相关的连锁反应体系,称为呼吸链(respiratory chain)。其中传递氢的酶或辅酶称为递氢体,传递电子的酶或辅酶称为递电子体。无论是递氢体还是递电子体都能起传递电子的作用($2H \Longleftrightarrow 2H^+ + 2e$),所以呼吸链又称为电子传递链。

[要点:呼吸链的概念]

(一)呼吸链的组成

线粒体呼吸链的组成复杂,主要包括以下四类成分:

1. 黄素蛋白(flavoprotein)　黄素蛋白是一类氧化还原酶,其辅基中含有核黄素(维生素 B_2) 而呈黄色,故又称黄素酶。黄素蛋白的辅基有两种:黄素单核苷酸(FMN)和黄素腺嘌呤二核苷酸 (FAD)。

黄素蛋白在呼吸链中起递氢体作用。FMN 或 FAD 发挥功能的部位是其结构中的异咯嗪环, 在该环上可以进行可逆地加氢或脱氢反应。氧化型的 FMN 或 FAD 可接受一个质子和一个电子 形成不稳定的半醌型 FMNH 或 FADH,再接受一个质子和一个电子后转变成还原型 $FMNH_2$ 或 $FADH_2$。

$$FMN\ (FAD) \xrightleftharpoons[-H]{+H} FMNH(FADH) \xrightleftharpoons[-H]{+H} FMNH_2(FADH_2)$$

（氧化型或醌型）　　　（半醌型）　　　　　（还原型或氢醌型）

FMN(FAD)　　　　　　　　　　FMNH₂(FADH₂)

2. 泛醌(ubiquinone,UQ)　泛醌是一种黄色脂溶性醌类化合物,又称为辅酶 Q(CoQ)。泛醌 以游离的形式存在而不与线粒体内膜蛋白质结合。它含有多个异戊二烯单位构成的侧链,因此疏 水性强,能在线粒体内膜中自由穿梭。

泛醌属于递氢体。它接受一个质子和一个电子还原成半醌,再接受一个质子和一个电子还原 成二氢醌,后者又可脱去质子和电子而被氧化成泛醌。

$$CoQ \xrightleftharpoons[-H]{+H} CoQH \xrightleftharpoons[-H]{+H} CoQH_2$$

泛醌　　　　　　　一氢泛醌　　　　　　二氢泛醌
（氧化型或醌型）　　（半醌型）　　　　（还原型或氢醌型）

氧化型CoQ　　　　　　　　　还原型CoQ

知识拓展

辅酶 Q_{10}

人的泛醌侧链由 10 个异戊二烯单位组成,用辅酶 Q_{10}(CoQ_{10})表示。CoQ_{10} 能激活细胞呼吸, 具有提高免疫力、抗肿瘤、清除自由基、治疗心血管疾病等功能。

辅酶 Q_{10} 有抗氧化、延缓皮肤衰老的作用,被广泛应用于保健品和护肤品。当前辅酶 Q_{10} 类商 品存在夸大宣传的现象,我们应利用所学专业知识,正确看待和使用此类商品。

----

3. 铁硫蛋白(iron-sulfur protein)　铁硫蛋白是存在于线粒体内膜上的一类与传递电子有关 的蛋白质,该蛋白以铁硫中心(Fe—S)为辅基,Fe—S 含有等量的铁原子和硫原子(例如 Fe_2S_2、 Fe_4S_4),通过铁原子与蛋白分子中半胱氨酸残基的巯基硫相连接(图 6-1)。

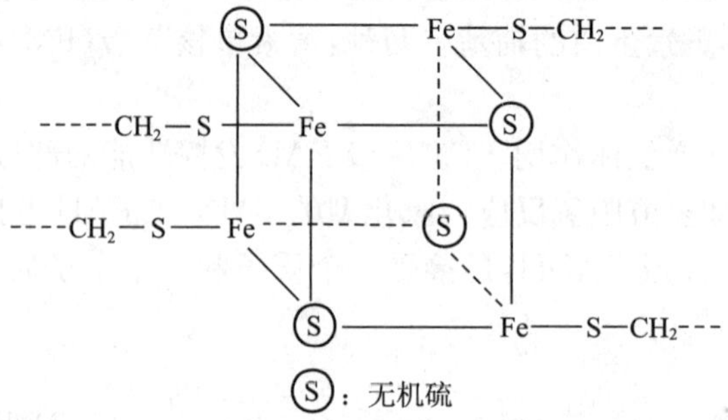

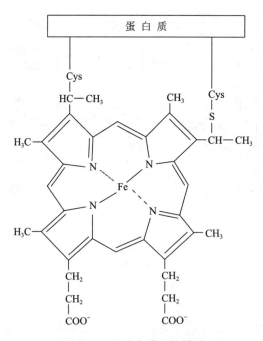

S：无机硫

图 6-1   铁硫蛋白（Fe$_4$S$_4$）结构示意

铁硫蛋白属于单电子传递体。铁硫蛋白的铁原子能可逆地进行得失电子反应（Fe^{2+} $\rightleftharpoons$ Fe^{3+} + e），在呼吸链中的作用是将 FMN 的电子传递给泛醌。

4. 细胞色素（cytochrome，Cyt）   是一类以铁卟啉为辅基的电子传递体（图 6-2）。在呼吸链中的功能是将电子从泛醌传递到氧，因具有颜色，故名细胞色素。根据吸收光谱的不同，可分为 a、b、c 三类，每一类中又因其最大吸收峰的微小差别再分为几种亚类。

从高等动物细胞的线粒体内膜上至少分离出五种细胞色素，包括细胞色素 a、细胞色素 a$_3$、细胞色素 b、细胞色素 c、细胞色素 c$_1$，在呼吸链中传递电子的顺序是：Cyt b→Cyt c$_1$→Cyt c→Cyt aa$_3$→O$_2$。Cyt c 是一种水溶性的膜表面蛋白质，位于线粒体内膜胞液侧，为游动的电子传递体。Cyt a 和 Cyt a$_3$ 由于结合紧密，很难分开，组成复合体，称为 Cyt aa$_3$。Cyt aa$_3$ 是呼吸链的最后成分，能将细胞色素 c 的电子传递给氧，使氧激活为氧离子，故又称为细胞色素 c 氧化酶。Cyt aa$_3$ 中除有 2 个铁卟啉辅基外，还含有铜离子。铜离子也可传递电子（Cu$^+$ $\rightleftharpoons$ Cu^{2+} + e）。

图 6-2   细胞色素 c 的辅基

［要点：呼吸链的组成成分］

另外，尼克酰胺腺嘌呤二核苷酸（NAD$^+$）能将代谢物脱下的氢传递给呼吸链。NAD$^+$ 又称为辅酶 I（CoI），是维生素 PP 形成的辅酶形式。它不是呼吸链的组成成分，而是呼吸链的关联成分，能将代谢物脱下的氢（2H）传递给呼吸链，氧化为水并产生能量。

NAD^+是递氢体。它的分子中尼克酰胺的氮原子为五价，能接受1个电子成为三价氮原子，其对侧的碳原子也比较活泼，能接受1个氢原子，反应过程是可逆的。即：

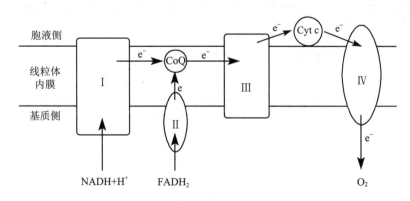

与NADH不同，NADPH通常作为生物合成的还原剂，不能直接进入呼吸链氧化。只有在特殊酶的作用下NADPH的2H被转移给NAD^+，才能进入呼吸链氧化。

（二）呼吸链酶复合体

呼吸链中的各种递氢体和递电子体多数是紧密地镶嵌在线粒体内膜中。用去垢剂温和处理线粒体内膜，可得到四种具有传递电子功能的酶复合体（表6-1）。

表6-1　人线粒体呼吸链复合体

复合体	酶名称	包含的酶	辅基	肽链数
复合体Ⅰ	NADH-泛醌还原酶	黄素蛋白、铁硫蛋白	FMN、Fe-S	39
复合体Ⅱ	琥珀酸-泛醌还原酶	黄素蛋白、铁硫蛋白	FAD、Fe-S	4
复合体Ⅲ	泛醌-细胞色素c还原酶	$Cytb$、$Cytb_1$、铁硫蛋白	铁卟啉、Fe-S	10
复合体Ⅳ	细胞色素c氧化酶	$Cytaa_3$	铁卟啉、Cu	13

在组成呼吸链的众多成分中，泛醌和Cyt c不形成复合体，以游离形式存在，对于各复合体之间的电子传递具有重要意义。

复合体Ⅰ含有辅基为FMN的黄素蛋白和铁硫蛋白，能将电子从NADH传递给泛醌；复合体Ⅱ含有辅基为FAD的黄素蛋白和铁硫蛋白，能将电子从琥珀酸传递给泛醌；复合体Ⅲ含有Cyt b、铁硫蛋白和$Cyt c_1$，能将电子从泛醌传递给Cyt c；复合体Ⅳ含有Cyt aa_3，能将电子从Cyt c传递给氧（图6-3）。泛醌在线粒体内膜中自由穿梭，将复合体Ⅰ或复合体Ⅱ的电子传递给复合体Ⅲ；Cyt c在线粒体内膜的外侧游动，将复合体Ⅲ的电子传递给复合体Ⅳ。

图6-3　线粒体呼吸链各复合体位置示意

（三）呼吸链的类型

线粒体内膜上存在两条呼吸链：NADH氧化呼吸链和琥珀酸氧化呼吸链（图6-4）。

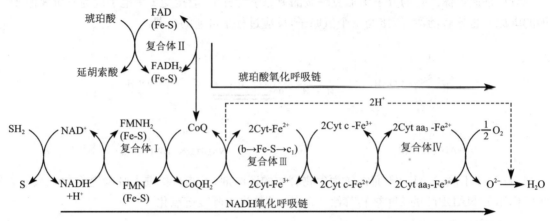

图 6 - 4   NADH 氧化呼吸链及琥珀酸氧化呼吸链

- -

知识拓展
呼吸链成分排列顺序的测定

呼吸链中氢和电子的传递有严格的顺序和方向性,呼吸链成分的排列顺序可由下列实验来确定:① 根据呼吸链各组分的标准氧化还原电位(E^0),按由低到高的顺序排列(电位低容易失去电子)。② 体外将呼吸链拆开与重组,鉴定四种复合物的组成与排列。③ 利用呼吸链特异的抑制剂阻断某一组分的电子传递,阻断部位前的组分处于还原状态,后面组分处于氧化状态,根据吸收光谱的改变进行检测。④ 利用呼吸链各组分特有的吸收光谱,以离体线粒体无氧时处于还原状态作为对照,缓慢给氧后观察各组分被氧化的顺序。

- -

1. NADH 氧化呼吸链   体内大多数脱氢酶都是以 NAD^+ 作为辅酶,在脱氢酶催化下底物(SH_2)将脱下的氢交给 NAD^+ 生成 $NADH+H^+$,$NADH+H^+$ 经 NADH 氧化呼吸链将氢最终传递给氧而生成水。通过此呼吸链每传递 2H 至氧生成 1 分子水,释放的能量可生成 2.5 分子 ATP。

$$NADH+H^+ \longrightarrow \boxed{FMN \longrightarrow Fe\text{-}S} \longrightarrow CoQ \longrightarrow \boxed{Cyt\ b \longrightarrow Fe\text{-}S \longrightarrow Cyt\ c_1} \longrightarrow Cyt\ c \longrightarrow \boxed{Cyt\ aa_3} \longrightarrow O_2$$
复合体Ⅰ　　　　　　　　　　　　复合体Ⅲ　　　　　　　　　复合体Ⅳ

在线粒体中,大多数代谢物都是通过 NADH 氧化呼吸链而被氧化分解,如糖代谢的中间产物(异柠檬酸、α-酮戊二酸、苹果酸等)、β-羟丁酸等。

2. 琥珀酸氧化呼吸链(又称 $FADH_2$ 氧化呼吸链)   有些代谢物,如琥珀酸、α-磷酸甘油、脂酰辅酶 A 等通过琥珀酸氧化呼吸链而被氧化。通过此呼吸链每传递 2H 至氧生成 1 分子水,释放的能量可生成 1.5 分子 ATP。

$$琥珀酸 \longrightarrow \boxed{FAD \longrightarrow Fe\text{-}S} \longrightarrow CoQ \longrightarrow \boxed{Cyt\ b \longrightarrow Fe\text{-}S \longrightarrow Cyt\ c_1} \longrightarrow Cyt\ c \longrightarrow \boxed{Cyt\ aa_3} \longrightarrow O_2$$
复合体Ⅱ　　　　　　　　　　　　复合体Ⅲ　　　　　　　　　复合体Ⅳ

线粒体内,物质氧化的主要方式是脱氢反应。通过脱氢酶催化的脱氢反应产生 $NADH+H^+$ 和 $FADH_2$,两者再通过呼吸链彻底氧化生成水。线粒体内一些重要代谢物氧化分解时氢的传递顺序,见图 6-5。

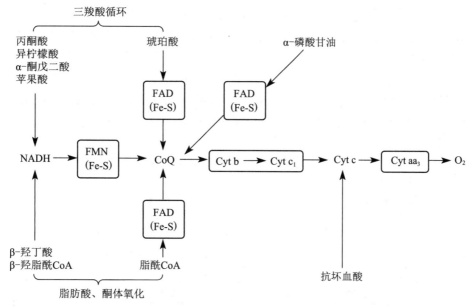

图 6-5　几种重要代谢物氧化时的电子传递顺序

［要点：呼吸链的类型、传递体的排列顺序、ATP 的生成数量］

（四）胞液中 NADH 的氧化

　　线粒体内生成的 NADH 可直接进入呼吸链氧化，但胞液（细胞质基质）中生成的 NADH 不能自由透过线粒体内膜，故线粒体外 NADH 所携带的氢必须通过某种转运机制才能进入线粒体，然后再经呼吸链进行氧化。转运机制主要有 α-磷酸甘油穿梭和苹果酸-天冬氨酸穿梭两种。

　　1. α-磷酸甘油穿梭　α-磷酸甘油穿梭主要存在于脑组织和骨骼肌中。如图 6-6 所示，胞液中的 NADH 在 α-磷酸甘油脱氢酶（辅酶为 NAD^+）催化下，使磷酸二羟丙酮还原成 α-磷酸甘油，后者通过线粒体外膜，再经位于线粒体内膜近胞液侧的 α-磷酸甘油脱氢酶（辅基为 FAD）催化下生成磷酸二羟丙酮和 $FADH_2$，磷酸二羟丙酮可穿出线粒体外膜至胞液，继续进行穿梭，而 $FADH_2$ 则进入琥珀酸氧化呼吸链，经磷酸化可生成 1.5 分子 ATP。

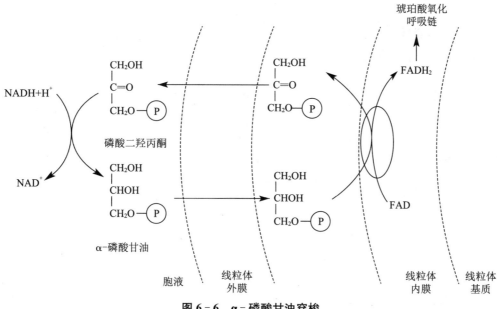

图 6-6　α-磷酸甘油穿梭

2.苹果酸-天冬氨酸穿梭 苹果酸-天冬氨酸穿梭主要存在于肝和心肌中。如图 6-7 所示,胞液中的 NADH 在苹果酸脱氢酶(辅酶为 NAD^+)的作用下,使草酰乙酸还原成苹果酸,后者通过线粒体内膜上的 α-酮戊二酸载体进入线粒体,又在线粒体内苹果酸脱氢酶(辅酶为 NAD^+)的作用下重新生成草酰乙酸和 NADH。NADH 进入 NADH 氧化呼吸链,经磷酸化可生成 2.5 分子 ATP。线粒体内生成的草酰乙酸经天冬氨酸氨基转移酶的作用生成天冬氨酸,后者经酸性氨基酸载体转运出线粒体再转变成草酰乙酸,继续进行穿梭作用。

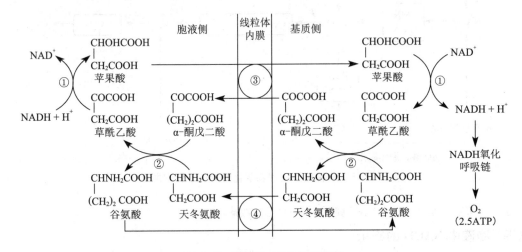

图 6-7 苹果酸-天冬氨酸穿梭
① 苹果酸脱氢酶;② 天冬氨酸氨基转移酶;③ α-酮戊二酸载体;④ 酸性氨基酸载体

二、生物氧化过程中 CO_2 的生成

生物氧化的重要产物之一是 CO_2,机体内 CO_2 的生成并不是代谢物的碳原子与氧原子直接化合,而是来源于有机酸的脱羧反应。糖类、脂类、蛋白质在体内代谢过程中可产生许多不同的有机酸,在酶的催化下,这些有机酸经过脱羧基作用产生 CO_2。根据脱去的羧基在有机酸分子中的位置不同,分为 α-脱羧和 β-脱羧两种类型;又根据脱羧是否伴有氧化反应,可分为单纯脱羧和氧化脱羧两种类型。

(一)α-单纯脱羧

α-单纯脱羧,如氨基酸脱羧生成胺。

$$R - \overset{\alpha}{\underset{NH_2}{CH}} - \boxed{COOH} \xrightarrow{\text{氨基酸脱羧酶}} R - CH_2 - NH_2 + CO_2$$

(二)α-氧化脱羧

α-氧化脱羧,如丙酮酸氧化脱羧生成乙酰辅酶 A。

$$\underset{\text{丙酮酸}}{CH_3CO\overset{\alpha}{\boxed{COOH}}} + NAD^+ + HSCoA \xrightarrow{\text{丙酮酸脱氢酶复合体}} \underset{\text{乙酰辅酶A}}{CH_3CO\sim SCoA} + NADH + H^+ + CO_2$$

(三)β-单纯脱羧

β-单纯脱羧,如草酰乙酸脱羧生成丙酮酸。

$$\beta\ CH_2—COOH \atop | \atop \alpha\ CO—COOH \quad \underset{丙酮酸羧化酶}{\overset{草酰乙酸脱羧酶}{\rightleftharpoons}} \quad CH_3COCOOH + CO_2$$

草酰乙酸　　　　　　　　　　　　　　　　　丙酮酸

（四）β‑氧化脱羧

β‑氧化脱羧,如苹果酸脱羧生成丙酮酸。

$$\beta\ CH_2—COOH \atop | \atop \alpha\ CHOHCOOH \quad + NADP^+ \quad \xrightarrow{苹果酸酶} \quad CH_3COCOOH + NADPH + H^+ + CO_2$$

苹果酸　　　　　　　　　　　　　　　　　　丙酮酸

[要点:生物氧化过程中 CO_2 的生成方式]

三、生物氧化过程中 ATP 的生成与能量的利用和储存

生物氧化不仅消耗 O_2,产生 CO_2 和 H_2O,更重要的是有能量的释放。生物氧化过程中所释放的能量大约有 40% 以化学能的形式储存于 ATP 及其他高能化合物中,其余能量以热能形式散失以维持体温。ATP 是体内各种生命活动及代谢过程中主要的供能物质,它在能量代谢及转换中处于中心地位,可堪称为体内的能量"货币"。

（一）高能化合物

高能键是指水解时产生较多能量(>25 kJ/mol)的化学键,通常用"～"符号表示。含高能键的化合物称为高能化合物,体内常见的高能化合物,如表 6‑2。

表 6‑2　一些常见的高能化合物

通式	举例	释放能量(pH 7.0,25℃) kJ/mol(kcal/mol)
$\begin{array}{c} NH \\ \| \\ R—C—NH～\textcircled{P} \end{array}$	磷酸肌酸	−43.1(−10.3)
$\begin{array}{c} CH_2 \\ \| \\ R—C—O～\textcircled{P} \end{array}$	磷酸烯醇式丙酮酸	−61.9(−14.8)
$\begin{array}{c} O \\ \| \\ R—C—O～\textcircled{P} \end{array}$	乙酰磷酸	−41.8(−10.1)
$R—O—\textcircled{P}～\textcircled{P}～\textcircled{P}$ $R—O—\textcircled{P}～\textcircled{P}$	ATP,GTP,UTP,CTP ADP,GDP,UDP,CDP	−30.5(−7.3)
$\begin{array}{c} O \\ \| \\ R—C～SCoA \end{array}$	乙酰 CoA	−31.5(−7.5)

（二）ATP 的生成方式

体内 ATP 的生成方式主要有底物水平磷酸化和氧化磷酸化,其中以氧化磷酸化为主。

1. 底物水平磷酸化　代谢物由于脱氢或脱水引起分子内部能量的重新分布,所形成的高能键直接转移给 ADP(或 GDP)生成 ATP(或 GTP)的过程,称为底物水平磷酸化(substrate level phosphorylation)。

底物水平磷酸化是体内生物氧化生成 ATP 的次要方式,主要存在于糖酵解以及三羧酸循环的三个反应中。

$$1,3\text{-二磷酸甘油酸} + ADP \xrightleftharpoons{\text{磷酸甘油酸激酶}} 3\text{-磷酸甘油酸} + ATP$$

$$\text{磷酸烯醇式丙酮酸} + ADP \xrightarrow{\text{丙酮酸激酶}} \text{丙酮酸} + ATP$$

$$\text{琥珀酰辅酶A} + GDP + Pi \xrightleftharpoons{\text{琥珀酰辅酶A合成酶}} \text{琥珀酸} + HSCoA + GTP$$

2. 氧化磷酸化

(1) 氧化磷酸化的概念:代谢物脱下的氢经呼吸链传递给氧生成水释放能量的同时,使 ADP 磷酸化生成 ATP 的过程称为氧化磷酸化(oxidative phosphorylation)。氧化磷酸化在线粒体内进行,可产生大量 ATP,是体内 ATP 生成的最主要方式。

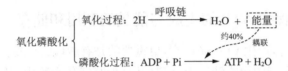

(2) P/O 比值:是指氧化磷酸化时每消耗 1 摩尔氧原子所需消耗无机磷原子的摩尔数,即生成 ATP 的摩尔数。氧原子的消耗与代谢物脱下的氢的氧化有关,无机磷原子的消耗与 ATP 的生成有关($ADP + H_3PO_4 \rightarrow ATP + H_2O$),因此通过 P/O 比值可了解代谢物脱下的氢(2H)经呼吸链氧化为水,产生 ATP 的多少。

实验研究证实,代谢物脱下的氢,经 NADH 氧化呼吸链氧化,P/O 比值约为 2.5;经琥珀酸氧化呼吸链氧化,P/O 比值约为 1.5。1 对氢原子(2H)氧化为水,需消耗 1 个氧原子,根据 P/O 比值可知,消耗的无机磷原子个数平均为 2.5 或 1.5,无机磷原子用于 ADP 磷酸化为 ATP,即平均生成 2.5 分子 ATP 或 1.5 分子 ATP。

因此,1 对氢(2H)经 NADH 氧化呼吸链氧化可平均生成 2.5 分子 ATP,经琥珀酸氧化呼吸链氧化可平均生成 1.5 分子 ATP。

[要点:ATP 生成的方式,底物水平磷酸化和氧化磷酸化的概念]

(3) 氧化磷酸化的偶联部位:是指氧化过程中释放的能量用于磷酸化过程的部位,即生成 ATP 的部位。

氧化磷酸化的偶联部位是理论推测的 ATP 生成部位。呼吸链电子传递过程中伴有氧化还原电位的变化,测定各组分间的电位差,可计算出反应释放的自由能($\triangle G^{o'} = -nF\triangle E^{o}$)。从 NAD^+ 到 CoQ、CoQ 到 Cyt c、Cyt aa_3 到 O_2 之间电位差分别约为 0.36 V、0.19 V、0.58 V,释放的自由能分别约为 69.5 kJ/mol、36.7 kJ/mol、112 kJ/mol,而生成 ATP 需能 30.5 kJ/mol,因此以上三个部位均能提供足够能量生成 ATP,是氧化磷酸化的偶联部位(图 6-8)。从复合体的角度看,这三个偶联部位分别位于复合体 I、III、IV 内。

(4) 氧化磷酸化偶联机制:

1) 化学渗透假说:是 1961 年由英国科学家彼得·米切尔(Peter Mitchell)提出的,其基本要点是,电子经呼吸链传递时,驱动质子(H^+)从线粒体内膜的基质侧转移到胞液侧,形成跨线粒体内膜的质子电化学梯度(H^+ 浓度梯度和跨膜电位差),以此储存能量。当质子顺浓度梯度回流至线粒体基质时驱动 ADP 与 Pi 生成 ATP。

复合体 I、III、IV 均有质子泵功能,可分别将 4 个、4 个、2 个质子从线粒体内膜的基质侧泵到胞液侧,因此 NADH 氧化呼吸链每氧化 1 对氢能将 10 个质子从线粒体基质泵到膜间隙,琥珀酸氧化呼吸链能将 6 个质子从线粒体基质泵到膜间隙(图 6-9)。

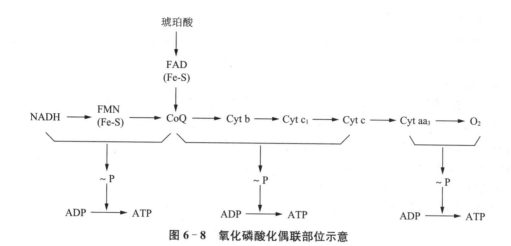

图 6-8　氧化磷酸化偶联部位示意

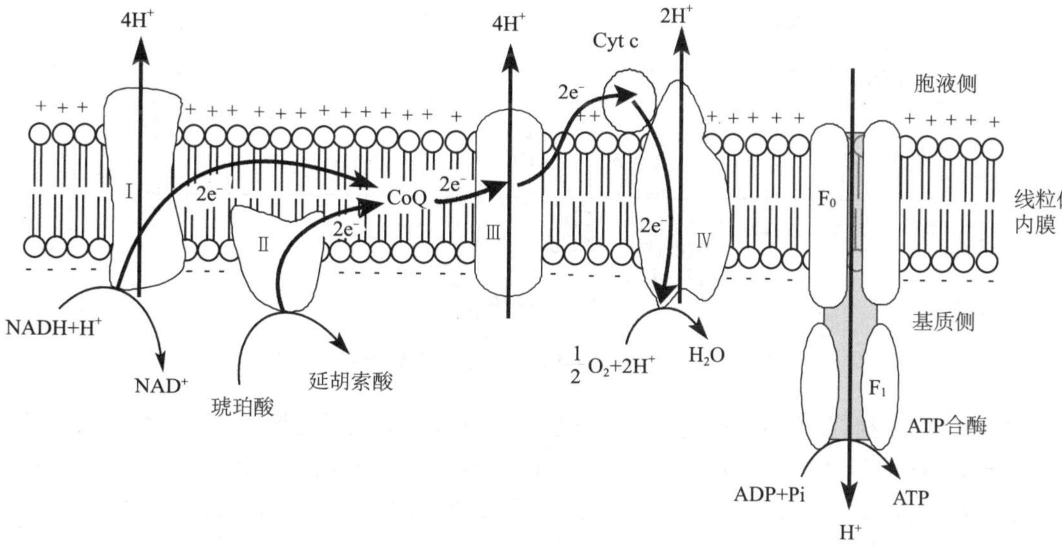

图 6-9　跨膜质子电化学梯度的形成与 ATP 的生成示意

有实验表明,每合成1分子 ATP 需要回流3个质子,另需要1个质子回流以维持底物(ADP、Pi)和产物(ATP)的跨膜转运。因此,每合成1分子 ATP 需要回流4个质子。由此可知,NADH 氧化呼吸链每氧化1对氢生成2.5分子 ATP,琥珀酸氧化呼吸链生成1.5分子 ATP。

2) ATP 合酶(ATP synthase):是线粒体内膜上催化 ADP 和 Pi(磷酸)生成 ATP 的酶,由疏水的 F_0 部分和亲水的 F_1 部分组成。F_1 主要由 $\alpha_3\beta_3\gamma\delta\epsilon$ 等亚基组成,其功能是催化生成 ATP。另外,还存在一个能与寡霉素结合的亚基,称为寡霉素敏感蛋白(oligomycin sensitivity conferring protein,OSCP)。F_0 是镶嵌在线粒体内膜中的质子通道,由疏水的 a、b、$c_{9\sim12}$ 等亚基组成。当 H^+ 顺浓度梯度经 F_0 回流时,F_1 催化 ADP 和 Pi 生成 ATP。OSCP 使 ATP 合酶在寡霉素存在时质子通道关闭,不能生成 ATP(图 6-10)。

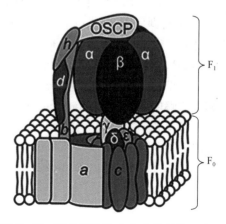

图 6-10　酵母线粒体 ATP 合酶结构示意

（三）影响氧化磷酸化的因素

1. ADP 的调节　正常机体氧化磷酸化的速度主要受 ADP 的调节。机体利用 ATP 增多时，ADP 浓度增高，转运入线粒体后使氧化磷酸化加快；反之，机体利用 ATP 减少时，ADP 浓度降低，使氧化磷酸化减慢。

2. 甲状腺激素的调节　甲状腺激素是调节氧化磷酸化的重要激素。目前，研究认为甲状腺激素能诱导细胞膜上 Na^+，K^+ - ATP 酶生成，使 ATP 分解为 ADP 的速度加快，ADP 进入线粒体的数量增加，导致氧化磷酸化加强，促使物质氧化分解，机体耗氧量和产热量都增加。甲状腺功能亢进患者常出现基础代谢率增高、怕热、易出汗等症状。

3. 抑制剂的调节　一些化合物对氧化磷酸化有抑制作用，根据其作用部位不同分为三类：呼吸链抑制剂、解偶联剂和 ATP 合酶抑制剂（图 6 - 11）。

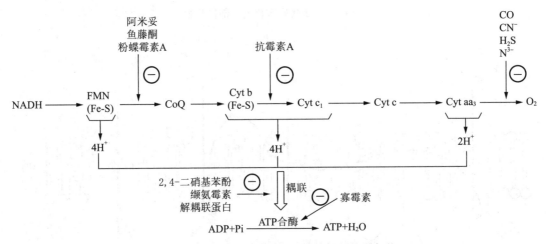

图 6 - 11　各种抑制剂对呼吸链的抑制作用部位

1）呼吸链抑制剂：此类抑制剂能在特定部位阻断呼吸链的电子传递，抑制细胞呼吸，使物质氧化过程中断，从而抑制氧化磷酸化，严重时导致细胞生命活动停止，引起机体死亡。

呼吸链抑制剂包括：① 阿米妥（异戊巴比妥）、鱼藤酮、粉蝶霉素 A 等能抑制 NADH→CoQ 之间的电子传递。② 抗霉素 A 能抑制 Cyt b→Cyt c_1 间的电子传递。③ CO、氰化物（CN^-）、H_2S 及叠氮化合物（N^{3-}）能抑制 Cyt aa_3→O_2 之间的电子传递。其中 CN^-、H_2S、N^{3-} 主要抑制氧化型 Cyt aa_3-Fe^{3+}，而 CO 主要抑制还原型 Cyt aa_3-Fe^{2+}。

2）解偶联剂：此类抑制剂不影响呼吸链的电子传递，而是解除氧化与磷酸化的偶联作用，使氧化过程产生的能量不能用于磷酸化过程，而是以热能形式散失。解偶联剂抑制细胞磷酸化过程，使 ATP 生成减少，ADP 和产热增加。而 ADP 增加进一步促进细胞氧化过程，消耗更多的营养物质。常见的解偶联剂有 2，4 - 二硝基苯酚、缬氨霉素以及哺乳动物和人的棕色脂肪组织线粒体内膜中的解偶联蛋白（uncoupling protein）等。某些新生儿缺乏棕色脂肪组织，不能维持正常体温而引起新生儿寒冷损伤综合征。感冒或患某些传染性疾病时体温升高，就是由于细菌或病毒产生的解偶联剂所致。

- -

知识拓展

二硝基苯酚致百万人患白内障

2，4 - 二硝基苯酚（2，4-dinitrophenol，DNP）是最早发现的氧化磷酸化解偶联剂。它是脂溶性物质，可自由穿越线粒体内膜，在基质侧释放 H^+，穿越到胞液侧结合 H^+，DNP 反复穿越线粒体内膜，H^+ 可不经过 ATP 合酶回到基质，破坏跨膜电化学梯度，细胞 ATP 生成减少，产生大量热量。DNP 强烈促进细胞氧化营养物质引起机体消瘦,在 20 世纪 30 年代曾作为减肥药使用。由于它引起机体大量产热,导致体温过高,大汗淋漓,引起抽搐、昏迷、重要脏器受损和白内障,甚至死亡。1935 年,大约有 100 万人因使用 DNP 减肥而患上白内障。1938 年,美国食品药品监督管理局(FDA)把它标上了"极度危险,不适合人类食用"的标签,现 DNP 在世界范围内被禁止用于减肥。

近年来,DNP 改头换面以各种新名称出现,通过非法渠道销售,并受到某些人热捧,被冠以"减肥药之王"的称号,我们要珍爱生命,不滥用药物,拒绝从非法途径获得药物。

- -

3) ATP 合酶抑制剂:此类抑制剂作用于 ATP 合酶,阻断质子回流,从而抑制 ATP 的生成。例如,寡霉素通过与 ATP 合酶的寡霉素敏感蛋白(OSCP)结合,阻止 H^+ 从 F_0 通道向 F_1 回流,抑制 ATP 合酶活性,阻断磷酸化过程,此时由于线粒体内膜两侧的电化学梯度增加而影响呼吸链质子泵的功能,继而也抑制电子传递,使氧化过程和磷酸化过程同时受到抑制。

[要点:影响氧化磷酸化的因素]

(四) 能量的利用和储存

机体内能量的生成、转移、利用和储存都以 ATP 为中心。ATP 是生物界普遍的供能物质,体内能量代谢的重要反应是 ADP/ATP 转换,即 ADP 磷酸化生成 ATP,ATP 水解产生 ADP,同时释放出用于生命活动所需的能量。

ATP 是机体最主要的直接供能物质。体内大多数合成反应都以 ATP 为直接能源,但某些合成反应以其他高能化合物为直接能源,如 UTP 用于糖原合成,CTP 用于磷脂合成,GTP 用于蛋白质合成等。然而为这些合成代谢提供能量的 UTP、CTP、GTP 等,通常是在核苷二磷酸激酶的催化下,从 ATP 中获得 $\sim P$ 而生成。反应如下:

$$\left.\begin{array}{l}UDP\\CDP\\GDP\end{array}\right\}+ATP \rightleftharpoons \left.\begin{array}{l}UTP\\CTP\\GTP\end{array}\right\}+ADP$$

此外,ATP 可在肌酸激酶的作用下,将 $\sim P$ 转移给肌酸生成磷酸肌酸(creatine phosphate, CP),作为肌肉和脑组织能量的一种储存形式。当机体 ATP 消耗过多而致 ADP 增多时,CP 再将 $\sim P$ 转移给 ADP,生成 ATP,供代谢活动需要。

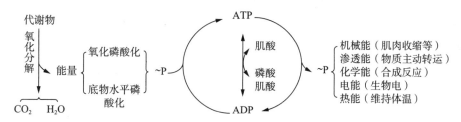

由此可见,生物体内能量的生成、储存和利用都以 ATP 为中心(图 6-12)。

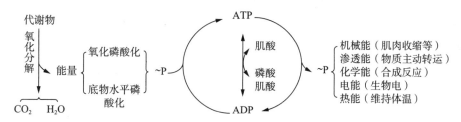

图 6-12　ATP 的生成与利用

[要点:ATP 是机体最重要的直接供能物质,磷酸肌酸是重要的储能物质]

第三节　非线粒体氧化体系

除线粒体外,细胞的微粒体和过氧化物酶体等也是生物氧化的重要场所,其中存在一些不同于线粒体的氧化酶类,组成特殊的氧化体系,其特点是在氧化过程中不伴有偶联磷酸化,不能生成 ATP。

一、微粒体氧化体系

存在于微粒体中的氧化体系主要为加单氧酶和加双氧酶。

(一)加单氧酶系

加单氧酶系是由细胞色素 P_{450} 等成分组成的一种复杂酶系。催化氧分子的一个氧原子加到底物分子上(羟化),另一个氧原子被氢(来自 NADPH＋H^+)还原成水。反应中一个氧分子发挥了两种功能,故该酶可称为混合功能氧化酶;又由于其氧化产物主要是羟化物,故又称为羟化酶。其催化反应总式如下:

$$RH+O_2+NADPH+H^+ \xrightarrow{\text{加单氧酶}} ROH+H_2O+NADP^+$$

该酶在肝、肾上腺的微粒体中含量最多,参与类固醇激素、胆汁酸及胆色素的生成、灭活,以及药物、毒物的生物转化过程。

(二)加双氧酶系

加双氧酶催化氧分子的两个氧原子加到底物中带双键的两个碳原子上。如 β-胡萝卜素在加双氧酶的作用下,碳碳双键断裂形成两分子视黄醛。

二、过氧化物酶体氧化体系

(一)过氧化氢酶

过氧化氢酶又称触酶,其辅基含有 4 个血红素,催化反应如下:

$$2H_2O_2 \xrightarrow{\text{过氧化氢酶}} 2H_2O+O_2$$

在中性粒细胞和吞噬细胞中,H_2O_2 可氧化杀死侵入的细菌;甲状腺细胞中产生的 H_2O_2 可使 $2I^-$ 氧化为 I_2,进而使酪氨酸碘化生成甲状腺激素。

(二)过氧化物酶

过氧化物酶也以血红素为辅基,它催化 H_2O_2 直接氧化酚类或胺类化合物,催化反应如下:

$$R+H_2O_2 \xrightarrow{\text{过氧化物酶}} RO+H_2O \quad \text{或} \quad RH_2+H_2O_2 \xrightarrow{\text{过氧化物酶}} R+2H_2O$$

临床上判断粪便中有无隐血时,就是利用白细胞中含有过氧化物酶的活性,将联苯胺氧化成蓝色化合物。

在许多组织中(尤其是红细胞)存在着含硒的谷胱甘肽过氧化物酶,能催化还原型谷胱甘肽

(G-SH)与 H_2O_2 或过氧化物(ROOH)反应,清除 H_2O_2 或过氧化物。此类酶具有保护生物膜及血红蛋白免遭氧化损伤的作用。反应生成的氧化型谷胱甘肽(G-S-S-G)由 NADPH 提供氢而还原。

三、超氧化物歧化酶

O_2 得到一个电子产生超氧阴离子($O_2^{\bar{\cdot}}$)。呼吸链电子传递过程中漏出的电子可与 O_2 结合产生超氧阴离子,体内某些物质(如黄嘌呤)氧化时也可产生超氧阴离子。超氧阴离子可进一步生成 H_2O_2 和羟自由基(·OH),统称为活性氧类(reactive oxygen species,ROS)。这些物质化学性质活泼,几乎对所有的生物分子均有氧化作用,尤其可对各种生物大分子造成氧化损伤,影响细胞的功能。例如,可使磷脂分子中不饱和脂肪酸氧化生成过氧化脂质,使生物膜损伤;过氧化脂质还可与蛋白质结合形成化合物,累积成棕褐色的色素颗粒,称为脂褐素,与组织老化密切相关。

超氧化物歧化酶(superoxide dismutase,SOD)可催化 1 分子超氧阴离子氧化生成 O_2,另 1 分子超氧阴离子还原成 H_2O_2。

$$2O_2^{\bar{\cdot}} +2H^+ \xrightarrow{SOD} H_2O_2+O_2$$

在真核细胞胞液中,该酶以 Cu^{2+}、Zn^{2+} 为辅基,称为 Cu,Zn-SOD;线粒体内以 Mn^{2+} 为辅基,称 Mn-SOD。生成的 H_2O_2 可被活性极强的过氧化氢酶分解。SOD 是人体防御内外环境中超氧阴离子损伤的重要酶。

- -

知识拓展与思考

肌萎缩侧索硬化症

Cu,Zn-SOD 基因缺陷,使超氧阴离子不能及时清除,而损伤神经元,可引起肌萎缩侧索硬化症(amyotrophic lateral sclerosis,ALS)。ALS 又称"渐冻症",是一种无法治愈并且致命的神经退行性疾病,著名物理学家霍金(Stephen William Hawking)就患有此病。难能可贵的是,他仍然顽强地在剑桥大学完成了学业,获得博士学位,并在黑洞和宇宙论的研究上获得重大成就。霍金身残志坚,乐观不屈,不仅是一个生活的强者,更是一名伟大的科学家。请思考霍金的故事能给我们哪些启示。

- -

本章小结

物质在生物体内进行的氧化称为生物氧化,主要是指糖、脂肪、蛋白质等营养物质在体内氧化分解为 CO_2 和 H_2O 并释放能量的过程。生物氧化按亚细胞定位和功能的不同,分为线粒体氧化体系和非线粒体氧化体系。生物氧化的方式有加氧、脱氢、失电子反应。脱氢反应是生物氧化的最主要方式。

某些酶和辅酶按一定顺序排列在线粒体内膜上,构成一条与细胞利用氧密切相关的连锁反应体系,称为呼吸链。呼吸链由递氢体和递电子体组成。线粒体内膜上存在两条呼吸链,即 NADH 氧化呼吸链和琥珀酸氧化呼吸链。每氧化一对氢(2H),NADH 氧化呼吸链平均生成 2.5 分子

ATP,琥珀酸氧化呼吸链平均生成 1.5 分子 ATP。

体内 CO_2 是通过有机酸脱羧作用生成的。ATP 的生成方式有底物水平磷酸化和氧化磷酸化,以氧化磷酸化为主。影响氧化磷酸化的因素有:ADP 的调节、甲状腺激素的调节、抑制剂的调节。

ATP 是机体最主要的直接供能物质,磷酸肌酸是脑和肌肉中的储能物质。机体能量的产生、转移、利用和储存均以 ATP 为中心。

非线粒体氧化体系不产生 ATP,与药物、毒物、代谢物等的转化有关。

教学课件　　微课

思考题

1. 简述呼吸链的概念和特点。

2. 写出线粒体内两条氧化呼吸链的排列顺序。

3. 体内 ATP 的生成方式有哪些?

4. 影响氧化磷酸化的因素有哪些?

5. 分析发生以下情况的生化机制:① CO 中毒;② 生食苦杏仁中毒;③ 早产儿发生寒冷损伤综合征(新生儿硬肿症)。

更多习题,请扫二维码查看。

达标测评题

(张秀婷)

第七章　糖代谢

学习目标

掌握：糖酵解、糖有氧氧化和糖异生的概念和生理意义；磷酸戊糖途径和三羧酸循环的生理意义；血糖的来源和去路。

熟悉：糖酵解、糖有氧氧化、糖原合成与分解、糖异生的基本过程和关键酶；血糖浓度的调节。

了解：糖的生理功能；糖代谢异常。

【导学案例】

患者，男性，50 岁，主诉"多饮、多食、多尿伴乏力、消瘦半年多"。两个月前，患者体重较前减轻 6.0 kg，多饮、多食、尿频等症状加重。实验室检查：空腹血糖为 12.0 mmol/L，尿糖（＋），尿蛋白（－），入院后给予胰岛素等治疗，患者症状有所减轻。

思考题：

1. 患者为什么出现乏力症状？

2. 为什么患者食欲增强时，体重反而减轻？

3. 你能判断出患者所患疾病吗？

糖的化学本质是多羟基醛或多羟基酮及其聚合物，又称为碳水化合物，是机体重要的碳源和能源物质。本章重点介绍葡萄糖在体内的代谢情况。

第一节　概　　述

一、糖的生理功能

糖是三大供能营养素之一，其最主要的生理功能是氧化供能，人体所需能量的 50％～70％ 来自糖的氧化分解。糖代谢的中间产物可为体内其他含碳化合物（如脂肪、氨基酸、胆固醇等）的合成提供碳源。糖还是组织细胞的结构成分，如糖蛋白和糖脂是构成生物膜的成分，糖蛋白和蛋白聚糖是结缔组织、骨基质和软骨的主要成分。部分糖蛋白具有重要的生理功能，如酶、激素、抗体、血型物质等。

二、糖代谢概况

食物中的糖主要为淀粉，被人体摄入消化为葡萄糖而被吸收，经血液运输到身体各组织细胞进行合成和分解代谢。当餐后血糖浓度升高时,部分糖可以在肝、肌肉等组织合成糖原储存;当血糖浓度下降时,肝糖原可分解为葡萄糖补充血糖以维持血糖浓度的相对恒定,肌糖原可以为肌肉的收缩提供能量。甘油、乳酸、丙酮酸及部分氨基酸等非糖物质可通过糖异生途径在肝、肾转化为葡萄糖,空腹和饥饿时主要依靠糖异生维持血糖水平。

第二节   糖的分解代谢

糖的分解代谢主要包括三条途径,即糖酵解、糖有氧氧化和磷酸戊糖途径。现分述如下。

一、糖酵解

在缺氧条件下,葡萄糖或糖原分解为乳酸的过程称为无氧氧化(anaerobic oxidation),由于此过程与酵母菌使糖生醇发酵过程基本相似,故又称为糖酵解(glycolysis)。葡萄糖无氧氧化的全部反应在胞液(细胞质基质)中进行,可分为两个阶段:第一阶段是葡萄糖或糖原分解为丙酮酸,此过程称为酵解途径;第二阶段是丙酮酸还原生成乳酸。

[要点:糖酵解的概念]

(一)糖酵解的反应过程

1. 酵解途径

(1)葡萄糖磷酸化生成 6-磷酸葡萄糖:催化反应的酶为己糖激酶,是糖酵解过程中的第一个关键酶,催化的反应不可逆,消耗 1 分子 ATP。哺乳动物体内有 4 种己糖激酶的同工酶(Ⅰ~Ⅳ型)。肝细胞中存在的是Ⅳ型同工酶,称为葡萄糖激酶,它对葡萄糖的亲和力低(K_m 为 10 mmol/L),只在餐后血糖浓度升高时起作用。其他己糖激酶存在于肝外组织,与葡萄糖亲和力高(K_m 为 0.1 mmol/L),在较低的血糖浓度时也能起作用。

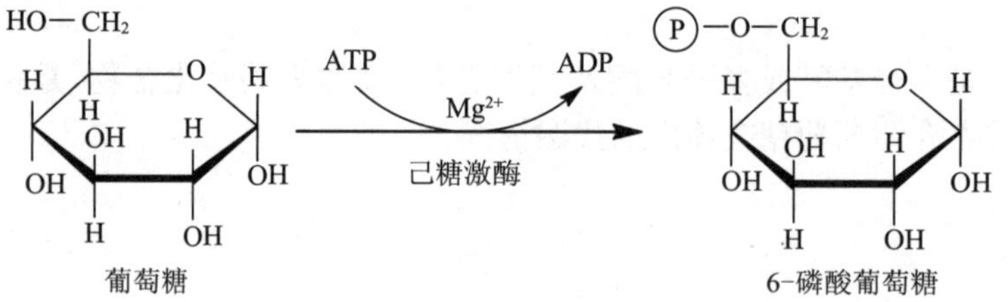

(2)6-磷酸葡萄糖异构化生成 6-磷酸果糖:反应由磷酸己糖异构酶催化,生成 6-磷酸果糖,反应可逆。

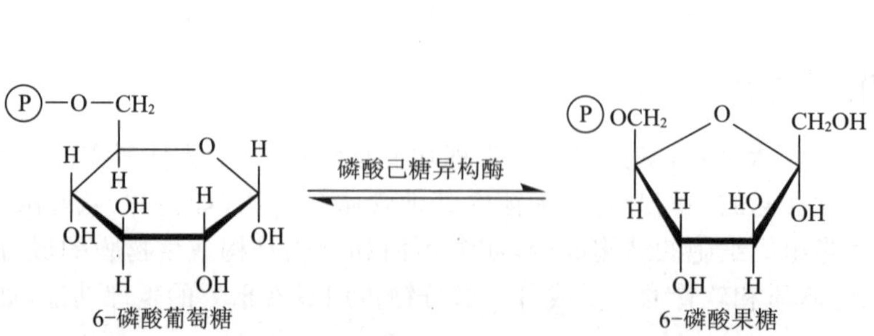

(3)6-磷酸果糖磷酸化生成 1,6-二磷酸果糖:催化此步反应的酶为 6-磷酸果糖激酶-1,是糖酵解的第二个关键酶。该反应在体内不可逆,消耗 1 分子 ATP。

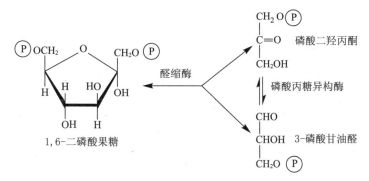

（4）1，6-二磷酸果糖裂解生成2分子磷酸丙糖：在醛缩酶催化下，1分子1，6-二磷酸果糖裂解为1分子磷酸二羟丙酮和1分子3-磷酸甘油醛，反应可逆。

（5）磷酸丙糖互变：磷酸二羟丙酮和3-磷酸甘油醛是同分异构体，在磷酸丙糖异构酶催化下可以相互转变。3-磷酸甘油醛可直接进入糖代谢的下一步反应，而磷酸二羟丙酮需先异构为3-磷酸甘油醛，才能进入下一步反应。故1分子1，6-二磷酸果糖可看作生成了2分子3-磷酸甘油醛。

上述五步反应是糖酵解途径中的耗能阶段（活化裂解阶段），1分子葡萄糖在此阶段消耗了2分子 ATP，如从糖原开始则消耗1分子 ATP（详见本章第三节糖原的合成与分解）。

（6）3-磷酸甘油醛氧化生成1，3-二磷酸甘油酸：该反应可逆，由3-磷酸甘油醛脱氢酶催化。3-磷酸甘油醛脱氢氧化再磷酸化，生成1，3-二磷酸甘油酸，后者是高能磷酸化合物。反应脱下的2H由辅酶 NAD^+ 接受，生成 $NADH+H^+$。

（7）1，3-二磷酸甘油酸转化成3-磷酸甘油酸：该反应可逆，由磷酸甘油酸激酶催化。1，3-二磷酸甘油酸将分子内部的高能磷酸基团转移给 ADP 生成 ATP，自身转变为3-磷酸甘油酸。这是糖酵解过程中第一次底物水平磷酸化。1分子葡萄糖可产生2分子磷酸丙糖，经此反应共产生2分子 ATP。

（8）3-磷酸甘油酸转化成2-磷酸甘油酸:3-磷酸甘油酸在磷酸甘油酸变位酶的催化下,生成2-磷酸甘油酸。

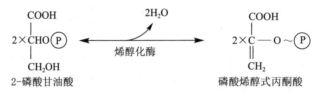

（9）2-磷酸甘油酸脱水生成磷酸烯醇式丙酮酸:在烯醇化酶催化下,2-磷酸甘油酸脱水生成磷酸烯醇式丙酮酸。磷酸烯醇式丙酮酸是高能化合物,含有高能磷酸键。

$$2\times \begin{matrix} COOH \\ | \\ CHO\,(P) \\ | \\ CH_2OH \end{matrix} \xrightleftharpoons[\text{烯醇化酶}]{2H_2O} 2\times \begin{matrix} COOH \\ | \\ C-O\sim(P) \\ \| \\ CH_2 \end{matrix}$$

2-磷酸甘油酸   磷酸烯醇式丙酮酸

（10）磷酸烯醇式丙酮酸生成丙酮酸:该反应不可逆,由丙酮酸激酶催化。这是糖酵解的第二次底物水平磷酸化,磷酸烯醇式丙酮酸将高能磷酸基团转移给ADP,生成ATP和烯醇式丙酮酸,后者自动转变为丙酮酸。丙酮酸激酶是糖酵解的第三个关键酶。1分子葡萄糖在此步反应中共产生2分子ATP。

$$2\times \begin{matrix} COOH \\ | \\ C-O\sim(P) \\ \| \\ CH_2 \end{matrix} \xrightarrow[\text{丙酮酸激酶}]{2ADP \quad 2ATP \atop Mg^{2+}} 2\times \begin{matrix} COOH \\ | \\ C-OH \\ \| \\ CH_2 \end{matrix} \longrightarrow 2\times \begin{matrix} COOH \\ | \\ C=O \\ | \\ CH_3 \end{matrix}$$

磷酸烯醇式丙酮酸   烯醇式丙酮酸   丙酮酸

从第6到第10步反应是糖酵解途径中产生能量的阶段(氧化产能阶段),1分子葡萄糖在此阶段通过二次底物水平磷酸化共产生了4分子ATP。

2. 丙酮酸还原生成乳酸 在无氧的条件下,丙酮酸在乳酸脱氢酶催化下,接受3-磷酸甘油醛脱下的2个氢原子,还原为乳酸。乳酸的生成使供氢体NADH+H⁺被氧化为NAD⁺,可维持糖酵解持续进行。1分子葡萄糖经糖酵解产生2分子乳酸。

$$2\times \begin{matrix} COOH \\ | \\ C=O \\ | \\ CH_3 \end{matrix} \xrightleftharpoons[\text{乳酸脱氢酶}]{2NADH+2H^+ \quad 2NAD^+} 2\times \begin{matrix} COOH \\ | \\ CHOH \\ | \\ CH_3 \end{matrix}$$

丙酮酸   乳酸

糖酵解的全过程见图7-1。

（二）糖酵解的特点

1. 糖酵解全部反应在胞液中进行,没有氧的直接参与,但存在氧化还原反应(脱氢反应、加氢反应),终产物是乳酸。

2. 糖酵解产能较少,产能方式是底物水平磷酸化。1分子葡萄糖经糖酵解可生成2分子乳酸,产生4分子ATP,减去消耗的2分子ATP,可净生成2分子ATP;如糖酵解从糖原开始,则1个葡萄糖单位可净生成3分子ATP。

3. 糖酵解过程中有三个关键酶,即己糖激酶、6-磷酸果糖激酶-1、丙酮酸激酶。关键酶通常催化不可逆反应,其活性决定代谢的速度和方向,又称限速酶。

　　[要点:糖酵解的反应部位、关键酶和产能情况]

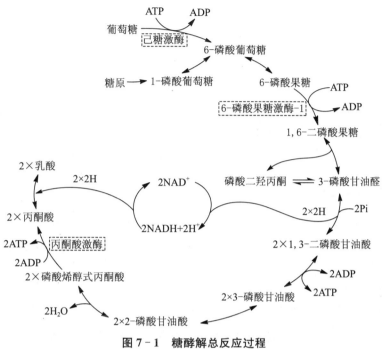

图 7-1　糖酵解总反应过程

（三）糖酵解的生理意义

1. 在缺氧条件下迅速为机体提供能量　糖酵解释放的能量虽然不多,但却是机体在缺氧情况下获得能量的有效方式,如剧烈运动、呼吸障碍、严重贫血等情况下机体通过糖酵解获得部分能量。如果机体相对缺氧时间较长,可导致无氧氧化产物乳酸的堆积,严重时可导致代谢性酸中毒。

2. 在有氧条件下为某些组织提供能量　某些组织,如皮肤、肾髓质、视网膜、白细胞等代谢极为活跃,在有氧条件下仍需进行糖酵解以获得能量。成熟红细胞没有线粒体,不能进行有氧氧化,只能利用糖酵解供能。成熟红细胞中的葡萄糖经糖酵解分解代谢占 $90\%\sim95\%$,经磷酸戊糖途径分解代谢占 $5\%\sim10\%$。

[要点:糖酵解的生理意义]

（四）糖酵解的调节

6-磷酸果糖激酶-1 是糖酵解最重要的调节点。ATP 和柠檬酸是此酶的别构抑制剂,AMP、ADP、1,6-二磷酸果糖、2,6-二磷酸果糖是此酶的别构激活剂。2,6-二磷酸果糖的别构激活作用最强。

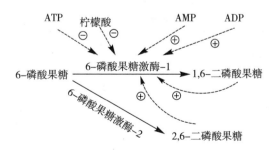

丙酮酸激酶、己糖激酶也是糖酵解的调节点。1,6-二磷酸果糖是丙酮酸激酶的别构激活剂,而 ATP、丙氨酸是其别构抑制剂。丙酮酸激酶还受共价修饰调节,可在蛋白激酶催化下磷酸化而失活。己糖激酶受其反应产物 6-磷酸葡萄糖的反馈抑制,但葡萄糖激酶分子内不存在 6-磷酸葡萄糖别构部位而不受反馈抑制。长链脂酰 CoA 别构抑制己糖激酶,在饥饿时可减少组织对葡萄糖的氧化。

知识拓展

EMP 途径

糖酵解途径,亦称埃姆登-迈耶霍夫-帕那斯(Embden-Meyerhof-Parnas pathway,EMP)途径。科学大厦是由无数科学家辛勤探索的成果构建起来的,今天我们能轻松学习到糖酵解知识,应该感谢埃姆登、迈耶霍夫、帕那斯等科学家。

二、糖的有氧氧化

在有氧条件下,葡萄糖或糖原彻底氧化分解为 CO_2 和 H_2O 的过程,称为糖的有氧氧化(aerobic oxidation)。它是葡萄糖在体内氧化分解供能的主要方式,机体大多数组织通过有氧氧化获得能量。

[要点:糖有氧氧化的概念和反应部位]

(一)有氧氧化的反应过程

糖的有氧氧化在胞液和线粒体进行,可分为三个阶段。第一阶段是葡萄糖或糖原分解生成丙酮酸,在胞液中进行;第二阶段是丙酮酸从胞液进入线粒体生成乙酰辅酶 A;第三阶段是乙酰辅酶 A 进入三羧酸循环彻底氧化生成 CO_2 和 H_2O。

1. 葡萄糖或糖原分解生成丙酮酸　此阶段即酵解途径。与糖酵解不同的是 3 - 磷酸甘油醛脱下的 2H 可经呼吸链传递给氧生成水并产生 ATP,因此不再将丙酮酸还原为乳酸。

2. 丙酮酸氧化脱羧生成乙酰辅酶 A　丙酮酸进入线粒体在丙酮酸脱氢酶复合体催化下氧化脱羧生成乙酰 CoA。

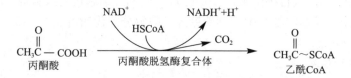

丙酮酸脱氢酶复合体是有氧氧化的关键酶,由丙酮酸脱氢酶、二氢硫辛酰胺转乙酰基酶和二氢硫辛酰胺脱氢酶三种酶按一定比例组成。丙酮酸依次由上述三种酶催化,经五步反应生成乙酰 CoA。反应过程中有五种辅助因子(TPP、硫辛酸、HSCoA、FAD、NAD^+)参与,这些辅助因子均含有维生素成分(表 7 - 1)。

表 7 - 1　丙酮酸脱氢酶复合体的组成

酶	酶分子数	辅助因子	含有的维生素
丙酮酸脱氢酶	12	TPP	维生素 B_1
二氢硫辛酰胺转乙酰基酶	60	硫辛酸、HSCoA	硫辛酸、泛酸
二氢硫辛酰胺脱氢酶	6	FAD、NAD^+	维生素 B_2、维生素 PP

当相关维生素缺乏时,必然导致糖代谢障碍。如维生素 B_1 缺乏时,体内 TPP 不足,丙酮酸氧化脱羧反应不能顺利进行,丙酮酸在组织中堆积,机体能量供给不足,尤其是神经组织,出现神经肌肉兴奋性异常,心肌代谢功能紊乱,导致脚气病。

[要点:丙酮酸脱氢酶复合体所含辅助因子及相关维生素]

3. 乙酰辅酶 A 进入三羧酸循环　三羧酸循环(tricarboxylic acid cycle,TAC)是由乙酰辅酶 A

与草酰乙酸缩合成含有三个羧基的柠檬酸开始,经过一系列脱氢、脱羧反应,又生成草酰乙酸的循环过程。因为循环中第一个中间产物是柠檬酸,故又称柠檬酸循环。因该循环是 Krebs 发现的,故又称为 Krebs 循环。

(1) 三羧酸循环的反应过程

1) 柠檬酸的生成:在柠檬酸合酶的催化下,乙酰 CoA 与草酰乙酸生成柠檬酸。柠檬酸合酶为三羧酸循环的第一个关键酶,其催化的反应不可逆。

$$乙酰CoA + 草酰乙酸 \xrightarrow[柠檬酸合酶]{H_2O \quad CoA\text{-}SH} 柠檬酸$$

2) 异柠檬酸的生成:柠檬酸在顺乌头酸酶催化下,经过脱水和加水反应,生成异柠檬酸。

$$柠檬酸 \xrightleftharpoons{-H_2O} 顺乌头酸 \xrightleftharpoons{+H_2O} 异柠檬酸$$

3) 异柠檬酸氧化脱羧生成 α-酮戊二酸:异柠檬酸在异柠檬酸脱氢酶的催化下脱氢、脱羧生成 α-酮戊二酸。脱下的氢由 NAD^+ 接受,生成 $NADH + H^+$,这是 TAC 的第一次脱氢反应。异柠檬酸脱氢酶是三羧酸循环的第二个关键酶。

$$异柠檬酸 \xrightarrow[异柠檬酸脱氢酶]{NAD^+ \quad NADH^+ + H^+ \quad CO_2} α\text{-}酮戊二酸$$

4) α-酮戊二酸氧化脱羧生成琥珀酰 CoA:在 α-酮戊二酸脱氢酶复合体的催化下经过脱氢、脱羧,生成琥珀酰 CoA。脱下的氢由 NAD^+ 接受,生成 $NADH + H^+$,这是 TAC 的第二次脱氢反应。α-酮戊二酸脱氢酶复合体与第二阶段的丙酮酸脱氢酶复合体结构和催化机制类似,它是三羧酸循环的第三个关键酶,催化的反应不可逆。

$$α\text{-}酮戊二酸 + HSCoA \xrightarrow[α\text{-}酮戊二酸脱氢酶复合体]{NAD^+ \quad NADH^+ + H^+ \quad CO_2} 琥珀酰CoA$$

5) 琥珀酸的生成:琥珀酰 CoA 为高能化合物,其分子结构中含有高能硫酯键,在琥珀酰 CoA 合成酶(又称琥珀酸硫激酶)催化下转变为琥珀酸,同时将其能量转移给 GDP 生成 GTP。生成的 GTP 可将其高能磷酸基团转移给 ADP 生成 ATP。这是三羧酸循环中唯一的底物水平磷酸化反应。

$$琥珀酰CoA \xrightarrow[琥珀酰CoA合成酶]{GDP+Pi \quad GTP} 琥珀酸 + HSCoA$$

$$GTP + ADP \longrightarrow GDP + ATP$$

6) 琥珀酸脱氢生成延胡索酸:琥珀酸在琥珀酸脱氢酶催化下,脱氢生成延胡索酸,脱下的氢被 FAD 接受生成 $FADH_2$,这是 TAC 的第三次脱氢反应。

$$琥珀酸 \xrightarrow[琥珀酸脱氢酶]{FAD \quad FADH_2} 延胡索酸$$

7) 延胡索酸加水生成苹果酸:延胡索酸在延胡索酸酶的催化下,加水生成苹果酸。

$$延胡索酸 \xrightarrow[延胡索酸酶]{H_2O} 苹果酸$$

8) 苹果酸脱氢生成草酰乙酸:苹果酸在苹果酸脱氢酶的催化下,脱氢生成草酰乙酸,脱下的氢由 NAD⁺接受,生成 NADH＋H⁺,这是 TAC 的第四次脱氢反应。

$$苹果酸 \underset{苹果酸脱氢酶}{\overset{NAD^+ \quad NADH^++H^+}{\rightleftharpoons}} 草酰乙酸$$

三羧酸循环的总反应过程,如图 7 - 2。

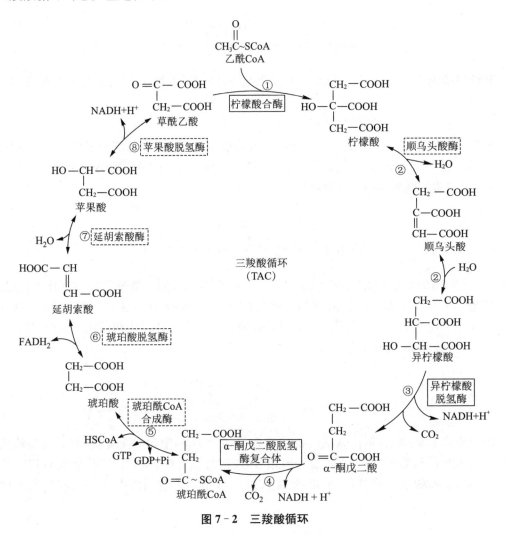

图 7 - 2　三羧酸循环

(2) 三羧酸循环的特点:

1) 三羧酸循环全过程在线粒体基质中进行。

2) 每循环 1 次氧化 1 分子乙酰 CoA。

3) 2 次脱羧产生 2 分子 CO₂,4 次脱氢生成 3 分子(NADH＋H⁺)和 1 分子 FADH₂。

4) 共产能 10 分子 ATP。NADH＋H⁺携带的 1 对氢经呼吸链传递生成 2.5 分子 ATP;FADH₂携带的 1 对氢经呼吸链传递生成 1.5 分子 ATP。这种产能的方式属于氧化磷酸化,通过氧化磷酸化共产生 9 分子 ATP;再加上底物水平磷酸化方式产生的 1 分子 GTP(可转化为 1 分子 ATP),故每进行一次三羧酸循环共产生 10 分子 ATP。

5) 柠檬酸合酶、异柠檬酸脱氢酶、α-酮戊二酸脱氢酶复合体是三羧酸循环的关键酶,其催化的反应不可逆。

6) 三羧酸循环的中间产物需要不断补充。三羧酸循环的中间产物可脱离循环转变为其他物质,如草酰乙酸可转变为天冬氨酸,琥珀酰 CoA 可参与血红素合成等。为维持三羧酸循环中间产物的一定浓度,保证三羧酸循环的正常运转,必须不断补充消耗的中间产物,否则影响三羧酸循环的正常进行,其中草酰乙酸的补充尤为重要,体内最主要的回补反应是丙酮酸羧化为草酰乙酸。

[要点:三羧酸循环的特点]

（3）三羧酸循环的生理意义:

1）三羧酸循环是糖、脂肪和氨基酸彻底氧化分解的共同途径:糖、脂肪和氨基酸在体内代谢都可生成乙酰辅酶 A,然后经三羧酸循环彻底氧化。

2）三羧酸循环是糖、脂肪和氨基酸代谢相互联系的枢纽:糖、脂肪和氨基酸都可转变为三羧酸循环的中间产物,它们通过三羧酸循环相互转变、相互联系。

3）三羧酸循环提供合成某些物质的原料:如琥珀酰 CoA 是合成血红素的原料,α-酮戊二酸可转变为谷氨酸,草酰乙酸可转变为天冬氨酸等。

[要点:三羧酸循环的生理意义]

（二）有氧氧化的生理意义

有氧氧化的主要生理意义是为机体提供能量。生理条件下,机体绝大多数组织细胞通过有氧氧化获取能量。1 分子葡萄糖彻底氧化为 CO_2 和 H_2O,可净产生 32 分子或 30 分子 ATP,是糖酵解产能的 16 倍或 15 倍（表 7-2）。

表 7-2　葡萄糖有氧氧化生成的 ATP 数量

	反　应	受氢体	ATP
第一阶段	葡萄糖→6-磷酸葡萄糖		-1
	6-磷酸果糖→1,6-二磷酸果糖		-1
	2×3-磷酸甘油醛→2×1,3-二磷酸甘油酸	NAD$^+$	2×2.5 或 2×1.5*
	2×1,3-二磷酸甘油酸→2×3-磷酸甘油酸		2×1
	2×磷酸烯醇式丙酮酸→2×丙酮酸		2×1
第二阶段	2×丙酮酸→2×乙酰 CoA	NAD$^+$	2×2.5
第三阶段	2×异柠檬酸→2×α-酮戊二酸	NAD$^+$	2×2.5
	2×α-酮戊二酸→2×琥珀酰 CoA	NAD$^+$	2×2.5
	2×琥珀酰 CoA→2×琥珀酸		2×1
	2×琥珀酸→2×延胡索酸	FAD	2×1.5
	2×苹果酸→2×草酰乙酸	NAD$^+$	2×2.5
净生成 ATP			32(或 30)

注:*,NADH+H$^+$进入线粒体方式不同产生的 ATP 数量亦不同。经苹果酸-天冬氨酸穿梭,1 分子 NADH+H$^+$产生 2.5 分子 ATP;而经 α-磷酸甘油穿梭,1 分子 NADH+H$^+$只产生 1.5 分子 ATP。

[要点:糖有氧氧化的生理意义及 ATP 的生成情况]

（三）有氧氧化的调节

1. 丙酮酸脱氢酶复合体的调节　丙酮酸脱氢酶复合体通过别构调节和共价修饰调节两种方式进行快速调节。乙酰 CoA、NADH 和 ATP 是其别构抑制剂,而 NAD$^+$、CoA 和 AMP 是其别构激活剂。胰岛素和 Ca^{2+}通过提高磷酸酶活性使丙酮酸脱氢酶复合体转变为去磷酸化的活性形式,加速丙酮酸氧化分解。

2. 三羧酸循环的调节　NADH、琥珀酰 CoA、柠檬酸和 ATP 是柠檬酸合酶的别构抑制剂,而 ADP 是其别构激活剂;ATP 是异柠檬酸脱氢酶的别构抑制剂,而 Ca^{2+}、ADP 是其别构激活剂;琥珀酰 CoA、NADH 是 α-酮戊二酸脱氢酶复合体的别构抑制剂,而 Ca^{2+} 是其别构激活剂。

知识拓展

巴斯德效应

法国科学家巴斯德发现酵母菌在无氧时进行生醇发酵,如将其转移至有氧环境中,生醇发酵即被抑制,这种有氧氧化抑制糖酵解的现象称为巴斯德效应。此效应也存在于人体组织中。当肌组织供氧充足时,$NADH+H^+$ 可进入线粒体内氧化,丙酮酸就进行有氧氧化而不生成乳酸;缺氧时,$NADH+H^+$ 不能被氧化,丙酮酸就作为受氢体而生成乳酸,糖酵解作用增强。

三、磷酸戊糖途径

磷酸戊糖途径是葡萄糖氧化分解的另一条重要途径,它的主要作用是产生 5-磷酸核糖和 NADPH,而不产生 ATP。该途径在肝、脂肪组织、甲状腺、肾上腺皮质、性腺、红细胞等组织器官中比较活跃,整个反应过程在胞液中完成。

(一)磷酸戊糖途径的反应过程

磷酸戊糖途径分为两个阶段。第一阶段是氧化脱羧反应。首先,6-磷酸葡萄糖在 6-磷酸葡萄糖脱氢酶(glucose-6-phosphate dehydrogenase,G6PD)催化下生成 6-磷酸葡萄糖酸内酯;然后,在内酯酶催化下水解为 6-磷酸葡萄糖酸;最后,由 6-磷酸葡萄糖酸脱氢酶催化脱氢、脱羧生成 5-磷酸核酮糖。此过程中有 NADPH 和 CO_2 生成。5-磷酸核酮糖在 5-磷酸核酮糖异构酶的作用下生成 5-磷酸核糖和 5-磷酸木酮糖。

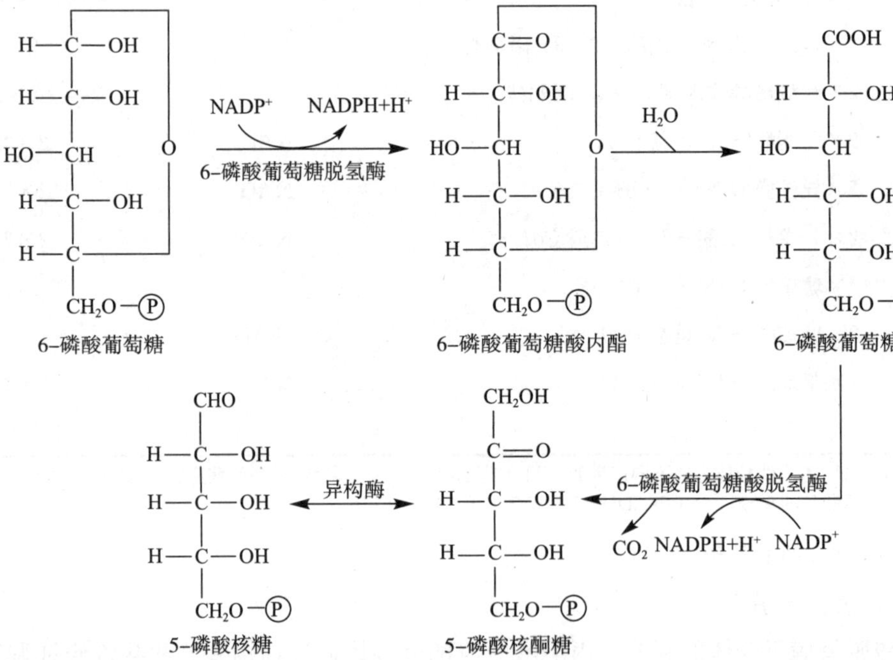

第二阶段是基团转移反应。第一阶段生成的 5-磷酸核糖和 NADPH 具有重要的生理意义,但机体对 NADPH 需要量远大于 5-磷酸核糖,造成后者过剩。过剩的 5-磷酸核糖在转酮醇酶和转醛醇酶的催化下,经一系列的基团转移反应,生成 6-磷酸果糖和 3-磷酸甘油醛,从而进入糖酵解途径进一步代谢。

磷酸戊糖途径反应过程见图 7-3。6-磷酸葡萄糖脱氢酶是磷酸戊糖途径的关键酶,其活性

受 $NADP^+$/$NADPH+H^+$ 比值的调节,当 $NADPH+H^+$ 浓度增高时,6-磷酸葡萄糖脱氢酶活性受到抑制,磷酸戊糖途径被抑制。

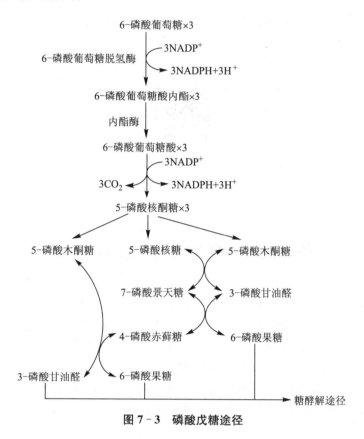

图 7-3　磷酸戊糖途径

(二)磷酸戊糖途径的生理意义

1. 为核酸的合成提供 5-磷酸核糖　5-磷酸核糖是机体合成核苷酸和核酸的原料。体内的核糖并不依赖从食物摄入,主要通过磷酸戊糖途径合成。

2. 提供 NADPH 作为供氢体,参与体内多种代谢反应

(1) 参与脂肪酸、胆固醇等物质的生物合成:在脂类合成旺盛的组织,如肝、脂肪组织等,磷酸戊糖途径比较活跃。

(2) 维持细胞内还原型谷胱甘肽(GSH)的含量:NADPH 是谷胱甘肽还原酶的辅酶,对维持细胞内 GSH 的含量有重要作用。GSH 能与氧化剂(如 H_2O_2 等)反应,清除氧化剂,自身被氧化为 GSSG,从而保护巯基蛋白或巯基酶免遭氧化损伤,对维持红细胞膜的完整性、防止溶血具有重要的意义。

$$2G\text{-}SH \underset{\substack{\text{谷胱甘肽}\\\text{还原酶}}}{\overset{\substack{H_2O_2\quad\text{谷胱甘肽}\quad2H_2O\\\text{过氧化物酶}}}{\rightleftharpoons}} G\text{-}S\text{-}S\text{-}G$$

2G-SH (还原型)　　　　$NADP^+$　$NADPH+H^+$　　　　G-S-S-G (氧化型)

某些人先天性缺乏 6-磷酸葡萄糖脱氢酶,NADPH 的生成不足,GSH 的含量难以维持,导致红细胞膜易于破裂,在某些因素如食用蚕豆或服用某些药物(伯氨喹啉、磺胺等)诱发下,红细胞很容易破裂而发生溶血,称为蚕豆病。

(3) NADPH 参与体内羟化反应:与药物、毒物和某些激素的生物转化有关。

[要点:磷酸戊糖途径的生理意义]

知识链接与思考

杜顺德、杜传书父子研究蚕豆病的故事

杜顺德是中国发现和命名蚕豆病第一人,他与其子杜传书多年潜心研究蚕豆病,证实患者红细胞内缺乏 6-磷酸葡萄糖脱氢酶,因而引起急性溶血。进一步阅读请扫二维码。

第三节　糖原的合成与分解

糖原(glycogen)是以葡萄糖为单位聚合而成的有分支的大分子多糖,是机体内糖的储存形式。因其功能与结构和植物淀粉相似,故又称为"动物淀粉"。在糖原分子中,葡萄糖通过 α-1,4-糖苷键构成直链,以 α-1,6-糖苷键构成分支。糖原的支链末端为非还原端,糖原的合成与分解均从非还原端开始。肝和肌肉是储存糖原的主要器官,肝中的糖原称为肝糖原,肌肉组织中的糖原称为肌糖原。正常成人肝糖原为 70～100 g,约占肝重的 5%,机体通过肝糖原的合成与分解维持血糖浓度的相对恒定;肌糖原为 250～400 g,占肌肉重量的 1%～2%,主要功能是为肌肉的收缩提供能量。

一、糖原的合成

由单糖(主要为葡萄糖)合成糖原的过程,称为糖原的合成。糖原合成主要在肝和肌肉组织的胞液中进行。

(一)糖原合成过程

1. 葡萄糖磷酸化为 6-磷酸葡萄糖

$$葡萄糖 + ATP \xrightarrow[\text{葡萄糖激酶(肝)}]{\text{己糖激酶(肌肉)}} 6\text{-磷酸葡萄糖} + ADP$$

2. 6-磷酸葡萄糖转变为 1-磷酸葡萄糖

$$6\text{-磷酸葡萄糖} \xrightleftharpoons{\text{磷酸葡萄糖变位酶}} 1\text{-磷酸葡萄糖}$$

3. 1-磷酸葡萄糖生成尿苷二磷酸葡萄糖(UDPG)　在 UDPG 焦磷酸化酶催化下,1-磷酸葡萄糖与 UTP 反应生成 UDPG 和焦磷酸(PPi),PPi 随即被焦磷酸酶水解为 2 分子磷酸。UDPG 是葡萄糖合成糖原的活性形式,被称为"活性葡萄糖"。

HO—CH₂ ... +Ⓟ~Ⓟ~Ⓟ—尿苷 ——UDPG焦磷酸化酶—→ HO—CH₂ ... +Ⓟ~Ⓟ

1-磷酸葡萄糖　　　　UTP　　　　　　尿苷二磷酸葡萄糖(UDPG)　　　焦磷酸

4. 从 UDPG 合成糖原　在糖原合酶的催化下,UDPG 中的葡萄糖基转移到糖原引物(G_n)上的非还原端,以 α‑1,4‑糖苷键相连。在糖原合成过程中必须有糖原引物(细胞内原有、较小的糖原分子)存在,因为游离葡萄糖不能作为 UDPG 葡萄糖基的接受体。每进行一次反应,在糖原引物上就增加 1 个葡萄糖单位,随着反应反复进行,糖链逐渐延长。

$$糖原(G_n)+UDPG \xrightarrow{糖原合酶} 糖原(G_{n+1})+UDP$$

糖原合酶只能延长糖链,不能形成分支。因为糖原合酶只能形成 α‑1,4‑糖苷键,不能形成 α‑1,6‑糖苷键,而分支点葡萄糖残基之间的连接方式为 α‑1,6‑糖苷键。当糖链长度达到 12~18 个葡萄糖残基时,分支酶把一段 6~7 个葡萄糖残基的糖链转移至邻近糖链上,以 α‑1,6‑糖苷键相连,从而形成新分支。因此,在糖原合酶和分支酶的共同作用下,糖原分子不断增大,分支数不断增多(图 7‑4)。

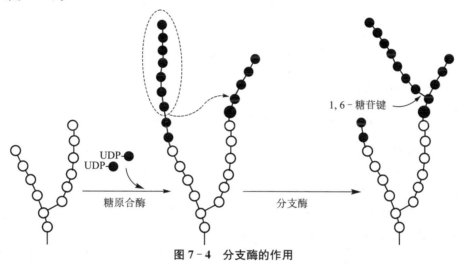

图 7‑4　分支酶的作用

（二）糖原合成的特点

1. 糖原合酶为糖原合成的关键酶,其活性受多种因素的调节。胰岛素能使无活性的糖原合酶转变成有活性的糖原合酶,促进糖原合成,使血糖降低;胰高血糖素可使有活性的糖原合酶转变为无活性形式,抑制糖原合成,起升血糖作用。

2. 糖原合成需要小分子糖原作为引物。

3. 糖原合成是一个耗能过程,在糖原引物上每增加一个葡萄糖单位,就需要消耗两个高能磷酸键,其中一个由 ATP 供给,一个由 UTP 供给。

4. UDPG 是糖原合成时葡萄糖的直接供体,被称为"活性葡萄糖"。

［要点:糖原合成的概念及特点］

二、糖原的分解

肝糖原分解为葡萄糖的过程,称为糖原的分解(glycogenolysis)。分解反应在细胞的胞液中进行。

（一）糖原分解过程

1. 糖原分解为 1‑磷酸葡萄糖　从糖原分支的末端开始,糖原磷酸化酶逐个分解葡萄糖残基生成 1‑磷酸葡萄糖。

$$糖原(G_n)+Pi \xrightarrow{糖原磷酸化酶} 糖原(G_{n-1})+1‑磷酸葡萄糖$$

糖原磷酸化酶只能分解 α‑1,4‑糖苷键,而对 α‑1,6‑糖苷键无作用。当糖原磷酸化酶分解糖链至距分支点约 4 个葡萄糖残基时,该酶不再发挥作用。此时由脱支酶把其中 3 个以 α-1,4-糖苷键相连的葡萄糖残基转移至邻近糖链的末端,仍以 α-1,4-糖苷键相连。剩余的 1 个以 α-1,6-糖苷键相连的葡萄糖残基被脱支酶水解成游离葡萄糖(图 7-5)。

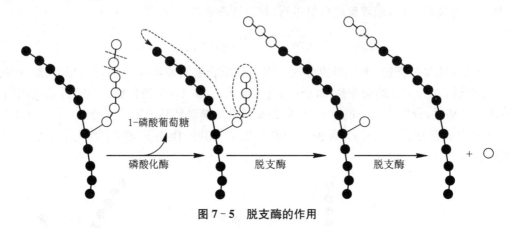

图 7-5　脱支酶的作用

2. 1-磷酸葡萄糖异构为 6-磷酸葡萄糖

$$1\text{-磷酸葡萄糖} \xleftrightarrow{\text{磷酸葡萄糖变位酶}} 6\text{-磷酸葡萄糖}$$

3. 6-磷酸葡萄糖水解为葡萄糖

$$6\text{-磷酸葡萄糖} + H_2O \xrightarrow{\text{葡萄糖-6-磷酸酶}} \text{葡萄糖} + Pi(\text{磷酸})$$

葡萄糖-6-磷酸酶只存在于肝和肾中,而肌肉中无此酶。肝糖原可分解为葡萄糖,释放到血液中,维持血糖浓度的相对恒定;肌糖原因肌肉缺乏葡萄糖-6-磷酸酶而不能分解为葡萄糖,因此不能直接补充血糖。肌糖原分解为 6-磷酸葡萄糖后,可进入有氧氧化或糖酵解分解产能。6-磷酸葡萄糖经糖酵解生成乳酸,乳酸经血液循环运输到肝,通过糖异生作用生成葡萄糖,可间接补充血糖,但生理意义不大。肌糖原的主要生理意义是为肌肉的收缩提供能量。

(二)糖原分解的特点

1. 糖原磷酸化酶为糖原分解的关键酶。该酶只能作用于 α-1,4-糖苷键,脱支酶作用于 α-1,6-糖苷键,因此糖原分解需要这两种酶协调作用来完成。

2. 肝糖原能直接补充血糖,而肌肉缺乏葡萄糖-6-磷酸酶,肌糖原不能直接转变为葡萄糖,只能氧化分解为肌肉收缩提供能量。

[要点:糖原分解的关键酶;肝糖原和肌糖原在代谢上的区别]

第四节　糖异生

由非糖物质转变为葡萄糖或糖原的过程称为糖异生(gluconeogenesis)。肝是糖异生的主要器官,其次是肾。正常情况下,肾糖异生能力只有肝的 1/10,当长期饥饿或酸中毒时,肾糖异生能力大为增强,也成为糖异生的重要器官。糖异生的主要原料有乳酸、甘油、丙酮酸、生糖氨基酸、三羧酸循环的中间产物等。乙酰 CoA 在体内不能转变为丙酮酸,无法进入糖异生途径,所以乙酰 CoA 和分解代谢过程中产生乙酰 CoA 的脂肪酸等物质不能作为糖异生的原料。

[要点:糖异生的概念、反应部位和主要原料]

一、糖异生的途径

糖异生途径基本上是糖酵解的逆过程,但不完全相同。糖酵解的关键酶己糖激酶、6-磷酸果糖激酶-1和丙酮酸激酶催化的反应是不可逆的,必须由另外的酶催化,才能逆向生成葡萄糖或糖原。这些酶是糖异生过程中的关键酶,包括丙酮酸羧化酶、磷酸烯醇式丙酮酸羧激酶、果糖二磷酸酶和葡萄糖-6-磷酸酶。

1. 丙酮酸转变为磷酸烯醇式丙酮酸(丙酮酸羧化支路) 丙酮酸生成磷酸烯醇式丙酮酸的反应包括丙酮酸羧化酶和磷酸烯醇式丙酮酸羧激酶催化的两步反应,构成丙酮酸羧化支路(图7-6)。丙酮酸羧化酶只存在于线粒体内,而磷酸烯醇式丙酮酸羧激酶在线粒体和胞液中均存在,因此丙酮酸需进入线粒体才能羧化为草酰乙酸,草酰乙酸在线粒体或胞液中均可转变为磷酸烯醇式丙酮酸。

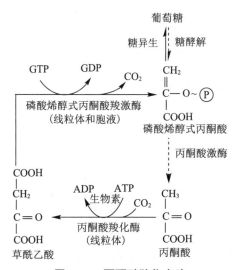

图7-6 丙酮酸羧化支路

2. 1,6-二磷酸果糖在果糖二磷酸酶的催化下,水解为6-磷酸果糖。

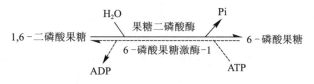

3. 6-磷酸葡萄糖在葡萄糖-6-磷酸酶的作用下转变为葡萄糖。

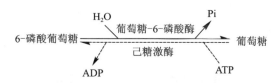

丙酮酸、乳酸、甘油和生糖氨基酸进行糖异生的途径,见图7-7。

二、糖异生的特点

1. 糖异生在肝、肾的胞液和线粒体中进行,反应过程中存在四个关键酶,分别是丙酮酸羧化酶、磷酸烯醇式丙酮酸羧激酶、果糖二磷酸酶、葡萄糖-6-磷酸酶。不同物质糖异生需要的关键酶不完全相同,如以乳酸为原料进行糖异生需要全部四个关键酶,以草酰乙酸为原料需要三个关键

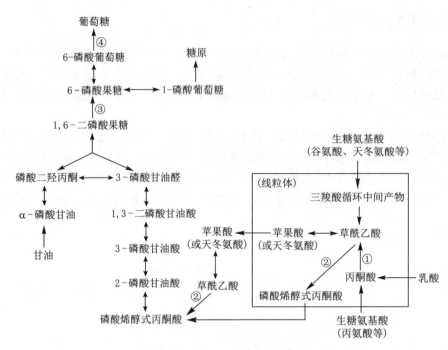

① 丙酮酸羧化酶;② 磷酸烯醇式丙酮酸羧激酶;③ 果糖二磷酸酶;④ 葡萄糖-6-磷酸酶

图 7-7 糖异生途径

酶,以甘油为原料只需要两个关键酶。

2. 糖异生是个耗能过程。例如,2 分子乳酸异生为 1 分子葡萄糖需要消耗 6 分子 ATP。

三、糖异生的生理意义

1. 维持血糖浓度的相对恒定 糖异生最重要的生理意义是在空腹或饥饿情况下维持血糖浓度的相对恒定。在空腹或饥饿时,若仅靠肝糖原分解维持血糖浓度,不超过 12 h 肝糖原即被耗竭,此后主要依靠糖异生作用维持血糖浓度的相对恒定,这对保证脑、红细胞等的正常功能有重要的意义。

2. 有利于乳酸的利用 剧烈运动时肌糖原酵解产生大量乳酸,经血液运输到肝进行糖异生,生成的葡萄糖释放入血,再被肌组织摄取利用,这就构成了一个循环,称为乳酸循环,也称 Cori 循环。这对于乳酸再利用、更新肝糖原和防止因乳酸堆积引起的酸中毒具有重要的意义。

3. 调节酸碱平衡 糖异生作用可通过乳酸循环避免乳酸堆积所致的代谢性酸中毒。另外,机体发生酸中毒时肾的糖异生作用增强,促进肾小管泌 NH_3,排出 H^+,缓解酸中毒。

[要点:糖异生的关键酶和生理意义]

第五节 血 糖

血液中的葡萄糖,称为血糖(blood sugar)。血糖浓度是反映机体糖代谢状况的一项重要指标。正常人空腹血糖浓度为 3.9~6.1 mmol/L。要维持血糖浓度的相对恒定,必须保持血糖的来源和去路的动态平衡。

[要点:正常人空腹血糖浓度]

一、血糖的来源和去路

（一）血糖的来源

1. 食物中的糖消化吸收　这是血糖的主要来源。
2. 肝糖原分解　肝糖原分解为葡萄糖是空腹时血糖的重要来源。
3. 糖异生作用　在较长时间的空腹或饥饿状态下只能依靠糖异生维持血糖浓度的相对恒定。

（二）血糖的去路

1. 氧化分解　葡萄糖在细胞中氧化分解提供能量，这是血糖的最主要去路。
2. 合成糖原　在肝、肌肉等组织合成糖原储存。
3. 转变为其他糖和糖的衍生物　如转变为核糖、氨基葡萄糖、葡萄糖醛酸等。
4. 转变为非糖物质　如转变为脂肪、非必需氨基酸等。

当血糖浓度超过"肾糖阈"（8.9～10.0 mmol/L）时，即超过肾小管重吸收能力，糖可随尿排出，出现糖尿。另外，当肾功能障碍导致肾小管重吸收能力下降时也可出现糖尿。糖尿不是糖的正常去路（图7-8）。

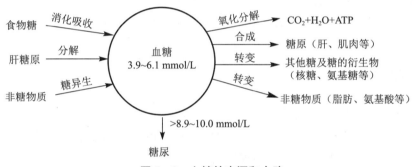

图7-8　血糖的来源和去路

［要点：血糖的来源和去路］

二、血糖浓度的调节

正常人体血糖浓度之所以能维持相对恒定，是因为机体内有一整套精细的调节机制来控制血糖浓度。在神经、激素和组织器官的共同调节下，血糖的来源和去路保持动态平衡，血糖浓度得以维持相对恒定。

（一）器官的调节作用

参与血糖浓度调节的器官有肝、肌肉、脂肪组织等，其中肝是调节血糖浓度的最主要器官。当血糖浓度升高时，肝摄取血糖合成糖原储存；当血糖浓度降低时，肝糖原可分解为葡萄糖，进入血液补充血糖。在空腹和饥饿状态下，肝通过糖异生来维持血糖浓度的相对恒定。

（二）激素的调节作用

调节血糖浓度的激素可分为两大类，一类是降血糖激素，胰岛素是唯一的降血糖激素；另一类是升血糖激素，包括胰高血糖素、肾上腺素、糖皮质激素和生长激素。在正常情况下，两类激素对血糖的调节是通过对糖代谢途径的影响来实现的。激素对血糖浓度的调节作用如表7-3。

表 7 - 3　激素对血糖浓度的调节作用

降低血糖的激素		升高血糖的激素	
激素	对糖代谢影响	激素	对糖代谢影响
胰岛素	1. 促进肌肉、脂肪组织细胞摄取葡萄糖,促进葡萄糖进入细胞 2. 促进糖氧化分解 3. 促进糖原合成,抑制糖原分解 4. 促进糖转变成脂肪,抑制脂肪分解 5. 抑制糖异生作用	肾上腺素	1. 促进肝糖原分解 2. 促进肌糖原酵解 3. 促进糖异生
		胰高血糖素	1. 促进肝糖原分解,抑制肝糖原合成 2. 促进糖异生 3. 促进脂肪动员,减少糖的利用
		糖皮质激素	1. 促进肌肉蛋白质分解,加速糖异生 2. 抑制肝外组织摄取利用葡萄糖
		生长激素	1. 促进糖异生 2. 抑制肌肉和脂肪组织利用葡萄糖

（三）神经系统的调节

神经系统对血糖的调节,是通过控制激素的分泌来实现的。交感神经兴奋时,肾上腺素分泌增加,肝糖原分解,血糖浓度升高;迷走神经兴奋时,胰岛素分泌增加,血糖浓度降低。

［要点:血糖浓度的调节方式］

三、糖代谢的异常

（一）高血糖

空腹血糖浓度高于 6.1 mmol/L 时称为高血糖,当血糖浓度过高,超过肾糖阈则出现糖尿。引起高血糖的原因可分为生理性高血糖和病理性高血糖。

1. 生理性高血糖　一次进食大量葡萄糖时,血糖浓度大幅度上升,称为饮食性高血糖;情绪激动时,由于交感神经兴奋,肾上腺素分泌增加,引起肝糖原分解为葡萄糖释放入血,使血糖升高,称为情感性高血糖;临床上静脉注射葡萄糖速度过快,也可使血糖浓度迅速升高并出现糖尿。这些高血糖、糖尿是暂时的且空腹血糖浓度正常。

2. 病理性高血糖　升高血糖的激素分泌亢进或胰岛素分泌障碍均可引起高血糖、糖尿,病理性高血糖和糖尿的特点是空腹血糖浓度升高,出现持续性的高血糖和糖尿,临床上多见于糖尿病。

- -

知识拓展

糖尿病

糖尿病的发病机理主要是因机体胰岛素缺乏或靶组织细胞对胰岛素敏感性降低(胰岛素抵抗),从而引起糖、脂肪和蛋白质等物质代谢紊乱。患者往往有高血糖、糖尿、多尿、多饮、多食、消瘦、疲乏等临床表现。

临床上糖尿病主要分为 1 型糖尿病(胰岛素依赖型)和 2 型(非胰岛素依赖型)。1 型糖尿病多发生于青少年,体内胰岛素绝对缺乏,必须依赖胰岛素治疗。2 型糖尿病多见于中、老年人,病因主要是机体对胰岛素不敏感。

糖尿病常伴有多种并发症,包括心血管病变、肾脏病变、神经病变、视网膜病变、足溃疡(糖尿病足)、白内障、代谢性酸中毒及某些感染性疾病等。上述并发症的严重程度与血糖升高的水平密切相关。

- -

（二）低血糖

空腹血糖低于 2.8 mmol/L 时,称为低血糖。脑组织主要以葡萄糖作为能源,并且几乎无糖原储备,因此对低血糖极为敏感,表现为头晕、倦怠、心慌、出冷汗等,严重时出现昏迷甚至死亡。

低血糖常见的原因有:胰岛 β 细胞增生和肿瘤、垂体前叶或肾上腺皮质功能减退、肝细胞严重损伤、长期饥饿等。

（三）糖原累积症

糖原累积症是一类遗传性疾病,是由于糖原代谢过程中的酶缺失,导致体内某些组织器官中有大量糖原堆积,组织器官功能受到损伤。由于肝和骨骼肌是糖原代谢的重要部位,因此是糖原累积症的最主要累及部位。

本章小结

糖最重要的生理功能是氧化供能,糖还是组织细胞的结构成分,可转化为其他含碳化合物。糖的分解代谢途径主要包括糖酵解、有氧氧化和磷酸戊糖途径。糖酵解的全部反应在胞液中进行,代谢中存在己糖激酶、6 - 磷酸果糖激酶-1、丙酮酸激酶等三个关键酶。糖酵解是机体缺氧条件下获得能量的有效方式,也是某些组织细胞(如成熟红细胞)有氧条件下的供能方式。1 mol 葡萄糖经糖酵解净产生 2 mol ATP。糖的有氧氧化第一阶段为酵解途径,第二阶段为丙酮酸氧化脱羧生成乙酰 CoA,第三阶段为三羧酸循环,第一阶段在胞液进行,第二、第三阶段在线粒体内进行。糖有氧氧化是机体获得能量的主要方式,1 mol 葡萄糖经有氧氧化可产生 30mol 或 32 mol ATP。磷酸戊糖途径在胞液中进行,关键酶是 6 - 磷酸葡萄糖脱氢酶,其生理意义是提供 NADPH 和 5 - 磷酸核糖,前者作为供氢体参与多种代谢反应,后者是合成核苷酸的重要原料。

糖原是体内糖的储存形式,主要储存于肝和肌肉中。由葡萄糖合成糖原的过程称为糖原合成,每增加一个葡萄糖单位需消耗 2 分子 ATP。肝糖原分解为葡萄糖的过程称为糖原分解,因肌肉组织中缺乏葡萄糖-6 - 磷酸酶,故肌糖原不能直接分解为葡萄糖。糖原生成与分解的关键酶分别为糖原合酶和糖原磷酸化酶。

非糖物质转变为葡萄糖或糖原的过程称为糖异生。肝是糖异生的主要场所,其次是肾。糖异生过程有四个关键酶:丙酮酸羧化酶、磷酸烯醇式丙酮酸羧激酶、果糖二磷酸酶和葡萄糖-6 - 磷酸酶。糖异生最主要的生理意义是在饥饿时维持血糖浓度的相对恒定,其次是回收乳酸能量、补充肝糖原和参与酸碱平衡调节。

血液中的葡萄糖称为血糖,是糖的运输形式。正常成人空腹血糖浓度为 3.9～6.1 mmol/L。血糖的主要来源是食物中糖的消化吸收、肝糖原分解和糖异生作用,其主要去路是氧化分解、合成糖原、转变为脂肪、某些氨基酸和其他糖类等。血糖在神经、激素和组织器官的协同调节下,可保持动态平衡。当糖代谢发生障碍时可导致糖代谢紊乱,主要表现为高血糖和低血糖,糖尿病是最常见的糖代谢紊乱疾病。

教学课件　　　微课

思考题

1.试列表比较无氧氧化与有氧氧化的反应部位、反应条件、关键酶、产物、能量生成及生理意义。

2.简述三羧酸循环的特点及生理意义。

3.简述磷酸戊糖途径的生理意义。

4.糖异生的概念、部位、原料、关键酶及生理意义是什么？

更多习题请扫二维码查看。

达标测评题

（蒋薇薇）

学习目标

掌握：脂肪酸 β - 氧化的过程及特点；酮体的概念、代谢特点和生理意义；胆固醇的转化与排泄；血浆脂蛋白的分类和生理功能。

熟悉：脂类的分类和功能；脂肪动员的概念、过程和影响因素；甘油的代谢过程；甘油三酯和脂肪酸合成代谢的特点。

了解：必需脂肪酸的概念和种类；甘油磷脂的代谢特点；胆固醇的合成过程；血脂异常。

【导学案例】

某男青年，23 岁，身高 178 cm，体重 101 kg，喜食油炸、高糖及肉类食物，经常饮酒，不喜欢运动。入职体检时发现存在肥胖和高脂血症。部分体检结果如下：

检验项目	结果	参考值
体重指数（BMI）	31.9 kg/m^2	$18.5 \sim 24.0 \text{ kg/m}^2$
甘油三酯（TG）	3.32 mmol/L	$0.11 \sim 1.69$ mmol/L
总胆固醇（TC）	8.72 mmol/L	$2.59 \sim 6.47$ mmol/L

思考题：

1. 导致该男青年发生肥胖和高脂血症的原因可能是什么？

2. 血脂升高有何危害？

3. 该青年应如何改进生活方式才能拥有健康体魄？

脂类（lipid）是脂肪（fat）和类脂（lipoid）的总称。类脂包括磷脂（phospholipid，PL）、糖脂（glycolipid，GL）、胆固醇（cholesterol，Ch）、胆固醇酯（cholesterol ester，CE）和游离脂肪酸（free fatty acid，FA）等。脂类物质是生物体的重要组成成分，其共同特征是不溶或微溶于水，易溶于乙醚、氯仿、丙酮等有机溶剂。

［要点：脂类的组成成分］

第一节   概   述

一、脂类的分布、含量与种类

（一）脂类的分布和含量

1. 脂肪的分布   人体内的脂肪主要储存于皮下、大网膜、肠系膜和重要脏器周围等处的脂肪组织中。成年男性脂肪含量占体重的 $10\%\sim20\%$，女性稍高。脂肪的含量可受年龄、性别、营养状况和运动量的影响变动较大，故称为"可变脂"，脂肪组织也称为"脂库"。

2. 类脂的分布   类脂是生物膜的基本成分，约占人体体重的 5%，分布于机体各组织中，神经组织中最多。其含量一般不受机体营养状况和运动量的影响，故类脂称为"固定脂"。

（二）人体内主要的脂类

1. 脂肪   脂肪是由 1 分子甘油和 3 分子脂肪酸通过酯键相连形成的酯类化合物，故称为甘油三酯（triglyceride，TG）或三脂酰甘油（triacylglycerol，TG）。

$$
\begin{array}{c}
\quad\quad\quad\quad\quad O \\
\quad\quad\quad\quad\quad \parallel \\
O\quad\quad H_2C-O-C-R_1 \\
\parallel\quad\quad\quad\mid \\
R_2-C-O-CH\quad\quad O \\
\quad\quad\quad\quad\mid\quad\quad\parallel \\
\quad\quad\quad H_2C-O-C-R_3
\end{array}
$$

甘油三酯

在甘油三酯结构式中 R_1、R_2、R_3 代表脂肪酸的烃基，它们可以相同，也可以不同。通常 R_1 和 R_3 为饱和脂肪酸烃基，R_2 为不饱和脂肪酸烃基。

2. 磷脂   磷脂是一类含有磷酸基团的类脂，是组成生物膜的主要成分。其中以甘油为基本骨架的称为甘油磷脂，以鞘氨醇为基本骨架的称为鞘磷脂。

（1）甘油磷脂：含甘油成分。甘油的两个羟基与脂肪酸结合成酯，第三个羟基被磷酸酯化后的产物称为磷脂酸。磷脂酸再与其他的醇羟基化合物连接，即形成不同的磷脂。

$$
\begin{array}{c}
\quad\quad\quad\quad\quad O \\
\quad\quad\quad\quad\quad \parallel \\
O\quad\quad H_2C-O-C-R_1 \\
\parallel\quad\quad\quad\mid \\
R_2-C-O-CH \\
\quad\quad\quad\quad\mid\quad\quad O \\
\quad\quad\quad H_2C-O-P-O-X \\
\quad\quad\quad\quad\quad\quad\mid \\
\quad\quad\quad\quad\quad\quad OH
\end{array}
$$

甘油磷脂（X：取代基）

（2）鞘磷脂：含鞘氨醇（神经氨基醇）成分。鞘氨醇的氨基与脂肪酸的羧基脱水以酰胺键相连，一个羟基与磷酸胆碱（或磷酸乙醇胺）脱水以酯键相连。

$$
\begin{array}{cc}
& CH_3(CH_2)_{12}CH=CH-CH-OH \\
& \mid \quad\quad\quad O \\
& \mid \quad\quad\quad \parallel \\
& CH-NH-C-R \\
CH_3(CH_2)_{12}CH=CH-CH-OH & \mid \quad\quad\quad O \\
\mid & \mid \quad\quad\quad \parallel \\
CH-NH_2 & CH_2-O-P-O-X \\
\mid & \mid \\
CH_2-OH & OH
\end{array}
$$

鞘氨醇　　　　　　　　　鞘磷脂（X：取代基）

3. 糖脂　糖脂是一类含有糖基的类脂,在神经组织中含量较多,也是构成生物膜的成分之一。有些细胞膜上的糖脂还是细胞表面的信息分子。

4. 胆固醇及其酯　胆固醇是重要的甾醇类化合物,以环戊烷多氢菲为基本结构。胆固醇的3位碳上有一醇羟基,该羟基可与脂肪酸形成酯键,生成胆固醇酯。

胆固醇　　　　　　　　　　　　　　　　　　胆固醇酯

5. 脂肪酸　人体内脂肪酸的碳链长度多在14～20个碳原子,且为偶数碳,其中不饱和脂肪酸多于饱和脂肪酸。人体不能合成,必须由食物提供的脂肪酸称为必需脂肪酸(essential fatty acid),包括亚油酸、亚麻酸和花生四烯酸(表8-1)。

表8-1　动植物体内重要的脂肪酸

类别	习惯命名	系统命名	碳原子:双键数	双键位置	族
饱和脂肪酸	豆蔻酸	十四烷酸	14:0	无	
	软脂酸	十六烷酸	16:0	无	
	硬脂酸	十八烷酸	18:0	无	
	花生酸	二十烷酸	20:0	无	
不饱和脂肪酸	软油酸	十六碳一烯酸	16:1	9	$\omega-7$
	油酸	十八碳一烯酸	18:1	9	$\omega-9$
	亚油酸	十八碳二烯酸	18:2	9,12	$\omega-6$
	α-亚麻酸	十八碳三烯酸	18:3	9,12,15	$\omega-3$
	γ-亚麻酸	十八碳三烯酸	18:3	6,9,12	$\omega-6$
	花生四烯酸	二十碳四烯酸	20:4	5,8,11,14	$\omega-6$
	eicosapentaenoic acid(EPA)	二十碳五烯酸	20:5	5,8,11,14,17	$\omega-3$
	docosapentaenoic acid(DPA)	二十二碳五烯酸	22:5	7,10,13,16,19	$\omega-3$
	docosahexaenoic acid(DHA)	二十二碳六烯酸	22:6	4,7,10,13,16,19	$\omega-3$

[要点:必需脂肪酸的概念及种类]

二、脂类的生理功能

(一)脂肪的生理功能

脂肪在体内的主要生理功能是储能和供能。正常人体生理活动所需能量的20％～30％由脂肪供给,空腹时甚至机体50％以上的能源来自脂肪的氧化,每克脂肪彻底氧化后平均可释放38.94 kJ(9.3 kcal)的能量,因此脂肪是机体空腹、饥饿时能量的主要来源。

此外,脂肪还有提供必需脂肪酸、维持体温、缓冲外界的机械冲击等功能。

(二)类脂的生理功能

类脂的主要生理功能是构成生物膜。生物膜主要包括细胞膜、细胞器膜、核膜及神经髓鞘等,磷脂、糖脂、胆固醇及胆固醇酯是构成生物膜的重要组分。在各种生物膜中,磷脂占总脂量的50％～70％,胆固醇及胆固醇酯为20％～30％。生物膜中脂类分子成双层结构排列,磷脂中的不饱和脂肪酸有利于膜的流动性,而胆固醇及饱和脂肪酸使膜的流动性下降。

此外,类脂还参与形成脂蛋白,协助脂类在血液中的运输;胆固醇可转变为胆汁酸、维生素 D_3、类固醇激素等具有重要生理功能的物质；花生四烯酸在体内可衍变为前列腺素、血栓素及白三烯等，这些衍生物分别参与多种细胞的代谢调控。

［要点：脂类的主要生理功能］

三、脂类的消化和吸收

（一）脂类的消化

脂类的消化主要在小肠进行。膳食中的脂类主要是甘油三酯、少量的磷脂和胆固醇等。脂类食物进入小肠时可引起胆汁和胰液分泌进入肠腔。胰液中含有胰脂酶、辅脂酶、胆固醇酯酶和磷脂酶。胆汁中的胆汁酸盐是一种乳化剂，能使疏水的脂类物质乳化成细小的微团，增大和各种消化酶的接触表面积，有利于脂类物质的消化。微团中的脂类在下列相应酶的作用下得以消化。

$$三酰甘油 + 2H_2O \xrightarrow[\text{辅脂酶}]{\text{胰脂酶}} 甘油一酯 + 2\,脂肪酸$$

$$磷脂 \xrightarrow{\text{磷脂酶 } A_2} 溶血磷脂 + 脂肪酸$$

$$胆固醇酯 + H_2O \xrightarrow{\text{胆固醇酯酶}} 胆固醇 + 脂肪酸$$

（二）脂类的吸收

各种脂类的消化产物与胆汁酸盐形成混合微团，主要在十二指肠下段和空肠上段被吸收。短链（2～4C）和中链（6～10C）脂肪酸构成的甘油三酯，经胆汁酸盐乳化后不需消化即可被吸收，在肠黏膜细胞内经脂肪酶水解为甘油和脂肪酸，进入血液循环。长链脂肪酸（12～26C）和甘油一酯吸收进入肠黏膜细胞后再合成甘油三酯，与磷脂、胆固醇及载脂蛋白一起形成乳糜微粒，经淋巴进入血液循环。

第二节　甘油三酯的代谢

一、甘油三酯的分解代谢

（一）脂肪动员

脂肪动员是指储存在脂肪组织中的甘油三酯在脂肪酶的作用下逐步水解为甘油和脂肪酸并释放入血，供其他组织氧化利用的过程。

$$甘油三酯（TG） \xrightarrow[H_2O \quad 脂肪酸]{\text{甘油三酯脂肪酶}} 甘油二酯（DG） \xrightarrow[H_2O \quad 脂肪酸]{\text{甘油二酯脂肪酶}} 甘油一酯（MG） \xrightarrow[H_2O \quad 脂肪酸]{\text{甘油一酯脂肪酶}} 甘油$$

参与脂肪动员的脂肪酶包括甘油三酯脂肪酶、甘油二酯脂肪酶和甘油一酯脂肪酶，其中甘油三酯脂肪酶为脂肪动员的限速酶，因受多种激素调节，故又被称为激素敏感性脂肪酶（hormone-sensitive triglyceride lipase，HSL）。胰岛素、前列腺素 E_2 等能抑制其活性，称为抗脂解激素；胰高血糖素、肾上腺素、去甲肾上腺素、促肾上腺皮质激素及促甲状腺激素等促进其活性，称为脂解激素。

禁食、饥饿或交感神经兴奋时，脂解激素分泌增加，脂解作用加强；饱食后抗脂解激素分泌增加，脂解作用减弱。

［要点：脂肪动员的概念和限速酶］

（二）甘油的代谢

甘油可直接经血液运输到肝、肾、肠等组织被利用。在甘油激酶催化下甘油转变为 α-磷酸甘油，然后脱氢生成磷酸二羟丙酮，可沿糖代谢途径氧化分解生成 CO_2 和 H_2O 并释放能量，也可经糖异生途径转变为葡萄糖或糖原。肝细胞中甘油激酶活性最高，因此脂肪动员产生的甘油主要被肝细胞利用，而脂肪、骨骼肌等组织细胞的甘油激酶活性很低，故对甘油的摄取和利用有限。

$$\begin{array}{c}CH_2-OH\\|\\CH-OH\\|\\CH_2-OH\\\text{甘油}\end{array}\xrightarrow[\text{甘油激酶}]{ATP\quad ADP}\begin{array}{c}CH_2-OH\\|\\CH-OH\\|\\CH_2-O-\textcircled{P}\\\alpha\text{-磷酸甘油}\end{array}\xrightarrow[\alpha\text{-磷酸甘油脱氢酶}]{NAD^+\quad NADH+H^+}\begin{array}{c}CH_2-OH\\|\\CH-OH\\|\\CH_2-O-\textcircled{P}\\\text{磷酸二羟丙酮}\end{array}\begin{array}{l}\rightarrow\text{有氧氧化}\\\quad\text{或糖酵解}\\\rightarrow\text{糖异生}\end{array}$$

（三）脂肪酸的氧化

除成熟红细胞和脑组织外，大多数组织细胞都能利用脂肪酸氧化供能，但以肝和肌肉最为活跃。脂肪酸的氧化过程可以分为以下四个阶段。

1. 脂肪酸的活化　脂肪酸氧化分解前需先在胞液中脂酰 CoA 合成酶的催化下活化为脂酰 CoA，反应需消耗 ATP。

$$RCH_2CH_2COOH+HSCoA+ATP\xrightarrow[Mg^{2+}]{\text{脂酰 CoA 合成酶}}RCH_2CH_2\overset{O}{\overset{\|}{C}}\sim CoA+AMP+PPi$$
$$\text{脂肪酸}\qquad\qquad\qquad\qquad\qquad\qquad\qquad\text{脂酰 CoA}$$

反应中生成的焦磷酸立即被细胞内焦磷酸酶水解，阻止逆向反应发生。故 1 分子脂肪酸活化实际上消耗了 2 个高能磷酸键，相当于消耗了 2 分子 ATP。

2. 脂酰 CoA 进入线粒体　催化脂肪酸氧化的酶系存在于线粒体基质中，胞液中的脂酰 CoA 分子经线粒体内膜上的肉碱（carnitine）介导，并在位于线粒体内膜两侧的肉碱脂酰转移酶（carnitine acyl transferase，CAT）的作用下，穿过线粒体内膜进入线粒体基质中进行 β-氧化（图 8-1）。脂酰 CoA 进入线粒体是脂肪酸 β-氧化的主要限速步骤，肉碱脂酰转移酶 I（CAT I）是脂肪酸 β-氧化的限速酶。

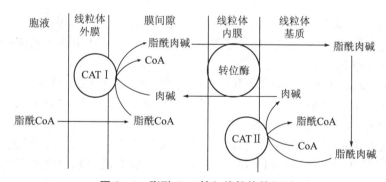

图 8-1　脂酰 CoA 转入线粒体的机制

CAT I：肉碱脂酰转移酶 I；CAT II：肉碱脂酰转移酶 II；转位酶：肉碱-脂酰肉碱转位酶

3. 脂酰 CoA 的 β-氧化　脂酰 CoA 进入线粒体基质后，脂肪酸的 β-氧化酶系催化其氧化分解，由于脱氢氧化是在脂酰基的 β-碳原子进行的，因此称为 β-氧化。饱和脂肪酸的 β-氧化过程经过脱氢、加水、再脱氢和硫解四步连续的酶促反应，脂酰基裂解为 1 分子乙酰 CoA 和 1 分子比原来少了 2 个碳原子的脂酰 CoA。

（1）脱氢：脂酰 CoA 在脂酰 CoA 脱氢酶催化下，以 FAD 为辅助因子，在 α 和 β 碳原子上各脱去 1 个氢原子，生成 α，β-烯脂酰 CoA 和 $FADH_2$。

（2）加水：α，β-烯脂酰 CoA 在烯脂酰 CoA 水化酶催化下加水，生成 1 分子 β-羟脂酰 CoA。

（3）再脱氢：β-羟脂酰 CoA 在 β-羟脂酰 CoA 脱氢酶催化下，以 NAD$^+$ 为辅助因子，在 β-碳原子上脱去 2 个氢原子，生成 β-酮脂酰 CoA 和 NADH＋H$^+$。

（4）硫解：β-酮脂酰 CoA 在硫解酶催化下，加 1 分子 CoA 使碳链的 α 和 β 碳原子间的化学键断裂，生成 1 分子乙酰 CoA 和比原来少了 2 个碳原子的新的脂酰 CoA（图 8-2）。

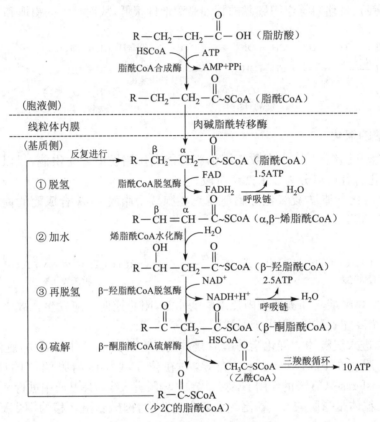

图 8-2　脂肪酸的 β-氧化过程

新生成的少了 2 个碳原子的脂酰 CoA 可以再经 β-氧化的连续四步反应后，再次硫解下 1 分子乙酰 CoA，如此反复进行，长链偶数碳原子的脂肪酸可分解为若干分子的乙酰 CoA，同时产生若干还原型的 FADH$_2$ 和 NADH＋H$^+$。

4. 乙酰 CoA 进入三羧酸循环彻底氧化　β-氧化生成的乙酰 CoA 可进入三羧酸循环彻底氧化成 CO$_2$ 和 H$_2$O，每分子乙酰 CoA 生成 10 分子 ATP。FADH$_2$ 和 NADH＋H$^+$ 也可通过线粒体呼吸链传递给氧生成水，同时生成 ATP。

以 16 碳的饱和脂肪酸（软脂酸）为例，它生成脂酰 CoA 后，经 7 次 β-氧化生成 8 分子乙酰 CoA，7 分子 FADH$_2$ 和 7 分子 NADH＋H$^+$。因此，1 分子软脂酸氧化分解可产生（8×10）＋（7×1.5）＋（7×2.5）＝108 分子 ATP，减去活化时消耗的 2 分子 ATP，可净生成 106 分子 ATP。

［要点：脂肪酸 β-氧化包括的 4 步反应、直接产物和产能计算］

知识链接

左旋肉碱减肥引发的思考

肉碱又称左旋肉碱，是脂肪酸进入线粒体的"搬运工"，曾作为特效减肥药大力宣传。脂肪酸氧化和机体能量平衡知识告诉我们，左旋肉碱搬运脂肪酸作用不等于减肥作用。左旋肉碱的减肥作用被夸大了。了解详情请扫二维码。

（四）酮体的生成和利用

脂肪酸在心肌、骨骼肌等肝外组织中经 β - 氧化生成的乙酰 CoA 能够全部进入三羧酸循环彻底氧化供能。而在肝内，除少部分乙酰 CoA 进入三羧酸循环氧化供能外，大部分乙酰 CoA 转变为酮体。酮体是脂肪酸在肝内氧化分解时产生的特有的中间代谢产物，包括乙酰乙酸、β - 羟丁酸和丙酮三种物质。

［要点：酮体的概念］

1. 酮体的生成　酮体的生成部位是在肝细胞的线粒体内，合成原料是乙酰 CoA。反应过程为：2 分子乙酰 CoA 在硫解酶作用下，缩合成 1 分子乙酰乙酰 CoA，并释出 1 分子辅酶 A。乙酰乙酰 CoA 再与 1 分子乙酰 CoA 缩合成 β - 羟基 - β - 甲基戊二酸单酰 CoA（HMG - CoA）。催化这步反应的酶为 HMG - CoA 合酶，它是酮体生成的限速酶。HMG - CoA 接着在 HMG - CoA 裂解酶催化下，裂解成乙酰 CoA 和乙酰乙酸，后者再在 β - 羟丁酸脱氢酶作用下还原生成 β - 羟丁酸，$NADH + H^+$ 为该反应的供氢体。少量乙酰乙酸在肝内可自发脱羧生成丙酮。在血液中 β - 羟丁酸约占酮体总量的 70%，乙酰乙酸约占 30%，丙酮的含量极微。酮体的生成过程，见图 8 - 3。

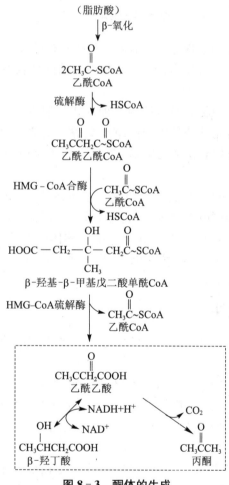

图 8 - 3　酮体的生成

2. 酮体的利用　肝外许多组织具有活性很高的氧化利用酮体的酶，酮体被肝外组织摄取后，乙酰乙酸在乙酰乙酸硫激酶（心、肾、脑）或琥珀酰 CoA 转硫酶（心、肾、脑及骨骼肌）催化下，转变为乙酰乙酰 CoA，后者经硫解酶作用，分解成 2 分子乙酰 CoA 进入三羧酸循环彻底氧化。β - 羟丁酸可在 β - 羟丁酸脱氢酶作用下转变为乙酰乙酸进行氧化。机体很少氧化利用丙酮，丙酮一般经肺呼出或随尿排出体外。酮体的利用过程，见图 8 - 4。

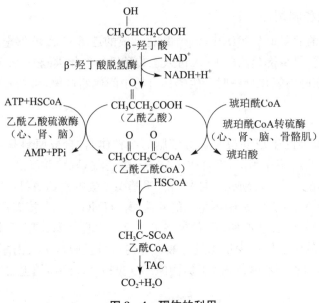

图 8-4　酮体的利用

3. 酮体生成和利用的特点与生理意义　酮体是脂肪酸在肝代谢的一种中间代谢产物,肝内有活性很高的生成酮体的酶,但没有利用酮体的酶,所以导致酮体代谢具有"肝内生酮肝外用"的代谢特点。

酮体是肝向肝外组织输出脂肪酸类能源的一种形式。酮体分子小且溶于水,易通过血-脑屏障和毛细血管壁,是肌肉组织,尤其是脑组织的重要能源。正常生理条件下脑组织主要依靠葡萄糖供能,不能氧化脂肪酸,但可以氧化利用酮体。在糖供应不足或利用出现障碍时,酮体可以代替葡萄糖成为脑组织的主要能源。

正常情况下,血中酮体含量极少,仅为 0.03~0.5 mmol/L。但在饥饿、高脂低糖膳食、糖尿病等情况时,脂肪动员增强,肝中酮体生成过多,超过肝外组织利用的能力,则会引起血中酮体异常升高,称为酮血症,随尿液排出体外,引起酮尿症。由于酮体中的乙酰乙酸和 β-羟丁酸都是有机酸,在血中浓度过高时导致酮症酸中毒。酮症患者的尿液和呼出气体中有丙酮的气味(烂苹果味)。

[要点:酮体代谢的特点和生理意义]

二、脂肪酸的合成代谢

体内的脂肪酸可以来自食物脂肪的消化吸收、体内脂肪的动员和脂肪酸的生物合成。体内合成的脂肪酸均为非必需脂肪酸。

1. 脂肪酸的合成部位及原料　脂肪酸可在肝、肾、脑、乳腺及脂肪组织等部位合成,其中肝是人体合成脂肪酸的主要场所。在这些组织的胞液中存在着催化脂肪酸合成的酶系。

乙酰 CoA 是合成脂肪酸的主要原料,还需要 ATP 供能,NADPH＋H$^+$供氢。这些原料主要来自糖的氧化分解。

脂肪酸合成的酶系存在于胞液中,而乙酰 CoA 主要是在线粒体内生成。研究证实乙酰 CoA 不能自由穿过线粒体内膜,需通过柠檬酸-丙酮酸循环将线粒体内的乙酰 CoA 转运至胞液(图 8-5)。

2. 脂肪酸的合成过程　脂肪酸的合成并不是 β-氧化的逆过程,其过程如下。

(1) 乙酰 CoA 的活化:一般情况下无论合成何种脂肪酸,首先必须合成软脂酸。合成 1 分子软脂酸需要 8 分子乙酰 CoA。除 1 分子乙酰 CoA 直接参与软脂酸合成外,其余的 7 分子乙酰 CoA 均需活化为丙二酸单酰 CoA 后,才能进入软脂酸合成途径。

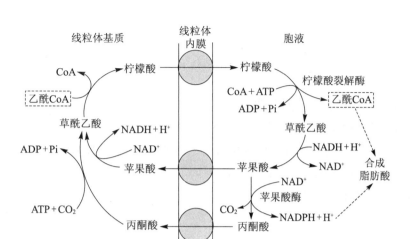

图 8-5　柠檬酸-丙酮酸循环

$$CH_3\overset{O}{\overset{\|}{C}}{\sim}SCoA + HCO_3^- + ATP \xrightarrow[\text{乙酰 CoA 羧化酶}]{\text{生物素、}Mg^{2+}} HOOCCH_2\overset{O}{\overset{\|}{C}}{\sim}SCoA + ADP + Pi$$

乙酰 CoA　　　　　　　　　　　　　　　　　　丙二酸单酰 CoA

催化这一反应的酶为乙酰 CoA 羧化酶,它是脂肪酸合成的限速酶,辅基为生物素。

(2) 软脂酸的合成:大肠杆菌的脂肪酸合成酶系由 7 种酶和一个酰基载体蛋白(ACP)构成,而在高等生物这 7 种酶活性和 ACP 聚合在同一条多肽链上形成一种多功能酶。软脂酸合成的总反应式如下:

$$乙酰 CoA + 7 丙二酸单酰 CoA + 14NADPH + 14H^+ \xrightarrow{\text{脂肪酸合成酶系}} CH_3(CH_2)_{14}COOH + 7CO_2 + 14NADP^+$$
软脂酸
$$+ 8HSCoA + 6H_2O$$

［要点:脂肪酸合成原料、限速酶和直接产物］

(3) 其他脂肪酸的合成:在动物细胞中,脂肪酸合成酶系催化合成的脂肪酸主要为软脂酸。它作为其他脂肪酸的前体,在线粒体和内质网中脂肪酸碳链延长酶体系作用下,可以形成更长碳链的脂肪酸;或在线粒体中经 β-氧化缩短为短链的脂肪酸。不饱和脂肪酸可以由相应的饱和脂肪酸在去饱和酶催化下形成,但人体不能合成必需脂肪酸。

三、甘油三酯的合成代谢

肝、脂肪组织和小肠是合成甘油三酯的主要场所,以肝的合成能力最强。肝、脂肪组织等利用体内原料合成的甘油三酯,称为内源性脂肪。小肠黏膜细胞利用食物甘油三酯的消化产物甘油一酯和脂肪酸重新合成的甘油三酯,称为外源性脂肪。下面仅就内源性脂肪的合成过程做一简要介绍。

［要点:脂肪的主要合成部位］

(一)合成部位和原料

肝、脂肪组织等部位的甘油三酯合成在细胞的胞液和内质网中进行,合成原料为 α-磷酸甘油和脂酰 CoA。

［要点:内源性脂肪的合成原料］

(二)原料的来源

合成甘油三酯的 α-磷酸甘油主要来自糖代谢生成的磷酸二羟丙酮,在 α-磷酸甘油脱氢酶催化下加氢还原而生成。另外也可由甘油在甘油激酶催化下磷酸化生成。

$$糖代谢 \longrightarrow 磷酸二羟丙酮 \underset{\alpha\text{-磷酸甘油脱氢酶}}{\overset{NADH+H^+ \quad NAD^+}{\rightleftharpoons}} \alpha\text{-磷酸甘油} \underset{\substack{甘油激酶 \\ (肝、肾)}}{\overset{ADP \quad ATP}{\longleftarrow}} 甘油$$

合成甘油三酯的脂酰 CoA,来自脂肪酸的活化。

(三)甘油三酯的合成

此过程在肝、脂肪组织等细胞的内质网中进行。在脂酰 CoA 转移酶作用下,α‑磷酸甘油与 2 分子脂酰 CoA 反应生成磷脂酸,磷脂酸在磷酸酶作用下,水解为甘油二酯,甘油二酯再酯化生成甘油三酯,此途径称为脂肪合成的甘油二酯途径。

$$
\begin{array}{ccc}
\begin{array}{l}
CH_2-OH \\
| \\
CH-OH \\
| \\
CH_2-O-\text{℗}
\end{array}
& \xrightarrow[\text{脂酰CoA转移酶}]{2RCO\sim SCoA \quad 2HSCoA} &
\begin{array}{l}
CH_2-O-\overset{\overset{O}{\|}}{C}-R_1 \\
| \\
CH-O-\overset{\overset{O}{\|}}{C}-R_2 \\
| \\
CH_2-O-\text{℗}
\end{array}
& \xrightarrow[\text{磷酸酶}]{H_2O \quad Pi}
\end{array}
$$

α‑磷酸甘油　　　　　　　　　磷脂酸

$$
\begin{array}{ccc}
\begin{array}{l}
CH_2-O-\overset{\overset{O}{\|}}{C}-R_1 \\
| \\
CH-O-\overset{\overset{O}{\|}}{C}-R_2 \\
| \\
CH_2-OH
\end{array}
& \xrightarrow[\text{脂酰CoA转移酶}]{RCO\sim SCoA \quad HSCoA} &
\begin{array}{l}
CH_2-O-\overset{\overset{O}{\|}}{C}-R_1 \\
| \\
CH-O-\overset{\overset{O}{\|}}{C}-R_2 \\
| \\
CH_2-O-\overset{\overset{O}{\|}}{C}-R_3
\end{array}
\end{array}
$$

甘油二酯　　　　　　　　　　甘油三酯

甘油三酯所含的 3 分子脂肪酸可以相同也可不同,可以是饱和脂肪酸也可以是不饱和脂肪酸,其中 β‑位的脂肪酸多为不饱和脂肪酸。

知识拓展

脂肪合成的甘油一酯途径

小肠是合成脂肪的重要部位。在小肠黏膜细胞中,由食物脂肪消化吸收而来的甘油一酯和长链脂肪酸,在滑面内质网的脂酰 CoA 转移酶催化下合成外源性甘油三酯,此途径称为脂肪合成的甘油一酯途径。与此相对应,肝、脂肪组织等合成内源性脂肪的途径,因先合成甘油二酯,故称为脂肪合成的甘油二酯途径。

知识链接与思考

科学认识肥胖

中国肥胖人数已居世界首位,肥胖导致多种疾病的发生,严重危害身体健康。了解肥胖发生原因,践行健康生活方式势在必行。了解详情请扫二维码。

第三节　甘油磷脂的代谢

含有磷酸的脂类称为磷脂,其中以甘油为基本骨架的称为甘油磷脂,以鞘氨醇为基本骨架的称为鞘磷脂。体内含量最多的磷脂是甘油磷脂,其结构如下:

磷脂	取代基(X)
磷脂酸	—H
磷脂酰胆碱	$-OCH_2CH_2N^+(CH_3)_3$
磷脂酰乙醇胺	$-OCH_2CH_2NH_2$
磷酯酰丝氨酸	$-OCH_2\overset{\mid}{C}HCOOH$ NH_2
磷脂酰肌醇	

甘油磷脂(X:取代基)

按照与磷酸相连的取代基 X 的不同,甘油磷脂可分为磷脂酸、磷脂酰胆碱(俗称卵磷脂)、磷脂酰乙醇胺(俗称脑磷脂)、磷脂酰丝氨酸、磷脂酰肌醇、二磷脂酰甘油(俗称心磷脂)等。

一、甘油磷脂的合成代谢

(一)合成部位

全身各组织细胞内质网均有合成甘油磷脂的酶系,但以肝、肾及肠等组织最活跃。

(二)合成原料

合成甘油磷脂的原料主要有 α-磷酸甘油、脂肪酸、胆碱、乙醇胺(胆胺)、丝氨酸、肌醇等,还需要 ATP 和 CTP。α-磷酸甘油和脂肪酸主要由糖代谢转化而来,甘油磷脂 2 位的多不饱和脂酰基需由必需脂肪酸提供。乙醇胺、胆碱可由丝氨酸在体内转变生成,也可从食物中摄取。

〔要点:甘油磷脂合成的原料〕

(三)磷脂酰乙醇胺和磷脂酰胆碱的合成过程

乙醇胺和胆碱在相应激酶的作用下,由 ATP 提供磷酸基团分别生成磷酸乙醇胺和磷酸胆碱,后二者分别在磷酸乙醇胺胞苷转移酶和磷酸胆碱胞苷转移酶的催化下,与 CTP 作用,活化成 CDP-乙醇胺和 CDP-胆碱,然后再与甘油二酯反应,生成磷脂酰乙醇胺和磷脂酰胆碱(图 8-6)。

合成过程中需要的甘油二酯是以 α-磷酸甘油和脂酰 CoA 为原料在内质网合成的(合成过程见甘油三酯的合成)。

二、甘油磷脂的分解代谢

甘油磷脂的分解代谢主要由体内存在的各种磷脂酶催化完成,不同的磷脂酶催化甘油磷脂中不同的酯键水解,最终生成甘油、脂肪酸、磷酸和含氮化合物(如胆碱、乙醇胺等)。根据磷脂酶作用的特异性不同,分为磷脂酶 A_1、磷脂酶 A_2、磷脂酶 B_1、磷脂酶 B_2、磷脂酶 C 和磷脂酶 D。

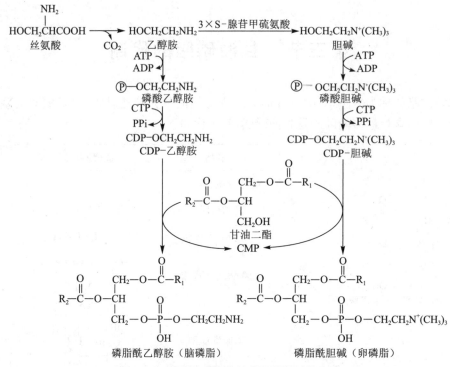

图 8-6　磷脂酰乙醇胺和磷脂酰胆碱的合成

　　甘油磷脂在磷脂酶 A_1 或磷脂酶 A_2 的作用下生成不同类型的溶血磷脂。溶血磷脂是一类较强的表面活性物质,能破坏细胞膜,引起溶血或细胞死亡。正常情况下,体内产生的少量溶血磷脂可被磷脂酶 B_1 或磷脂酶 B_2 水解,不会出现溶血作用。急性胰腺炎时,胰腺内的磷脂酶 A_2 原被激活,导致胰腺细胞坏死。磷脂酶 A_2 也大量存在于蛇毒、蜂毒和蝎毒中。

第四节　胆固醇的代谢

　　胆固醇是最早从动物胆石中分离出来的具有羟基的固体醇类化合物,故称胆固醇。胆固醇是一种环戊烷多氢菲衍生物,分子含 27 个碳原子,第 3 位碳原子上有一个羟基。

　　体内胆固醇以游离胆固醇和胆固醇酯的形式存在,人体内含量约为 140 g,广泛分布于全身各组织,但分布不均匀,大约 1/4 分布于脑及神经组织中,约占脑组织质量的 2%。肾上腺、卵巢等合成类固醇激素的内分泌腺中胆固醇含量较高,达组织质量的 1%～5%。肝、肾、肠等内脏及皮肤、脂肪组织中含量较多,为组织质量的 0.2%～0.5%,其中又以肝含量最多。肌肉组织含量较低,骨组织含量最低。

人体胆固醇可来自食物（20％～30％），也可自身合成（70％～80％），后者为主要来源。正常人每天膳食中含胆固醇 300～500 mg，主要来自动物内脏、蛋黄、奶油及肉类。植物性食物中不含胆固醇，而含有植物固醇（如豆固醇、谷固醇），植物固醇本身不易被吸收，且可竞争性地抑制胆固醇的吸收。

一、胆固醇的合成

（一）合成部位

除成年动物脑组织及成熟红细胞外，几乎全身各组织均可合成胆固醇，每天可合成 1 g 左右。肝是合成胆固醇的主要场所，其次是小肠。胆固醇的合成主要在胞液和滑面内质网中进行。

（二）合成原料

合成胆固醇的基本原料是乙酰 CoA，另外还需要 NADPH＋H[+] 提供氢，ATP 提供能量。合成 1 分子胆固醇需 18 分子乙酰 CoA，16 分子 NADPH＋H[+] 及 36 分子 ATP。

（三）合成的基本过程

胆固醇合成过程复杂，有近 30 步酶促反应，大致可分为以下三个阶段。

1. 甲羟戊酸的生成　在胞液中 2 分子乙酰 CoA 在乙酰乙酰 CoA 硫解酶的作用下缩合成 1 分子乙酰乙酰 CoA，乙酰乙酰 CoA 在 HMG-CoA 合酶的作用下再与 1 分子乙酰 CoA 缩合生成 β-羟基-β-甲基戊二酸单酰 CoA（HMG-CoA）。HMG-CoA 经 HMG-CoA 还原酶催化，由 NADPH 提供氢，生成甲羟戊酸（MVA）。HMG-CoA 还原酶是胆固醇合成的限速酶，其活性受胆固醇的反馈抑制和多种因素的调节。临床应用的他汀类药物（如阿托伐他汀、瑞舒伐他汀等），就是通过竞争性抑制 HMG-CoA 还原酶活性，阻断细胞内 MVA 合成，使细胞内胆固醇合成减少，从而降低血胆固醇的。

2. 鲨烯的生成　在胞液中甲羟戊酸经磷酸化、脱羧、脱羟基等反应生成活性很强的 5 碳焦磷酸化合物。3 分子 5 碳焦磷酸化合物缩合为 15 碳的焦磷酸法尼酯。2 分子焦磷酸法尼酯在内质网鲨烯合酶催化下缩合为 30 碳的鲨烯。

3. 胆固醇的合成　鲨烯经内质网加单氧酶、环化酶等作用生成羊毛脂固醇，后者再经氧化、脱羧、还原等反应，脱去 3 个甲基（以 CO_2 形式），最后生成 27 个碳原子的胆固醇（图 8-7）。

［要点：胆固醇合成的场所、原料、限速酶］

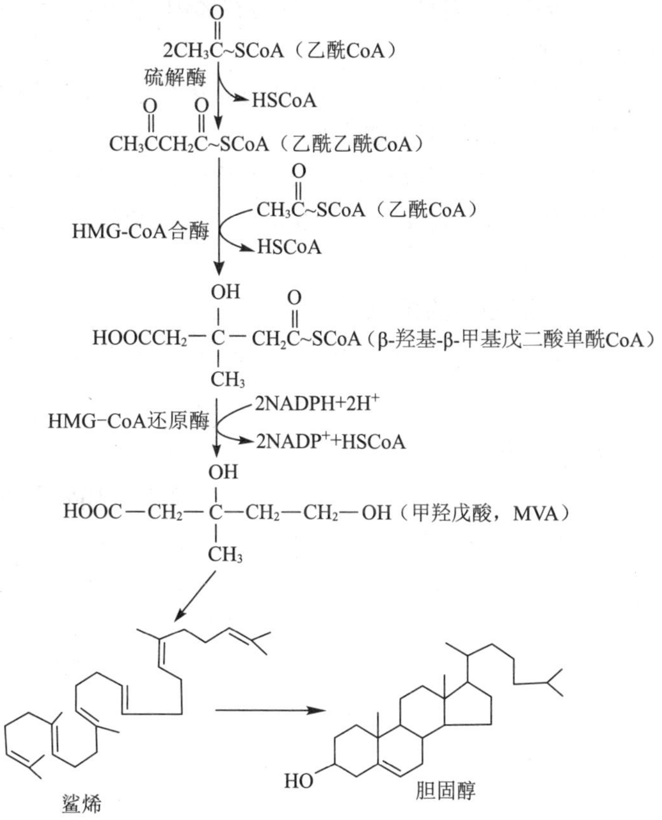

（四）胆固醇合成的调节

各种因素对胆固醇合成的调节，主要是通过影响胆固醇合成的限速酶 HMG-CoA 还原酶的活性和合成量来实现。体内胆固醇浓度的升高可反馈抑

图 8-7　胆固醇的合成

制肝 HMG – CoA 还原酶的活性和该酶在肝的合成,导致胆固醇合成减少。胰岛素能诱导肝 HMG – CoA 还原酶的合成和增强该酶活性,从而能促进胆固醇的合成,使血浆胆固醇升高。胰高血糖素及糖皮质激素则能抑制 HMG – CoA 还原酶的活性,减少胆固醇的合成。饥饿与禁食可抑制肝合成胆固醇,摄取高糖、高饱和脂肪膳食后,胆固醇的合成增加。

二、胆固醇的酯化

血浆及细胞内的游离胆固醇均可被酯化成胆固醇酯,胆固醇酯是胆固醇转运的主要形式。

细胞内游离胆固醇在脂酰 CoA –胆固醇脂酰转移酶(acyl CoA cholesterol acyltransferase, ACAT)催化下生成胆固醇酯和辅酶 A。

$$脂酰 CoA + 胆固醇 \xrightarrow{ACAT} HSCoA + 胆固醇酯$$

血浆中游离胆固醇在卵磷脂-胆固醇脂酰转移酶(lecithin cholesterol acyltransferase, LCAT)的催化下,接受卵磷脂中第 2 位碳原子上的脂酰基生成胆固醇酯和溶血卵磷脂。

$$卵磷脂 + 胆固醇 \xrightarrow{LCAT} 溶血卵磷脂 + 胆固醇酯$$

LCAT 由肝细胞合成并分泌入血,它在维持血浆中胆固醇与胆固醇酯的比例中起重要的作用。肝功能受损可使 LCAT 合成量减少,导致血浆胆固醇酯含量下降。

三、胆固醇的转化与排泄

胆固醇在体内不能被彻底氧化分解为 CO_2 和 H_2O,但可以转化为多种具有重要生理活性的物质。

(一)胆固醇的转化

1. 转化为胆汁酸　这是胆固醇在体内代谢的主要去路。胆汁酸盐随胆汁排入肠道,参与脂类的消化吸收。

2. 转化为维生素 D_3　胆固醇可氧化为 7 – 脱氢胆固醇,后者可在皮下经紫外线照射转变为维生素 D_3,活化后调节钙磷代谢。

3. 转化为类固醇激素　胆固醇经氧化、还原生成多种重要的类固醇化合物。在睾丸和卵巢中,胆固醇可分别转变为雄激素和雌激素或孕激素,在肾上腺皮质内可转变成肾上腺皮质激素发挥生理作用。

(二)胆固醇的排泄

部分胆固醇可直接随胆汁排入肠道,在肠道细菌作用下转变为粪固醇,随粪便排出。

知识拓展

正确理解胆固醇的作用

许多中老年人怕摄入胆固醇,认为它是引起心脑血管病的元凶。机体胆固醇升高的确容易引起动脉粥样硬化、冠心病、脑卒中等心脑血管疾病。此外,胆固醇升高还与胆石症的发生有关。但就此认为胆固醇是一种对机体有害的物质是非常片面的。胆固醇是构成生物膜、转变成胆汁酸、合成类固醇激素、调节血浆脂蛋白代谢不可或缺的物质。如果缺少胆固醇,人体多方面的功能都会受到严重的影响,导致疾病的发生。任何事物都有它的两面性,应一分为二地看待胆固醇的作用。

第五节 血脂与血浆脂蛋白

一、血脂的组成和含量

血脂是血浆中所含脂类物质的统称,包括甘油三酯、磷脂、胆固醇、胆固醇酯及游离脂肪酸。其来源有外源性及内源性之分,外源性指从食物中消化吸收入血的脂类;内源性是由肝、脂肪组织等合成并释放入血的脂类。血脂含量受膳食、运动、年龄、性别、代谢等的影响,波动范围很大,但清晨空腹时血脂含量相对恒定。虽然血脂含量仅占全身总脂的极少部分,但血脂将各组织的脂类代谢联通起来,所以血脂含量可反映体内脂类代谢情况。正常人空腹 12～14 h 后血脂的平均含量及范围,如表 8-2。

〔要点:血脂的主要成分〕

表 8-2 正常人空腹时血浆中脂类的主要组成和含量

脂类组成	含量(mmol/L)	含量(mg/dl)
总脂	—	400～700
甘油三酯(TG)	0.11～1.69	10～150
磷脂(PL)	48.44～80.73	150～250
总胆固醇(TC)	2.59～6.47	100～250
游离胆固醇(FC)	1.03～1.81	40～70
胆固醇酯(CE)	1.81～5.17	70～200
游离脂肪酸(FFA)	0.5～0.7	5～20

二、血浆脂蛋白的分类和组成

血脂成分都是疏水性很强的物质,难以在血液中直接运输。血脂的运输形式有两种:游离脂肪酸与清蛋白(白蛋白)结合形成脂肪酸-清蛋白复合物;其他血脂成分与载脂蛋白结合形成血浆脂蛋白。血浆脂蛋白是血脂存在、运输和代谢的主要形式(图 8-8)。

〔要点:血脂在血液中的两种运输形式〕

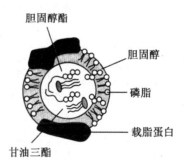

图 8-8 血浆脂蛋白结构示意

(标注:胆固醇酯、胆固醇、磷脂、载脂蛋白、甘油三酯)

(一) 血浆脂蛋白的分类

由于组成脂蛋白的脂类比例及载脂蛋白的种类和含量不同,因而各种脂蛋白的理化性质不同。一般可用超速离心法和电泳法将它们分为四类。

1. 超速离心法(密度分类法) 将血浆在一定密度的盐溶液中进行超速离心,按密度从小到大可把血浆脂蛋白分为乳糜微粒(chylomicron,CM)、极低密度脂蛋白(very low density lipoprotein, VLDL)、低密度脂蛋白(low density lipoprotein,LDL)和高密度脂蛋白(high density lipoprotein, HDL)四种。

2. 电泳法 由于各种脂蛋白中蛋白质的含量和种类不同,因而其表面电荷的种类、数量及电泳迁移率不同。根据脂蛋白向正极的迁移率不同,可将其分为 α-脂蛋白(α-LP)、前 β-脂蛋白

(pre β - LP)、β - 脂蛋白(β - LP)和乳糜微粒(CM)四种,其中 α - 脂蛋白泳动速度最快,乳糜微粒最慢,它们的电泳位置,如图8 - 9。

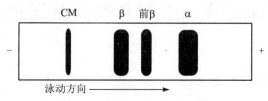

图8 - 9　血浆脂蛋白电泳图谱示意

[要点:血浆脂蛋白的分类方法和所分类别]

(二)载脂蛋白

血浆脂蛋白中的蛋白质部分称为载脂蛋白(apolipoprotein,Apo)。每种脂蛋白中都含有一种或多种载脂蛋白,它们是由肝及小肠黏膜细胞合成的球蛋白。至今已发现二十多种,主要有 A、B、C、D、E 等五大类,其中某些载脂蛋白由于氨基酸组成的差异,又可分为若干亚类,如 ApoA 分为 ApoA Ⅰ、ApoA Ⅱ、ApoA Ⅳ 和 ApoA Ⅴ;ApoB 分为 $ApoB_{48}$ 和 $ApoB_{100}$;ApoC 分为 ApoC Ⅰ、ApoC Ⅱ、ApoC Ⅲ 和 ApoC Ⅳ。

载脂蛋白的主要功能:① 稳定脂蛋白结构:增强脂蛋白颗粒的水溶性;② 调节脂蛋白代谢关键酶的活性:如 ApoA Ⅰ 是卵磷脂-胆固醇脂酰基转移酶(LCAT)的激活剂,ApoC Ⅱ 为脂蛋白脂肪酶(LPL)的激活剂;③ 参与脂蛋白受体的识别:如 ApoA Ⅰ 识别 HDL 受体,ApoE 及 $ApoB_{100}$ 识别 LDL 受体。

(三)血浆脂蛋白的组成

各类血浆脂蛋白都含有载脂蛋白、甘油三酯、磷脂、胆固醇及胆固醇酯。但不同的脂蛋白其组成比例不同。如 CM 含甘油三酯最多,达 $80\%\sim95\%$,蛋白质含量最少,其密度最小,颗粒最大。VLDL 也以甘油三酯为主要成分,但磷脂、胆固醇及蛋白质含量均比 CM 多。LDL 含胆固醇最多,可达 50%,并且其载脂蛋白几乎只有 $ApoB_{100}$。HDL 含蛋白质最多,甘油三酯含量最少,密度最大,颗粒最小。各种脂蛋白的组成、来源及功能,如表8 - 3。

表8 - 3　血浆脂蛋白的分类、组成、来源及功能

分类	超速离心法 电泳法	CM CM	VLDL pre β - LP	LDL β - LP	HDL α - LP
物理特性	密度(g/mL)	<0.95	0.95～1.006	1.006～1.063	1.063～1.210
	颗粒直径(nm)	80～500	25～80	20～25	5～17
组成(%)	蛋白质	0.5～2	5～10	20～25	50
	脂类	98～99	90～95	75～80	50
	甘油三酯	80～95	50～70	10	5
	磷脂	5～7	15	20	25
	总胆固醇	1～4	15	45～50	20
	游离胆固醇	1～2	5～7	8	5
	胆固醇酯	3	10～12	40～42	15～17
载脂蛋白		B₄₈、A Ⅰ、A Ⅱ、A Ⅳ等	B₁₀₀、E 等	B₁₀₀	A Ⅰ、A Ⅱ等
合成部位		小肠	肝	血浆	肝、小肠
功能		转运外源性 甘油三酯	转运内源性 甘油三酯	从肝向肝外组 织转运胆固醇	从肝外组织向 肝转运胆固醇

三、血浆脂蛋白的代谢和生理功能

（一）乳糜微粒

乳糜微粒(CM)由小肠黏膜细胞合成。食物中的甘油三酯经消化吸收后在小肠黏膜细胞内重新酯化合成甘油三酯,连同合成及吸收的磷脂、胆固醇、胆固醇酯,加上 ApoA 和 $ApoB_{48}$ 等形成新生 CM。新生 CM 经淋巴管进入血液后,接受 HDL 转移来的 ApoC 和 ApoE,同时将其所含的部分 ApoA Ⅰ 、ApoA Ⅱ、ApoA Ⅳ 转给 HDL,形成成熟的 CM。CM 获得 ApoC 后,其中的 ApoC Ⅱ 可激活骨骼肌、心肌和脂肪等多种组织毛细血管内皮细胞表面的脂蛋白脂肪酶(lipoprotein lipase,LPL)。在 LPL 的催化下,CM 中的 TG 逐步水解,释放出的游离脂肪酸和甘油被组织摄取利用。在 LPL 的反复作用下,CM 的颗粒直径逐渐变小,最终转变为 CM 残体,被肝细胞吞噬降解。

CM 的主要生理功能是转运外源性甘油三酯到全身组织。CM 的半寿期为 5～15 min,正常人空腹血浆不含 CM。进食大量脂肪后,血中 CM 颗粒有光散射作用,血浆变得很浑浊,但数小时后就会澄清,称为脂肪的廓清作用。在脂肪廓清中起主要作用的是 LPL,被称为廓清因子。

（二）极低密度脂蛋白

极低密度脂蛋白(VLDL)主要由肝合成。VLDL 和 CM 的代谢基本一致。肝细胞可利用糖类合成内源性 TG,再加上磷脂、胆固醇、胆固醇酯和 $ApoB_{100}$、E 等共同形成 VLDL,直接分泌入血。VLDL 也可从 HDL 获得 ApoC,ApoC Ⅱ 激活 LPL,在 LPL 催化下,TG 逐步水解释放出游离脂肪酸和甘油而被组织摄取利用。VLDL 在 LPL 的反复作用下颗粒直径逐渐变小,密度逐渐增大,转变为中间密度脂蛋白(IDL)而完成代谢。

VLDL 的主要生理功能是转运内源性甘油三酯到肝外组织。VLDL 的半寿期为 6～12 h。

（三）低密度脂蛋白

低密度脂蛋白(LDL)由 IDL 在血浆中转变而来。血浆中的 IDL 可直接被肝细胞摄取,未被摄取的 IDL(约 50%)在 LPL、肝脂酶(heptic lipase,HL)的作用下,TG 进一步水解,同时把 ApoE 转给 HDL,最后只剩下胆固醇和 $ApoB_{100}$,IDL 即转变为 LDL。正常人空腹时血浆中的胆固醇主要存在于 LDL 中,其中约 2/3 是以胆固醇酯的形式存在。多种肝外组织细胞表面存在有 LDL 受体,能特异识别 LDL,通过胞吞作用使其进入细胞而被利用。

LDL 的主要生理功能是将肝细胞合成的胆固醇转运到肝外组织,其半寿期为 2～4 天。LDL 是正常人空腹时主要的血浆脂蛋白,约占血浆脂蛋白总量的 2/3。血浆中 LDL 的浓度与动脉粥样硬化的发生成正相关,血浆中 LDL 含量过高,易引起动脉粥样硬化,进而引起冠心病等疾病。

（四）高密度脂蛋白

高密度脂蛋白(HDL)主要由肝细胞合成,其次为小肠黏膜细胞。新生的 HDL 呈圆盘状,可从周围组织细胞、CM、VLDL 等中不断得到游离胆固醇。HDL 表面的 ApoAI 可激活由肝合成后分泌入血的卵磷脂-胆固醇脂酰转移酶(LCAT),催化胆固醇酯转化为胆固醇酯,转入 HDL 的内核,最终形成球状的成熟 HDL。成熟的 HDL 由肝细胞表面的 HDL 受体识别被肝细胞摄取、降解、清除。

HDL 的主要作用是将肝外组织的胆固醇转运至肝,参与胆固醇的逆向转运。HDL 在血浆中的半寿期为 3～5 天。血浆中 HDL 的浓度与动脉粥样硬化的发生成负相关。

[要点:血浆脂蛋白的合成部位及生理功能]

知识拓展

高脂血症

空腹血脂超过正常值上限称为高脂血症,血脂主要是以血浆脂蛋白形式存在和运输的,因此高脂血症也可称为高脂蛋白血症。临床常见为血浆甘油三酯或胆固醇含量升高,称为高甘油三酯血症或高胆固醇血症。有时血浆甘油三酯和胆固醇含量同时升高,称为混合型高脂血症。

根据《中国成人血脂异常防治指南(2016 年修订版)》,高脂血症一般指成人空腹 12~14 h 血浆甘油三酯≥2.3 mmol/L,总胆固醇≥6.2 mmo/L。1970 年,世界卫生组织(WHO)建议将高脂蛋白血症分为六型(表 8-4)。

表 8-4　高脂血症的分型

类型	脂蛋白变化	血脂变化
I	乳糜微粒↑	甘油三酯↑↑、胆固醇↑
II_a	低密度脂蛋白↑	胆固醇↑↑
II_b	低密度脂蛋白↑、极低密度脂蛋白↑	甘油三酯↑↑、胆固醇↑↑
III	中间密度脂蛋白↑	甘油三酯↑↑、胆固醇↑↑
IV	极低密度脂蛋白↑	甘油三酯↑↑、胆固醇↑
V	极低密度脂蛋白↑、乳糜微粒↑	甘油三酯↑↑、胆固醇↑

本章小结

脂类是脂肪和类脂的总称。脂肪是人体的重要营养素,主要生理功能是储能和供能。类脂包括磷脂、糖脂、胆固醇及其酯等,是生物膜的重要组分,参与组织细胞间信息的传递,并在机体代谢调节中发挥重要的作用。

脂肪动员生成甘油和脂肪酸。甘油经活化、脱氢转变为磷酸二羟丙酮,沿糖代谢途径代谢;脂肪酸可彻底氧化为水和二氧化碳,为肝、肌肉等组织提供能量。在肝内脂肪酸氧化过程生成的乙酰 CoA 主要形成酮体,酮体是脑和肌肉的重要能源物质,但酮体生成过多会引起酮血症、酮尿症和酮症酸中毒。人体合成脂肪酸和脂肪的原料均主要来自糖代谢。合成脂肪酸的原料有乙酰 CoA、NADPH 和 ATP,限速酶是乙酰 CoA 羧化酶,产生的直接产物是软脂酸。内源性脂肪合成所需的原料是 α-磷酸甘油和脂酰 CoA。

甘油磷脂合成的原料有 α-磷酸甘油、脂肪酸、胆碱、乙醇胺等,还需要 ATP 和 CTP。甘油磷脂在磷脂酶催化下水解为甘油、脂肪酸、磷酸和含氮化合物。

人体胆固醇的来源一是食物摄入,二是自身合成,后者为主要来源。胆固醇合成以乙酰 CoA 为原料,还需要 NADPH 提供氢,ATP 供能。胆固醇合成的限速酶是 HMG-CoA 还原酶。胆固醇在体内不能彻底氧化分解,但可转化为胆汁酸、维生素 D_3 和类固醇激素。

血脂是血浆中所含脂类物质的统称,血脂成分不溶于水,主要以血浆脂蛋白形式运输。按超速离心法(密度分类法)可将血浆脂蛋白分为四类,分别是 CM、VLDL、LDL、HDL。CM 将小肠合成的外源性甘油三酯转运到全身组织；VLDL 将内源性甘油三酯转运到全身组织；LDL 将胆固醇从肝内转运到肝外组织，与动脉粥样硬化的发生成正相关；HDL 将胆固醇从肝外组织转运到肝内，与动脉粥样硬化的发生成负相关。

教学课件　　微课

思考题

1. 简述软脂酸的 β-氧化过程及彻底氧化的能量计算。

2. 何谓酮体？简述酮体生成的原料、限速酶及生理意义。

3. 胆固醇合成的原料、限速酶是什么？在体内可转变为哪些物质？

4. 简述血浆脂蛋白的分类方法、合成部位和生理功能。

更多习题，请扫二维码查看。

达标测评题

（李　焕）

第九章　氨基酸代谢

学习目标

掌握：氮平衡的概念和类型；必需氨基酸的概念；氨基酸脱氨基的方式；氨的来源、转运和去路；一碳单位的概念、载体和生理功能。

熟悉：蛋白质的互补作用；α-酮酸的代谢；氨中毒及肝性脑病；甲硫氨酸循环的意义；芳香族氨基酸的代谢及相关疾病发病机制。

了解：氨基酸代谢概况；氨基酸的脱羧基作用；糖、脂肪和氨基酸在代谢上的联系。

【导学案例】

患者，男性，1岁半。因湿疹和痉挛就诊。体格检查：体温37.4℃，肤色浅，毛发稀疏发黄，皮肤粗糙，体表有鼠尿气味。智力发育明显迟滞。头小、多动、震颤。脑电图高幅度失律状态，多棘波病灶。头颅MRI示T_2加权像脑白质中可见高信号（提示有腔隙性脑梗死或脱髓鞘病变），位于颞部及枕部脑室周围。实验室检查：血苯丙氨酸的浓度为2 400 $\mu mol/L$（1~12岁正常值为120~360 $\mu mol/L$）。诊断为苯丙酮酸尿症。

思考题：

1. 苯丙酮酸尿症的发病机制是什么？
2. 氨基酸代谢异常还会引起哪些疾病？

氨基酸是体内重要的小分子有机物，包括20种组成蛋白质的氨基酸和更多的非蛋白质氨基酸。氨基酸不仅是合成蛋白质的原料，还能转化为多种具有重要生物活性的物质。在体内蛋白质首先水解为氨基酸再进一步代谢，因此氨基酸代谢是蛋白质代谢的核心内容。氨基酸代谢包括合成代谢与分解代谢两方面，本章重点讨论氨基酸的分解代谢。

第一节　蛋白质的营养作用

一、蛋白质的生理功能

（一）构成组织细胞的组成成分

蛋白质是组织细胞的主要结构成分之一，参与各种细胞结构和细胞外基质的形成，组织细胞的增殖、生长、修补均需要蛋白质。机体只有不断从膳食中摄取足够量的蛋白质，才能满足自身需要。

（二）参与体内多种重要的生理活动

蛋白质以酶、激素、抗体、转运蛋白等多种形式参与生理活动。此外有些氨基酸在体内可产生胺类、神经递质、嘌呤和嘧啶等具有重要生理功能的含氮化合物。

（三）氧化供能

蛋白质是三大供能营养素之一，每克蛋白质在体内氧化分解可产生 17.19 kJ(4.1 kcal)能量，成人每日约有 18% 的能量从蛋白质获得。

二、氮平衡

氮平衡(nitrogen balance)是指机体摄入的氮量和同期排出的氮量之间的关系。食物中的含氮物质主要是蛋白质，通过尿液、粪便排出的含氮物主要是蛋白质分解产物(尿素、NH_4^+)，因此氮平衡的实质是蛋白质的平衡，可反映一定时期内蛋白质代谢的状况。氮平衡可分为三种类型：

1.氮的总平衡　指摄入氮量等于排出氮量，反映体内蛋白质的合成与分解处于动态平衡。正常成年人应保持氮的总平衡。

2.氮的正平衡　指摄入氮量多于排出氮量，反映体内蛋白质合成量多于分解量。儿童、孕妇、恢复期患者等应保持氮的正平衡。

3.氮的负平衡　指摄入氮量少于排出氮量，反映体内蛋白质的合成量少于分解量。饥饿、营养不良、消耗性疾病等情况下可出现氮的负平衡。

[要点:氮平衡的概念和类型]

三、蛋白质需要量

根据氮平衡实验，成人在不进食蛋白质时，每日排出氮量约 3.18 g，相当于 20 g 蛋白质，即每日至少分解 20 g 蛋白质。由于食物蛋白质不能全部消化、吸收，吸收后进入体内的氨基酸也很难全部用于合成人体蛋白质，因此成人每日最低需要 30～50 g 蛋白质才能维持氮的总平衡。为了保证机体处于最佳功能状态，我国营养学会推荐成人蛋白质的需要量为 80 g/d。

四、蛋白质的营养价值

（一）必需氨基酸与非必需氨基酸

体内需要而不能自身合成、必须由食物提供的氨基酸，称为必需氨基酸。在组成蛋白质的 20 种氨基酸中，成人的必需氨基酸有 8 种，包括赖氨酸、色氨酸、苯丙氨酸、甲硫氨酸(又称蛋氨酸)、苏氨酸、亮氨酸、异亮氨酸和缬氨酸。其余 12 种氨基酸在体内能够合成，称为非必需氨基酸。组氨酸对婴幼儿是必需氨基酸。酪氨酸和半胱氨酸在体内可以由苯丙氨酸和甲硫氨酸转化而来，食物中添加这两种氨基酸可减少苯丙氨酸和甲硫氨酸的需要量，因此将酪氨酸和半胱氨酸称为半必需氨基酸。

[要点:必需氨基酸的概念和种类]

（二）蛋白质的营养价值

食物蛋白质营养价值的高低首先取决于其被分解成小分子的氨基酸并被机体吸收的多少，再者则取决于在体内被转化利用了多少，即食物蛋白质中的氨基酸在体内的利用率。在这一利用过程中，必需氨基酸的种类、数量和比例是关键，它最终决定了食物蛋白质营养价值的高低。一般情况下，食物蛋白质所含必需氨基酸与人体的需要越接近，转化为人体蛋白质越多，蛋白质的利用率越高，营养价值越高；反之，营养价值越低。与植物性蛋白质相比，动物性蛋白质所含必需氨基酸的种类、数量和比例与人体需要更接近，故动物蛋白质营养价值一般高于植物蛋白质。

[要点:蛋白质营养价值高低的判断标准]

（三）蛋白质的互补作用

　　将几种营养价值较低的蛋白质混合食用,从而提高蛋白质营养价值的作用,称为蛋白质的互补作用。其实质是必需氨基酸之间的互补。同时食用几种不同来源的蛋白质,可互相取长补短提高其营养价值。如谷类蛋白质含赖氨酸较少,色氨酸较多,而豆类蛋白质含赖氨酸较多,色氨酸较少,两者混合食用可提高彼此的营养价值。

　　［要点:蛋白质互补作用的概念］

- -

知识拓展与思考

蛋白质的分类与胶原蛋白的营养价值

　　既能维持人体生存,又能促进生长发育的蛋白质称为完全蛋白质,如奶类中的酪蛋白、蛋类中的卵白蛋白、肉类中的肌蛋白和大豆中的大豆蛋白等。此类蛋白质含有人体需要的全部必需氨基酸,且比例接近人体的需要。只能维持人体生存,不能促进生长发育的蛋白质称为半完全蛋白质,如小麦、大麦中的麦胶蛋白等。此类蛋白质含有人体需要的全部必需氨基酸,但比例不平衡。不能维持人体生存,更不能促进生长发育的蛋白质称为不完全蛋白质,如玉米胶蛋白、动物的胶原蛋白等。此类蛋白质缺少一种或几种必需氨基酸。

　　胶原蛋白可来自动物的蹄筋、皮肤、骨骼等,缺少色氨酸和半胱氨酸,是不完全蛋白质。如果以胶原蛋白作为人体唯一蛋白质来源,不能促进人体生长发育,甚至不能维持生存。

　　思考题:如何科学理性地认识胶原蛋白的营养价值?

- -

第二节　氨基酸的一般代谢

一、氨基酸代谢概况

　　食物蛋白质经消化吸收进入体内的氨基酸、组织蛋白质降解产生的氨基酸以及体内生物合成的非必需氨基酸混合在一起,分布于全身各处,参与代谢,称为氨基酸代谢库。代谢库中氨基酸的代谢去路有:① 合成组织蛋白质;② 脱氨基生成 α-酮酸和氨;③ 脱羧基生成胺类物质和二氧化碳;④ 合成嘌呤、嘧啶等含氮化合物。体内氨基酸代谢的概况,如图9-1。

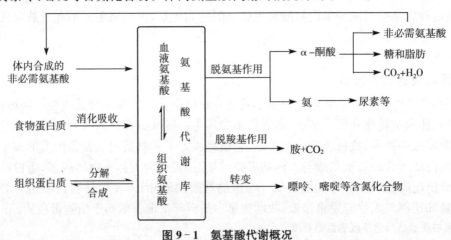

图 9-1　氨基酸代谢概况

二、氨基酸的脱氨基作用

氨基酸在酶的催化下脱去氨基生成 α-酮酸和氨的过程,称为氨基酸脱氨基作用。氨基酸的脱氨基作用主要包括氧化脱氨基、转氨基、联合脱氨基等,其中联合脱氨基作用是最主要的脱氨基方式。

[要点:氨基酸脱氨基作用的方式]

(一)氧化脱氨基作用

氧化脱氨基作用是指在酶的催化下氨基酸脱氢并脱去氨基的过程。催化氧化脱氨基的酶主要有 L-氨基酸氧化酶、D-氨基酸氧化酶和 L-谷氨酸脱氢酶,但前二者在氨基酸分解代谢中意义不大。

L-谷氨酸脱氢酶是一种不需氧脱氢酶,辅酶是 NAD^+(或 $NADP^+$),催化 L-谷氨酸的氧化脱氨反应。反应分两步进行,第一步为酶促反应,产物为亚谷氨酸;第二步为自发进行的加水反应,生成 α-酮戊二酸和氨。L-谷氨酸是哺乳动物组织中唯一能以相当高的速率进行氧化脱氨反应的氨基酸。

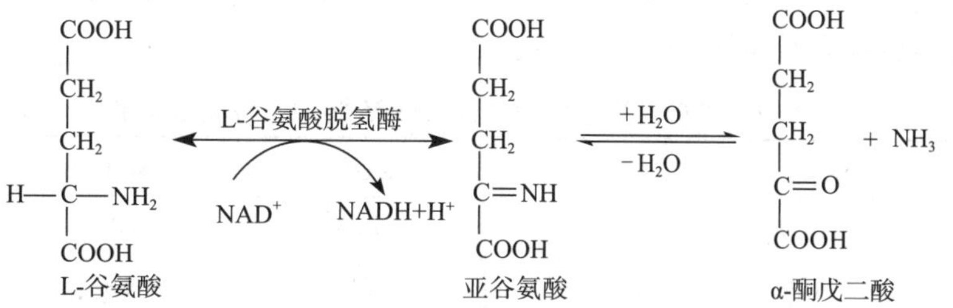

L-谷氨酸脱氢酶在肝、脑、肾等组织普遍存在,活性高,但在心肌和骨骼肌中活性很低。该酶催化的反应可逆,既可以催化谷氨酸氧化脱氨生成 α-酮戊二酸,又可使 α-酮戊二酸氨基化生成谷氨酸。谷氨酸和 α-酮戊二酸均可参与体内重要的代谢过程,因此 L-谷氨酸脱氢酶催化的反应在物质代谢的联系上有重要意义。但 L-谷氨酸脱氢酶专一性强,只能作用于谷氨酸,不能催化体内其他氨基酸的脱氨基作用,因此氧化脱氨基作用不是体内氨基酸脱氨基的主要方式。

[要点:催化氧化脱氨基的酶是谷氨酸脱氢酶]

(二)转氨基作用

转氨基作用是指在氨基转移酶的催化下,将 α-氨基酸的氨基转移给 α-酮酸,结果是原来的 α-氨基酸脱去氨基生成相应的 α-酮酸,而原来的 α-酮酸转变为另一种 α-氨基酸的过程。反应的通式可表示如下:

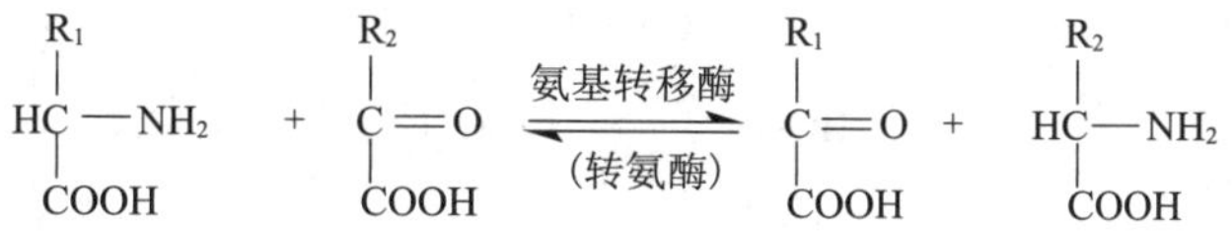

氨基转移酶(简称转氨酶)催化的反应可逆,平衡常数接近1,反应方向取决于参与反应的底物与产物的相对浓度。

氨基转移酶种类多,分布广,其中以丙氨酸氨基转移酶(alanine aminotransferase,ALT)[又称谷丙转氨酶(glutamic pyruvic transaminase,GPT)]和天冬氨酸氨基转移酶(aspartate aminotransferase,AST)[又称为谷草转氨酶(glutamic oxaloacetic transaminase,GOT)]最为重要,它们催化的反应如下:

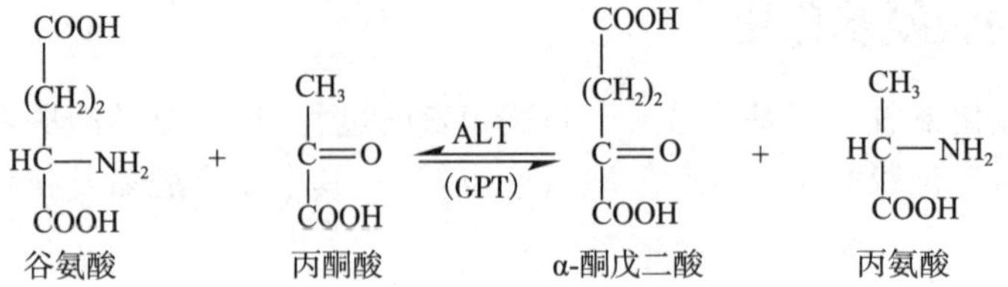

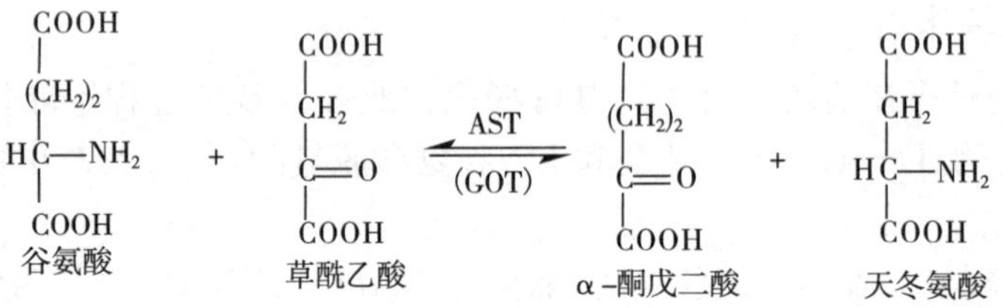

氨基转移酶是胞内酶,它们在各组织中的活性有很大差异,ALT 在肝细胞内活性最高,AST 在心肌细胞活性最高,二者在正常人血清中活性都很低(表 9-1)。当某种原因引起细胞膜通透性增大或细胞破损时,氨基转移酶可大量进入血液,导致血中氨基转移酶活性明显升高。例如急性肝炎时,血清中 ALT 活性显著升高;心肌梗死时,血清中 AST 活性显著升高。临床上把血中转氨酶活性的改变作为疾病诊断和预后的一个指标。

表 9-1　正常人各组织 ALT 及 AST 活性(单位/克湿组织)

组织	ALT	AST	组织	ALT	AST
心	7 100	156 000	胰腺	2 000	28 000
肝	44 000	142 000	脾	1 200	14 000
骨骼肌	4 800	99 000	肺	700	10 000
肾	19 000	91 000	血清	16	20

氨基转移酶的辅酶是维生素 B_6 的磷酸酯,即磷酸吡哆醛。在转氨基过程中,磷酸吡哆醛先从氨基酸接受氨基生成磷酸吡哆胺,再进一步将氨基转移给 α-酮酸,磷酸吡哆胺又恢复成磷酸吡哆醛。此两种磷酸酯的互变起着传递氨基的作用(图 9-2)。

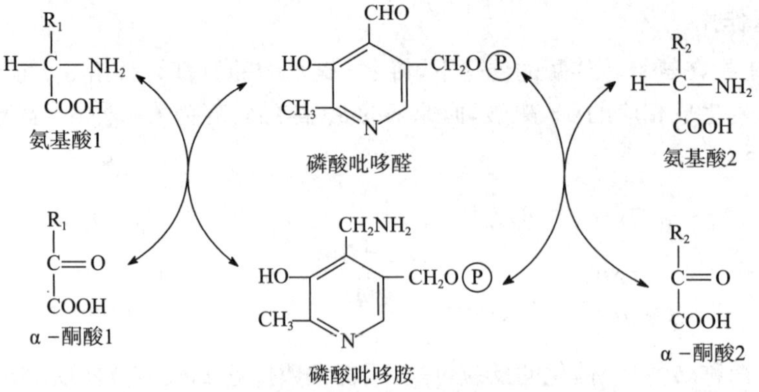

图 9-2　氨基传递过程

转氨基作用只能把氨基从一个氨基酸转移到另一个氨基酸,改变氨基酸的种类,但不能把氨基真正脱下来,因此不是氨基酸的主要脱氨基方式。

[要点:转氨基的概念;血清转氨酶测定的临床意义]

（三）联合脱氨基作用

在两种或两种以上酶的联合作用下，将氨基酸的氨基脱掉生成游离氨的过程，称为联合脱氨基作用。联合脱氨基作用是体内氨基酸脱氨基的主要方式，可分为以下两种情况。

1. 转氨基作用与氧化脱氨基作用的联合　α-氨基酸在氨基转移酶的催化下把氨基转移给α-酮戊二酸生成谷氨酸，然后在L-谷氨酸脱氢酶的催化下，谷氨酸脱氨基又生成α-酮戊二酸，并释放出氨（图9-3）。这种联合脱氨基作用是体内大多数组织最主要的脱氨基方式。由于这种联合脱氨基作用的全过程是可逆的，其逆反应是体内合成非必需氨基酸的主要方式之一。

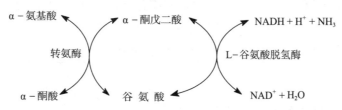

图9-3　转氨基作用与氧化脱氨基作用的联合脱氨基

2. 嘌呤核苷酸循环　在心肌和骨骼肌中L-谷氨酸脱氢酶的活性很低，难以通过上述联合脱氨基作用脱去氨基，而是通过嘌呤核苷酸循环脱氨基。在此过程中，氨基酸首先通过连续的转氨基作用将氨基转移给草酰乙酸，生成天冬氨酸。天冬氨酸与次黄嘌呤核苷酸（IMP）反应生成腺苷酸代琥珀酸，再经裂解酶催化生成延胡索酸和腺嘌呤核苷酸（AMP），AMP经腺苷酸脱氨酶催化脱去氨基又生成IMP，完成氨基酸的脱氨基作用，IMP再参加循环，延胡索酸可经三羧酸循环转变成草酰乙酸，再参与转氨基过程（图9-4）。

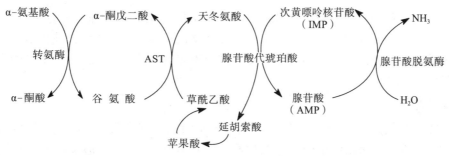

图9-4　嘌呤核苷酸循环

嘌呤核苷酸循环是不可逆的，因而不能通过其逆过程合成非必需氨基酸。通过此代谢途径可以把氨基酸代谢与糖代谢、核苷酸代谢联系起来。

［要点：联合脱氨基的概念、方式］

三、α-酮酸的代谢

氨基酸经脱氨基作用生成的α-酮酸，在体内的代谢去路主要有以下三条。

（一）氨基化生成非必需氨基酸

多种α-酮酸可经联合脱氨基作用的逆过程，氨基化生成相应的非必需氨基酸，如丙酮酸氨基化为丙氨酸，草酰乙酸氨基化为天冬氨酸，而α-酮戊二酸可直接经氧化脱氨基的逆过程生成谷氨酸。

（二）转变成糖和脂类

氨基酸脱氨基作用生成的α-酮酸，一般为糖代谢的中间产物，可经糖异生途径转变为葡萄糖或糖原；α-酮酸也可转变为乙酰CoA，并进一步生成脂肪酸、胆固醇、脂肪等脂类物质（图9-5）。

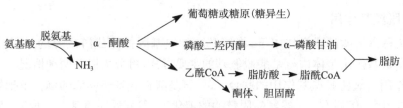

图 9 - 5　α - 酮酸转变为糖和脂类

用氨基酸喂养人工糖尿病犬时,有些氨基酸可使犬尿中葡萄糖含量增加,有的氨基酸可使尿中酮体含量增加,也有的氨基酸使尿中葡萄糖和酮体含量均增加,我们把这些氨基酸相应地称为生糖氨基酸、生酮氨基酸和生糖兼生酮氨基酸(表9-2)。

表 9 - 2　氨基酸生糖及生酮性质分类

类　别	氨　基　酸
生糖氨基酸	甘氨酸、丝氨酸、缬氨酸、组氨酸、精氨酸、半胱氨酸、脯氨酸、丙氨酸、谷氨酸、谷氨酰胺、天冬氨酸、天冬酰胺、甲硫氨酸
生酮氨基酸	亮氨酸、赖氨酸
生糖兼生酮氨基酸	异亮氨酸、苯丙氨酸、酪氨酸、苏氨酸、色氨酸

（三）氧化供能

α - 酮酸在体内可经三羧酸循环彻底氧化成 CO_2 和 H_2O,并释放能量供机体需要。

［要点:α - 酮酸的三条代谢去路］

四、氨的代谢

体内氨基酸分解代谢产生的氨和由肠道吸收的氨,进入血液,形成血氨。氨是毒性物质,给家兔注射氯化铵,使其血氨浓度达到 2.9 mmol/L 时会导致家兔死亡。正常人体内氨不会发生堆积中毒,血氨浓度很低,不超过 0.06 mmol/L。这说明机体有清除氨的有效途径,使氨的来源与去路保持动态平衡。

（一）氨的来源

1. 氨基酸脱氨基作用产生的氨　组织细胞中氨基酸脱氨基作用产生的氨是体内氨的主要来源,它们中的绝大部分会被组织细胞重新利用而并不进入血液。另外,胺类物质、嘌呤、嘧啶的分解代谢中也产生氨。

2. 肠道吸收的氨　这是血氨的主要来源。肠道产氨包括两个方面:① 肠道中未被消化的蛋白质和未被吸收的氨基酸在肠道细菌作用下产生的氨。② 肠壁血中尿素扩散进肠道,在肠道细菌产生的脲酶催化下水解产生的氨。

肠道产生的氨每日有 4 g 左右,氨的吸收部位主要在结肠。氨(NH_3)和铵离子(NH_4^+)可相互转变,NH_3 易于透过细胞膜而被吸收入血,NH_4^+ 难于吸收而被排泄。肠液 pH 变化影响二者比例,当肠液 pH 增高时,NH_4^+ 可解离出 NH_3,NH_3 吸收增多;反之,当肠液 pH 降低时,NH_3 与 H^+ 结合生成 NH_4^+,NH_3 吸收减少。临床上对高血氨患者常采用弱酸性透析液作结肠透析,而禁止用碱性肥皂液灌肠,就是为了减少氨的吸收。

3. 肾产氨　肾小管上皮细胞含有活性较高的谷氨酰胺酶,能催化谷氨酰胺水解为谷氨酸和氨。氨被分泌到肾小管腔,与 H^+ 结合为 NH_4^+,以铵盐的形式由尿排出,这就是肾的泌氨作用,对调节内环境的酸碱平衡有重要的意义。与肠道氨的吸收类似,酸性尿有利于氨以铵盐形式排出体外,碱性尿铵盐形成减少,氨被吸收入血增多。因此,临床上对因肝硬化产生腹水的患者,不宜使用碱性利尿药。

［要点:血氨的来源;高血氨患者禁止用肥皂水灌肠和不宜使用碱性利尿药的原因］

- -

知识拓展

乳果糖减少肠道氨的生成和吸收

乳果糖(lactulose),即 β-半乳糖苷果糖,是一种人工合成的双糖。口服后在小肠不会被分解,到达结肠后可被乳酸杆菌等细菌分解为乳酸和少量甲酸、乙酸,从而降低肠道的 pH 值。肠道酸化后抑制产脲酶细菌的生长,使肠道因尿素分解所产的氨减少;在酸性环境中,结肠内的 NH_3 转变为 NH_4^+,后者不易被吸收。酸性的肠道环境不仅减少氨的吸收,而且促进血液中的氨扩散入肠道排出。乳果糖及其分解产物提高结肠渗透压,增加结肠内容量,从而促进肠蠕动、增加大便次数。自 20 世纪 60 年代开始应用于临床,乳果糖的治疗作用得到肯定,可用于治疗肝病引起的高血氨症,血氨升高引起的急、慢性脑病及难治性便秘等。

- -

（二）组织间氨的转运

各组织在代谢过程中均有氨的产生,但只有肝和肾能有效地清除氨,因此肝、肾以外组织产生的氨需转运到肝和肾处理。氨是毒性物质,各组织中产生的氨一般需先转变为无毒的运输形式才能通过血液转运,氨的转运形式主要有丙氨酸和谷氨酰胺两种。

1. 丙氨酸的运氨作用　丙氨酸的运氨是通过丙氨酸-葡萄糖循环而实现的,此循环主要发生在肌肉与肝之间。肌肉中的氨基酸经转氨基作用将氨基转移给丙酮酸生成丙氨酸,丙氨酸经血液运往肝。在肝内,丙氨酸通过联合脱氨基作用生成丙酮酸和氨。氨用于合成尿素,丙酮酸可通过糖异生途径生成葡萄糖。葡萄糖由血液运往肌肉,通过分解代谢产生丙酮酸,后者接受氨基生成丙氨酸。通过丙氨酸和葡萄糖的不断转变,完成肌肉氨向肝的转运,因此将这一途径称为丙氨酸-葡萄糖循环(图 9-6)。

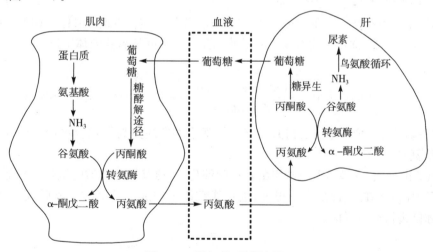

图 9-6　丙氨酸-葡萄糖循环

2. 谷氨酰胺的运氨作用　在脑、肌肉等组织中,氨与谷氨酸经谷氨酰胺合成酶催化,ATP 供能,可合成谷氨酰胺。谷氨酰胺经血液转运到肝或肾,再经谷氨酰胺酶水解为谷氨酸及氨。在肝可合成尿素,在肾以铵盐形式随尿排出。其反应如下:

$$
\begin{array}{ccc}
\text{COOH} & & \text{CONH}_2 \\
| & & | \\
(\text{CH}_2)_2 & \xrightarrow[\xleftarrow[\text{谷氨酰胺酶}]{\text{谷氨酰胺合成酶}}]{NH_3 + ATP \quad\quad ADP + Pi} & (\text{CH}_2)_2 \\
| & & | \\
\text{HC—NH}_2 & & \text{HC—NH}_2 \\
| & NH_3 \quad\quad H_2O & | \\
\text{COOH} & & \text{COOH} \\
\text{谷氨酸} & & \text{谷氨酰胺}
\end{array}
$$

谷氨酰胺既可参与蛋白质的生物合成,又是体内储氨、运氨及解除氨毒性的重要方式。临床上对高血氨引起的肝性脑病患者常服用或输入谷氨酸盐,即是通过谷氨酸生成谷氨酰胺的作用以降低血氨。

［要点:血氨的转运形式］

（三）氨的去路

1. 合成尿素　在肝内生成尿素是氨的最主要去路,正常人体内 80%～90% 的氨以尿素形式随尿排出。实验证明,将犬的肝切除,则血液及尿中尿素含量明显降低,而血氨浓度升高。急性重型肝炎(急性黄色肝萎缩)患者血、尿中几乎不含尿素,说明肝是合成尿素的最主要器官。肾、脑也可合成尿素,但其量甚微。

1932 年,克雷布斯(Krebs)提出尿素生成的鸟氨酸循环(ornithine cycle)学说。氨、二氧化碳和鸟氨酸首先缩合成瓜氨酸,瓜氨酸再与另一分子氨结合生成精氨酸,精氨酸在精氨酸酶催化下水解生成尿素和鸟氨酸。鸟氨酸再重复以上过程,因此称为鸟氨酸循环,又称尿素循环或 Krebs-Henseleit 循环。

知识拓展

克雷布斯的贡献

汉斯·阿道夫·克雷布斯(Hans Adolf Krebs,1900—1981 年),英籍德裔生物化学家。1932 年,他与其同事共同发现了尿素循环,阐明了人体内尿素生成的途径。1937 年,他又发现了三羧酸循环,这一发现被公认为代谢研究的里程碑。1953 年,他获得诺贝尔生理学或医学奖。

鸟氨酸循环主要包括以下几步反应:

(1) 氨基甲酰磷酸的合成:在 Mg^{2+}、ATP、N-乙酰谷氨酸存在时,NH_3 与 CO_2 可由氨基甲酰磷酸合成酶 I(CPS-I)催化生成氨基甲酰磷酸。此反应在肝细胞线粒体中进行。

$$CO_2 + NH_3 + H_2O + 2ATP \xrightarrow[\text{N-乙酰谷氨酸, } Mg^{2+}]{\text{氨基甲酰磷酸合成酶 I}} H_2N-\overset{\overset{O}{\|}}{C}-O \sim PO_3H_2 + 2ADP + Pi$$

N-乙酰谷氨酸是 CPS-I 的变构激活剂。氨基甲酰磷酸是高能化合物,性质活泼,易与鸟氨酸反应生成瓜氨酸。

(2) 瓜氨酸的合成:在鸟氨酸氨基甲酰转移酶催化下,氨基甲酰磷酸的氨基甲酰部分转移到鸟氨酸上生成瓜氨酸和磷酸。此反应不可逆,也在线粒体中完成。瓜氨酸合成后,需经膜载体将其转运至胞液才能进行后续反应。

(3) 精氨酸的合成:瓜氨酸进入胞液后与天冬氨酸缩合成精氨酸代琥珀酸。此反应由精氨酸代琥珀酸合成酶催化,ATP 供能。精氨酸代琥珀酸合成酶是尿素合成的关键酶。随后,精氨酸代琥珀酸经裂解酶催化,裂解为精氨酸和延胡索酸。天冬氨酸提供了尿素分子的第二个氮原子。

精氨酸代琥珀酸合成酶

Mg²⁺

ATP → AMP+PPi

瓜氨酸 + 天冬氨酸 → 精氨酸代琥珀酸

精氨酸代琥珀酸裂解酶 → 精氨酸 + 延胡索酸

（4）精氨酸水解生成尿素：精氨酸在胞液中经精氨酸酶催化，水解为尿素和鸟氨酸。鸟氨酸再进入线粒体合成瓜氨酸，重复上述过程。如此循环往复，尿素不断合成。

精氨酸酶

H_2O

精氨酸 → 尿素 + 鸟氨酸

尿素作为代谢终产物经肾随尿液排出体外。尿素合成的全过程，如图 9-7。

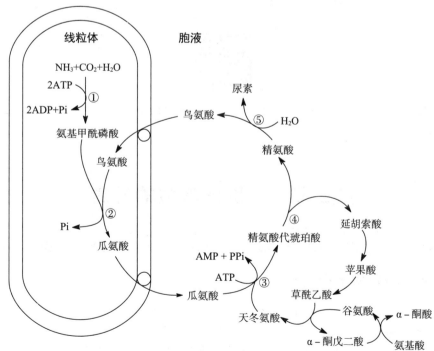

① 氨基甲酰磷酸合成酶 I；② 鸟氨酸氨基甲酰转移酶；③ 精氨酸代琥珀酸合成酶；
④ 精氨酸代琥珀酸裂解酶；⑤ 精氨酸酶

图 9-7 尿素合成过程

合成 1 分子尿素需要消耗 3 分子 ATP,相当于 4 个高能磷酸键。尿素分子中的两个氮原子,一个来自 NH_3,一个由天冬氨酸提供。天冬氨酸提供氮原子后生成延胡索酸,延胡索酸经三羧酸循环途径转变为草酰乙酸,后者经转氨基作用再生成天冬氨酸,因此尿素分子中的两个氮原子都是直接或间接来自各种氨基酸。

　　[要点:尿素合成的部位、原料和特点]

　　2. 合成谷氨酰胺　在脑、肌肉等组织中,氨与谷氨酸合成谷氨酰胺,后者随血液循环转运到肝和肾再进一步处理。

　　3. 合成其他非必需氨基酸　氨与某些 α - 酮酸经联合脱氨基作用的逆过程生成相应的非必需氨基酸。

　　4. 以铵盐形式随尿排出　肾小管上皮细胞分泌 NH_3 进入肾小管腔,可以铵盐形式随尿排出。

　　5. 转变为其他含氮物质　氨还可参加嘌呤碱、嘧啶碱等含氮物质的合成。

　　[要点:氨的代谢去路]

(四)高血氨与氨中毒

　　正常生理条件下血氨的来源和去路保持动态平衡,因此血氨浓度处于较低的水平。氨在肝中合成尿素是维持这种平衡的关键。当肝功能严重受损时,尿素的合成发生障碍,血氨浓度升高,称为高血氨症。大量氨进入脑组织后,可与 α - 酮戊二酸结合成谷氨酸,谷氨酸又与氨进一步结合生成谷氨酰胺,使脑细胞中的 α - 酮戊二酸减少,导致三羧酸循环减弱,从而使脑组织中 ATP 生成减少;引起大脑功能障碍,严重时可发生昏迷,称为肝性脑病。

　　[要点:肝性脑病的生化机制]

知识链接

肝性脑病的发病机制

　　肝性脑病的发病机理尚未完全清楚,目前主要有氨中毒学说、假神经递质学说和硫醇学说三大学说。了解详情请扫二维码。

第三节　个别氨基酸的代谢

氨基酸除进行一般代谢外,有些氨基酸还有其特殊的代谢方式,并具有重要的生理意义。

一、氨基酸的脱羧基作用

　　部分氨基酸可在氨基酸脱羧酶催化下进行脱羧基作用(decarboxylation),生成胺和 CO_2,脱羧酶的辅酶为磷酸吡哆醛。

　　脱羧基产生的胺类物质在生理浓度时常具有重要的生理功能,但在体内蓄积会引起神经和心血管系统功能紊乱。体内广泛存在的胺氧化酶可以把胺氧化为醛,再氧化为酸,酸可进一步氧化为 CO_2 和 H_2O 或随尿排出体外。

$$R-\underset{\underset{NH_2}{|}}{CH}-COOH \xrightarrow[\text{磷酸吡哆醛}]{\text{氨基酸脱羧酶}} R-CH_2-NH_2 + CO_2$$

氨基酸　　　　　　　　　　　　　　　　　　　　胺

$$R-CH_2-NH_2 + H_2O + O_2 \xrightarrow{\text{胺氧化酶}} R-CHO + H_2O_2 + NH_3$$

胺　　　　　　　　　　　　　　　　　　　醛

$$\xrightarrow[1/2 O_2]{\text{醛氧化酶}} R-COOH$$
羧酸

下面列举几种重要的胺类物质。

1. γ-氨基丁酸　谷氨酸脱羧生成γ-氨基丁酸（γ-aminobutyric acid，GABA），反应由L-谷氨酸脱羧酶催化。此酶在脑和肾组织中活性很高，所以脑中GABA含量较高。

$$\underset{\text{谷氨酸}}{\underset{COOH}{\overset{COOH}{|}}\underset{|}{(CH_2)_2}\underset{|}{CH-NH_2}} \xrightarrow[CO_2]{\text{L-谷氨酸脱羧酶}} \underset{\text{γ-氨基丁酸}}{\overset{COOH}{|}\underset{|}{(CH_2)_2}\underset{}{CH_2-NH_2}}$$

γ-氨基丁酸是一种抑制性神经递质，对中枢神经有抑制作用。临床上对于小儿惊厥和妊娠呕吐的患者常使用维生素B_6治疗，其机制就在于提高脑组织内谷氨酸脱羧酶的活性，使γ-氨基丁酸生成增多，增强中枢抑制作用，以减轻症状。

2. 组胺　在组氨酸脱羧酶催化下，组氨酸脱去羧基生成组胺（histamine）。组胺主要由肥大细胞产生并贮存，在乳腺、肺、肝、肌肉及胃黏膜中含量较高。

组胺是一种强烈的血管扩张剂，能增加毛细血管的通透性，引起血压下降和局部组织水肿。组胺的释放与过敏反应症状密切相关。组胺可使平滑肌收缩，引起支气管痉挛，导致哮喘。组胺也可刺激胃蛋白酶和胃酸的分泌。

3. 5-羟色胺　色氨酸先经色氨酸羟化酶催化生成5-羟色氨酸，再经脱羧酶催化生成5-羟色胺（5-hydroxytryptamine，5-HT）。5-羟色胺广泛地存在于体内各组织，脑中的5-羟色胺是一种抑制性神经递质，与人的睡眠、体温调节、镇痛有关；在外周组织中5-羟色胺具有收缩血管、升高血压的作用。

4. 多胺（polyamine）　鸟氨酸经鸟氨酸脱羧酶催化生成腐胺。腐胺接受丙胺基生成精脒，后者再接受丙胺基生成精胺。多胺包括精脒和精胺，鸟氨酸脱羧酶是多胺合成的关键酶。

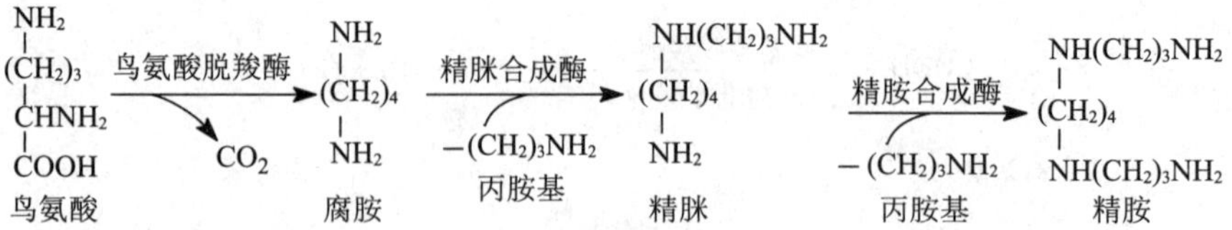

精脒和精胺是调节细胞生长的重要物质，可促进核酸、蛋白质的合成，有利于细胞增殖。因此，凡生长旺盛的组织如胚胎、再生肝、癌瘤组织等，鸟氨酸脱羧酶的活性增高，多胺含量增加。目前，临床上常测定肿瘤患者血、尿中多胺含量，作为观察病情和辅助诊断的指标之一。

5. 牛磺酸　牛磺酸是由半胱氨酸先氧化为磺基丙氨酸，再脱去羧基生成的。牛磺酸可与游离胆汁酸结合，形成结合型胆汁酸，提高胆汁酸的水溶性。

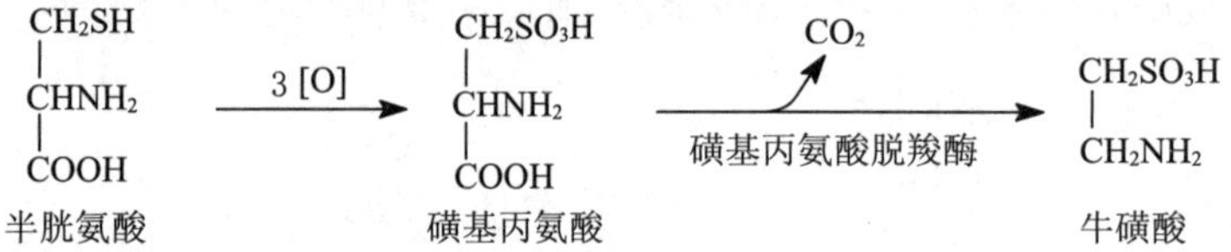

二、一碳单位的代谢

（一）一碳单位的概念

某些氨基酸在分解代谢过程中产生的含有一个碳原子的有机基团，称为一碳单位。一碳单位包括甲基（—CH_3）、亚甲基（—CH_2—）、次甲基（＝CH—）、甲酰基（—CHO）、亚氨甲基（—CH＝NH）等。

（二）一碳单位的载体

一碳单位不能游离存在，常与四氢叶酸（FH_4）结合而转运并参加代谢，因此 FH_4 是一碳单位的载体。哺乳动物体内的 FH_4 是由叶酸（folic acid，FA）在二氢叶酸还原酶催化下，由 NADPH 提供氢，首先形成二氢叶酸（FH_2），进一步还原为四氢叶酸（FH_4）（图 9-8）。

FH_4 分子中的 N^5，N^{10} 是结合一碳单位的位置，形成 N^5—CH_3—FH_4、N^5，N^{10}—CH_2—FH_4、N^5，N^{10}＝CH—FH_4、N^{10}—CHO—FH_4、N^5—CH＝NH—FH_4 等。

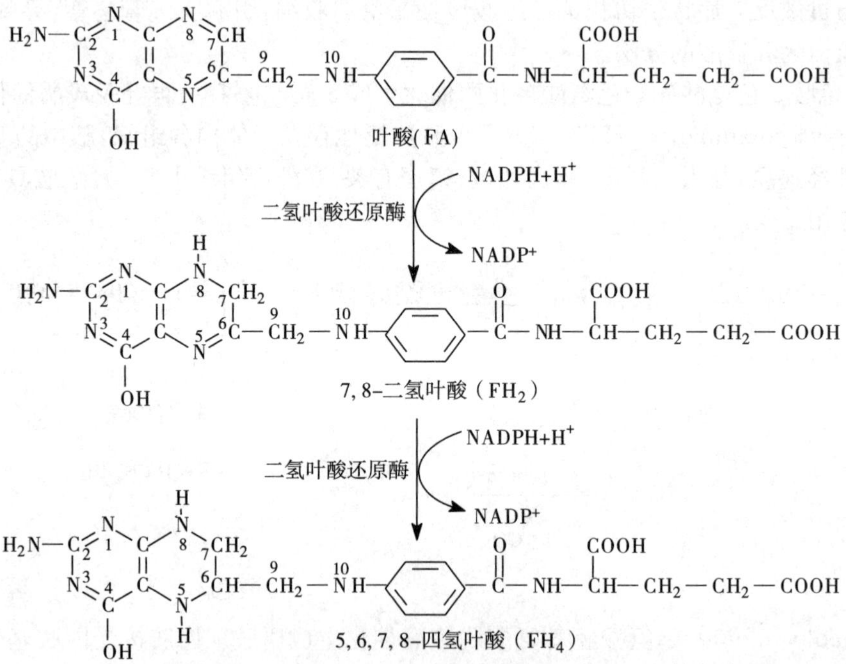

图 9-8　四氢叶酸的生成过程

（三）一碳单位的来源及互变

一碳单位主要来源于丝氨酸、甘氨酸、组氨酸、色氨酸的分解代谢。

1. 亚甲基来自丝氨酸和甘氨酸的代谢。

$$\text{丝氨酸} + FH_4 \xrightarrow[-H_2O]{\text{羟甲基转移酶}} \text{甘氨酸} + N^5, N^{10}-CH_2-FH_4$$

$$\text{甘氨酸} + FH_4 \xrightarrow[\underset{NAD^+ \quad NADH+H^+}{}]{\text{甘氨酸裂解酶}} CO_2 + NH_3 + N^5, N^{10}-CH_2-FH_4$$

2. 甲酰基来自色氨酸、甘氨酸和组氨酸分解过程中产生的甲酸，FH_4 接受甲酰基生成 $N^{10}-CHO-FH_4$。

$$\text{甲酸} + FH_4 \xrightarrow[\underset{ATP \quad ADP+Pi}{}]{\text{甲酰}FH_4\text{合成酶}} N^{10}-CHO-FH_4$$

3. 亚胺甲基来自组氨酸的分解代谢。

$$\text{组氨酸} \longrightarrow \longrightarrow \text{亚氨甲基谷氨酸} \xrightarrow[+FH_4]{\text{亚氨甲基转移酶}} \text{谷氨酸} + N^5-CH=NH-FH_4$$

4. 次甲基的生成　N^5, N^{10}-次甲基四氢叶酸由 N^{10}-亚甲基四氢叶酸、N^{10}-甲酰基四氢叶酸和 N^5-亚氨甲基四氢叶酸转变而来。

5. 甲基的生成　N^5-甲基四氢叶酸是通过 N^5, N^{10}-亚甲基四氢叶酸还原生成的。此反应不可逆，因此 N^5-甲基四氢叶酸在细胞中含量较高。

$$N^5, N^{10}-CH_2-FH_4 \xrightarrow[\underset{NADH+H^+ \quad NAD^+}{}]{} N^5-CH_3-FH_4$$

各种形式的一碳单位在适当条件下可以相互转变，但是 N^5-甲基四氢叶酸的生成是不可逆的，也就是说其他形式的一碳单位可以转变为 N^5-甲基四氢叶酸，而后者不能转化为其他形式的一碳单位。一碳单位的来源、互变及利用，如图 9-9。

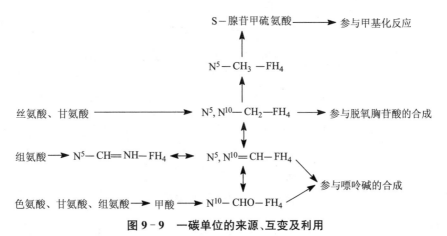

图 9-9　一碳单位的来源、互变及利用

（四）一碳单位的生理功用

1. 参与嘌呤、嘧啶的生物合成　一碳单位的主要生理作用是作为嘌呤、嘧啶的合成原料。$N^5, N^{10}-CH_2-FH_4$ 可为脱氧胸苷酸（dTMP）的合成提供甲基；$N^{10}-CHO-FH_4$ 和 $N^5, N^{10}=CH-FH_4$ 分别为嘌呤环的合成提供第 2 位和第 8 位碳原子。因此，一碳单位直接参与核酸代谢，影响蛋白质的生物合成，与细胞增殖、生长和成熟有密切关系。

2.参与体内多种物质的甲基化过程　N^5—CH_3—FH_4参与 S-腺苷甲硫氨酸的合成,后者是体内五十余种化合物合成过程中甲基的直接供体。N^5—CH_3—FH_4是体内甲基化反应中甲基的间接供体。如去甲肾上腺素可甲基化为肾上腺素,胍乙酸甲基化为肌酸等。

[要点:一碳单位的概念、种类、载体和生理意义]

三、含硫氨基酸的代谢

含硫氨基酸包括甲硫氨酸、半胱氨酸和胱氨酸三种。甲硫氨酸是营养必需氨基酸,体内不能合成,其代谢过程中可转变为半胱氨酸和胱氨酸。半胱氨酸和胱氨酸可通过氧化还原反应相互转变。

(一)甲硫氨酸的代谢

1.甲硫氨酸与转甲基作用　甲硫氨酸在腺苷转移酶催化下,接受 ATP 提供的腺苷,生成 S-腺苷甲硫氨酸(S-adenosyl methionine,SAM)。SAM 是体内甲基化反应中甲基的直接供体,其所含甲基称为活性甲基,SAM 也称为活性甲硫氨酸。

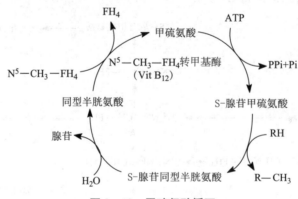

[要点:SAM 称为活性甲硫氨酸,是体内甲基化反应的直接供体]

2.甲硫氨酸循环　甲硫氨酸活化为 SAM 后,参与甲基化反应提供甲基生成 S-腺苷同型半胱氨酸,后者脱去腺苷生成同型半胱氨酸。同型半胱氨酸再接受 N^5—CH_3—FH_4提供的甲基,又重新生成甲硫氨酸。此过程称为甲硫氨酸循环(methionine cycle)(图 9-10)。

图 9-10　甲硫氨酸循环

通过此循环可将 N^5—CH_3—FH_4的甲基转变为 SAM 的活性甲基,进而参与体内广泛存在的甲基化反应,因此 SAM 是甲基化反应中甲基的直接供体,而 N^5—CH_3—FH_4则是甲基的间接供体。

据统计,体内有五十多种物质的合成需要 SAM 提供甲基,如肌酸、胆碱和肾上腺素分别由胍乙酸、乙醇胺和去甲肾上腺素甲基化而生成。另外,DNA、RNA 及蛋白质的甲基化也需要 SAM 提供甲基。

肝是合成肌酸的主要器官。肌酸是以甘氨酸为骨架,精氨酸提供脒基,SAM 提供甲基而合成;在肌酸激酶催化下,肌酸转变成磷酸肌酸,参与能量的储存,主要存在于心肌、骨骼肌和脑组织;肌酸和磷酸肌酸代谢的终产物是肌酐,后者随尿排出体外(图 9-11)。肾发生严重病变时,肌酐排出受阻,血中肌酐浓度升高。血中肌酐含量测定可作为判断肾功能的重要生化指标。

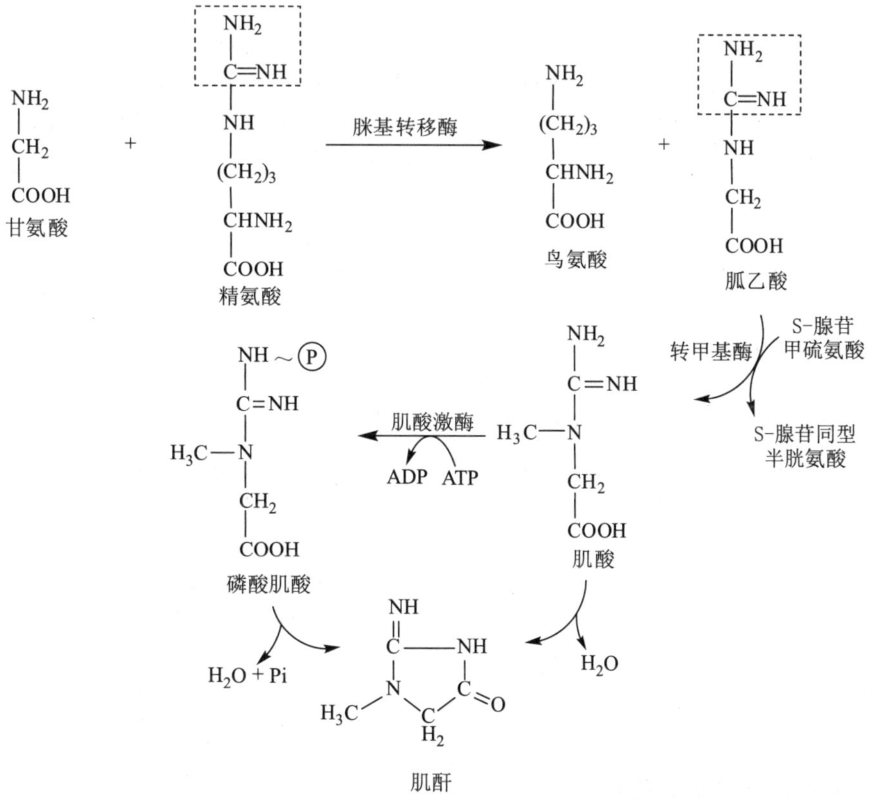

图 9-11　肌酸的代谢

[要点:甲硫氨酸循环的生理意义]

知识拓展

维生素 B_{12} 与巨幼红细胞性贫血

甲硫氨酸循环中,同型半胱氨酸生成甲硫氨酸的反应需要 $N^5—CH_3—FH_4$ 转甲基酶催化。该酶的辅酶是维生素 B_{12}。当维生素 B_{12} 缺乏时,该酶的活性被抑制,$N^5—CH_3—FH_4$ 不能提供甲基转变为 FH_4,从而造成 $N^5—CH_3—FH_4$ 堆积。一碳单位代谢中唯有 $N^5—CH_3—FH_4$ 的生成是不可逆反应,因而其利用障碍必占用 FH_4,使组织中游离 FH_4 减少,导致其他形式的一碳单位生成减少,引起核酸合成障碍。因此 B_{12} 缺乏与叶酸缺乏类似,也可引起巨幼红细胞性贫血。

(二)半胱氨酸与胱氨酸代谢

1. 半胱氨酸与胱氨酸的互变　半胱氨酸含有巯基(—SH),胱氨酸含有二硫键(—S—S—),两者可以互变。

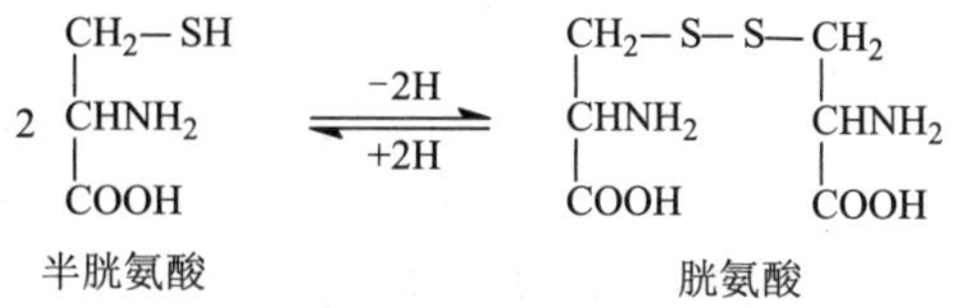

在许多蛋白质分子中,两个半胱氨酸之间形成的二硫键对于维持蛋白质的空间构象的稳定性具有重要的意义,如胰岛素 A 链、B 链之间的两个二硫键被破坏,可导致胰岛素失活。某些蛋白质或酶中半胱氨酸的巯基与它们的活性有关,巯基被氧化为二硫键后会失去生物活性。还原型谷胱甘肽能保护巯基,防止巯基被氧化。

2. 半胱氨酸可生成活性硫酸根　含硫氨基酸氧化分解可产生硫酸根,半胱氨酸是硫酸根的最主要来源。半胱氨酸可直接脱去巯基和氨基生成丙酮酸、氨和 H_2S。H_2S 经氧化生成 H_2SO_4。体内的硫酸根一部分以无机盐形式随尿排出,一部分与 ATP 反应活化为活性硫酸,即 3'-磷酸腺苷-5'-磷酸硫酸(3'- phosphoadenosine - 5'- phosphosulfate,PAPS)。

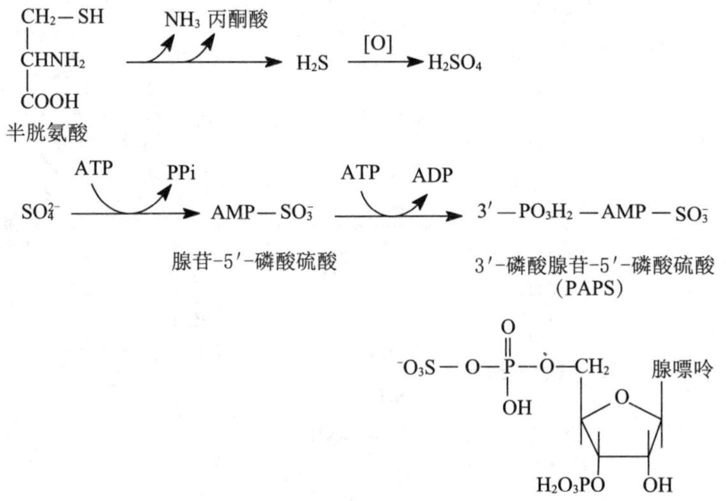

四、芳香族氨基酸的代谢

芳香族氨基酸包括苯丙氨酸、酪氨酸和色氨酸。苯丙氨酸与酪氨酸的结构相似,在体内苯丙氨酸可羟化生成酪氨酸。苯丙氨酸和色氨酸是营养必需氨基酸。

(一)苯丙氨酸与酪氨酸的代谢

1. 苯丙氨酸羟基化生成酪氨酸　苯丙氨酸经苯丙氨酸羟化酶催化生成酪氨酸,这是苯丙氨酸代谢的主要途径。此外,少量苯丙氨酸还可以经苯丙氨酸氨基转移酶催化生成苯丙酮酸(图 9-12)。

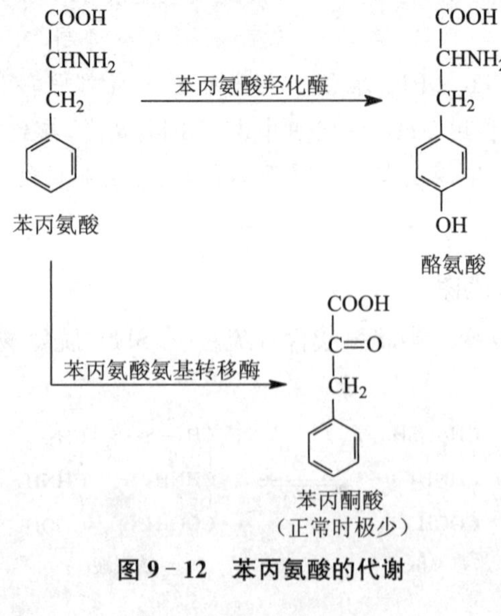

图 9-12　苯丙氨酸的代谢

先天性苯丙氨酸羟化酶缺陷患者,不能将苯丙氨酸羟化为酪氨酸,苯丙氨酸经转氨作用生成大量苯丙酮酸。大量苯丙酮酸随尿排出,称为苯丙酮酸尿症(phenyl ketonuria,PKU)。苯丙酮酸的堆积对中枢神经系统有毒性,引起脑发育障碍,患儿智力低下。其治疗原则是早期发现并适当控制膳食中苯丙氨酸的含量。

2. 酪氨酸的代谢

(1)儿茶酚胺的合成:在肾上腺髓质、神经组织中,酪氨酸经酪氨酸羟化酶催化生成多巴,再经多巴脱羧酶催化生成多巴胺,此为脑中的一种神经递质。帕金森病患者脑黑质细胞合成多巴胺减少。在肾上腺髓质多巴胺侧链 β - 碳原子可再羟化生成去甲肾上腺素,后者经甲基化生成肾上腺素。多巴胺、去甲肾上腺素和肾上腺素统称为儿茶酚胺。酪氨酸羟化酶是儿茶酚胺类物质合成的限速酶。

(2)黑色素的生成:在黑色素细胞中,酪氨酸经酪氨酸酶催化生成多巴,再经氧化、脱羧、聚合等反应生成黑色素。先天性缺乏酪氨酸酶,黑色素合成障碍,患者皮肤、毛发等呈白色,称为白化病。

(3)酪氨酸的分解代谢:酪氨酸经酪氨酸氨基转移酶催化生成对羟苯丙酮酸,后者进一步分解经中间产物尿黑酸转变成延胡索酸和乙酰乙酸。延胡索酸是糖代谢的中间产物,乙酰乙酸属酮体,因此苯丙氨酸和酪氨酸是生糖兼生酮氨基酸。如果先天性缺乏尿黑酸氧化酶,则尿黑酸不能氧化而自尿中排出,尿液呈黑色,因此称为尿黑酸症。

酪氨酸代谢概况,如图 9 - 13。

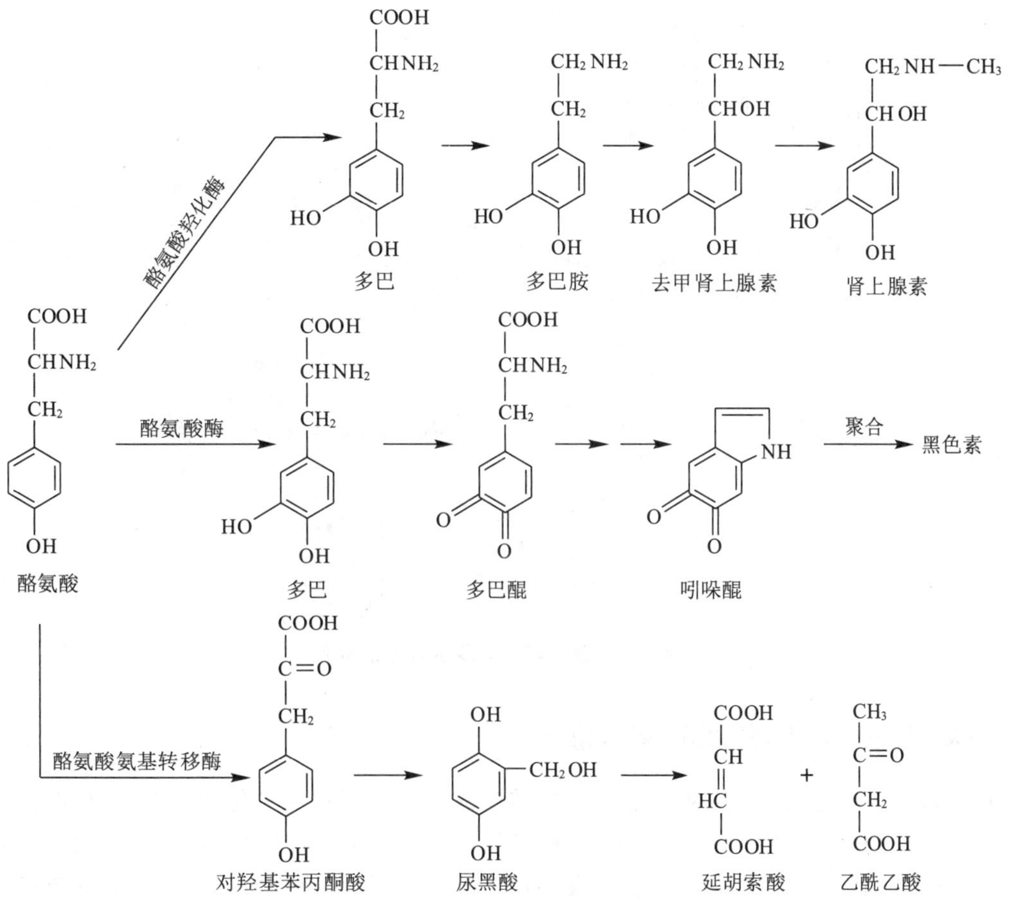

图 9 - 13 酪氨酸的代谢

[要点:苯丙氨酸和酪氨酸代谢相关的先天性缺陷病的发病机理]

（二）色氨酸的代谢

色氨酸在体内分解代谢除生成5-羟色胺外,在肝内可生成一碳单位,也可分解生成丙酮酸和乙酰C_0A,所以色氨酸是生糖兼生酮氨基酸。此外,色氨酸在体内还可转变为尼克酸,这是体内合成维生素的特例,合成量甚少,不能满足机体需要。

第四节　糖、脂肪和氨基酸在代谢上的联系

体内糖、脂肪和氨基酸的代谢不是彼此独立的,而是相互关联、密切联系的。这三大营养物质通过共同的中间代谢产物、三羧酸循环和生物氧化等联成整体(图9-14)。它们三者之间可以互相转变,当一种物质代谢障碍时可引起其他物质代谢紊乱,如糖尿病时糖代谢障碍,可引起脂类代谢、氨基酸代谢等紊乱。

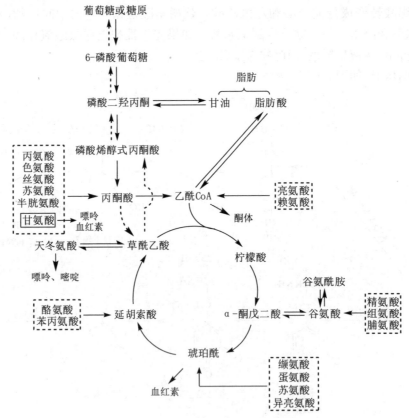

图9-14　糖、脂肪、氨基酸代谢的联系

一、糖代谢与脂肪代谢的相互联系

人摄入过多的糖会发胖,其原因是糖极易转变成脂肪。当摄入的糖量超过体内的能量消耗时,除合成少量的肝糖原和肌糖原储存起来外,其氧化分解产生的柠檬酸和ATP可别构激活乙酰CoA羧化酶,使糖代谢产生的乙酰CoA羧化成丙二酸单酰CoA,进而合成脂肪酸及脂肪在脂肪组织中储存。

然而,脂肪绝大部分不能在体内转变成糖。这是因为丙酮酸氧化脱羧生成乙酰CoA的反应是

不可逆的,所以脂肪酸分解产生的乙酰CoA无法转变为丙酮酸。尽管脂肪分解的另一产物甘油可以在肝、肾、肠等组织中经甘油激酶活化为α-磷酸甘油,进而通过糖异生途径转变为葡萄糖,但是其生成的量与脂肪中大量脂肪酸分解生成的乙酰CoA相比是微不足道的。

此外,脂肪分解代谢的强度还有赖于糖代谢的正常进行。当饥饿、糖供应不足或糖代谢障碍时,脂肪会大量动员,脂肪酸氧化分解产生的乙酰CoA就会进入肝细胞生成大量的酮体。由于糖的不足,致使草酰乙酸相对不足,酮体不能及时通过三羧酸循环氧化分解,造成血中酮体蓄积,产生高酮血症。

胰岛素是降糖激素,同时又是抗酯解激素,对于糖和脂的代谢都有影响。胰岛素缺乏的患者,除了血糖高,也往往表现为消瘦,高胰岛素血症患者往往出现肥胖的临床表现。

二、糖代谢与氨基酸代谢的相互联系

构成人体蛋白质的20种氨基酸,除两种生酮氨基酸(亮氨酸、赖氨酸)外,都可以经过脱氨基作用生成相应的α-酮酸,后者氧化分解释放能量,或者经由糖异生途径生成葡萄糖。如丙氨酸、色氨酸、半胱氨酸等可代谢生成丙酮酸;谷氨酰胺、精氨酸、组氨酸、脯氨酸可转变为谷氨酸,然后生成α-酮戊二酸;天冬氨酸、天冬酰胺可转变为草酰乙酸。以上这些α-酮酸都是糖异生的原料。

同时,糖代谢的中间产物也可以氨基化生成某些非必需氨基酸。如丙酮酸、α-酮戊二酸、草酰乙酸等可分别转变成丙氨酸、谷氨酸、谷氨酰胺、天冬氨酸、天冬酰胺等。但是必需氨基酸不能由糖转变,必须由食物提供。这就是为什么食物中的蛋白质不能被糖、脂肪替代,而蛋白质却能代替糖和脂肪供能的原因。

三、脂肪代谢与氨基酸代谢的相互联系

无论是哪种氨基酸分解后均可生成乙酰CoA,后者经还原缩合反应可合成脂肪酸进而合成脂肪,即氨基酸可以转变为脂肪。但是脂肪不能转变为氨基酸,仅脂肪中的甘油部分可转变为非必需氨基酸的碳链骨架。甘油可通过生成磷酸二羟丙酮进入糖酵解途径,然后再转变为某些非必需氨基酸的碳链骨架。由于甘油在脂肪分子中所占比例较少,所以生成氨基酸的量是有限的。

总之,在正常情况下,机体的各种物质代谢在精细的调节机制的调控下,相互联系、相互制约、井然有序地进行,从而保证机体内环境的相对稳定和动态平衡。

- -

知识拓展与思考

人体是一个普遍联系的整体

物质世界是普遍联系的,人体内的普遍联系不仅表现在糖、脂肪、氨基酸在代谢上的联系,各种物质代谢、能量代谢、生理过程等之间都存在直接或间接的联系。无论是分子、细胞、器官、系统、整体各个层次内部,还是各层次之间,都存在千丝万缕的联系,人体是一个普遍联系的整体。请思考如何用普遍联系的观点指导学习、生活和工作。

- -

本章小结

蛋白质是构成组织细胞的重要结构成分,也是发挥重要生理活性的物质,蛋白质氧化分解可提供能量。氮平衡是指机体摄入的氮量和同期排出的氮量之间的关系,可分为氮的总平衡、氮的正平衡和氮的负平衡。体内需要而不能自身合成、必须由食物提供的氨基酸,称为必需氨基酸。组成蛋白质的20种氨基酸中有8种必需氨基酸,蛋白质的营养价值主要取决于必需氨基酸的种类、数量和比例。将几种营养价值较低的蛋白质混合食用,从而提高蛋白质营养价值的作用,称为

蛋白质的互补作用。

　　氨基酸在酶的催化下脱去氨基生成 α - 酮酸和氨的过程,称为氨基酸脱氨基作用,主要包括氧化脱氨基、转氨基、联合脱氨基等形式,其中联合脱氨基作用是最主要的脱氨基方式。体内氨的来源与去路保持动态平衡。氨的来源包括氨基酸脱氨基作用产生的氨、肠道吸收的氨和肾产氨,肠道吸收的氨是血氨的主要来源。氨的转运形式有丙氨酸和谷氨酰胺两种。氨的去路包括合成尿素、合成谷氨酰胺、合成其他非必需氨基酸、以铵盐形式随尿排出和转变为其他含氮物质。肝内生成尿素是氨的最主要去路,也是维持氨来源和去路保持动态平衡的关键。当肝功能严重受损时,尿素的合成障碍,血氨浓度升高,称为高血氨症。大量氨进入脑组织后,可引起大脑功能障碍,严重时可发生昏迷,称为肝性脑病。

　　有些氨基酸还有其特殊的代谢方式,如氨基酸通过脱羧基作用生成 γ - 氨基丁酸、组胺、5 - 羟色胺、多胺、牛磺酸等胺类物质,参与机体功能调控。某些氨基酸在分解代谢过程中产生的含有一个碳原子的有机基团,称为一碳单位,包括甲基(—CH_3)、亚甲基(—CH_2—)、次甲基(＝CH—)、甲酰基(—CHO)、亚氨甲基(—CH＝NH)等。一碳单位的载体是 FH_4。一碳单位能够参与嘌呤、嘧啶的生物合成及体内多种物质的甲基化过程,与细胞增殖、生长和成熟有密切关系。含硫氨基酸包括甲硫氨酸、半胱氨酸和胱氨酸三种。半胱氨酸和胱氨酸可通过氧化还原反应相互转变,半胱氨酸还可生成活性硫酸根(PAPS)。S-腺苷甲硫氨酸(SAM)是甲基化反应中甲基的直接供体,而 N^5—CH_3—FH_4 则是甲基的间接供体。芳香族氨基酸包括苯丙氨酸、酪氨酸和色氨酸,其代谢异常可引起苯丙酮酸尿症、帕金森病、白化病、尿黑酸症等。芳香族氨基酸均为生糖兼生酮氨基酸。

　　体内糖、脂肪和氨基酸的代谢不是彼此独立的,而是相互关联、密切联系的。

教学课件　　微课

思考题

1. 简述氨的来源和去路。

2. 高血氨患者为何禁止用肥皂水灌肠? 正确的处理方法是什么?

3. 简述肝性脑病的发病机制。

4. 简述以下疾病的发病机制:① 苯丙酮酸尿症;② 白化病;③ 帕金森病;④ 尿黑酸症。

5. 试述糖、脂、氨基酸在代谢上的相互联系。

更多习题,请扫二维码查看。

达标测评题

（李根亮）

第十章　核苷酸代谢

学习目标

掌握：嘌呤核苷酸和嘧啶核苷酸从头合成的原料，首先合成的核苷酸及进一步转变成的核苷酸种类；嘌呤和嘧啶分解代谢的终产物；尿酸与痛风症。

熟悉：脱氧核苷酸的生成；嘌呤核苷酸和嘧啶核苷酸补救合成反应。

了解：嘌呤核苷酸和嘧啶核苷酸的抗代谢物治疗肿瘤的机制。

【导学案例】

患者，男性，45岁，与朋友聚会饮酒时，突感右侧母趾疼痛难忍就诊。体格检查：体温37.5℃，双足跖趾关节肿胀，右侧更加明显，双侧耳郭触及绿豆大结节数个，局部皮肤有脱屑现象。实验室检查：血尿酸 573 μmol/L（正常参考值 149～416 μmol/L）。经进一步检查确诊为痛风。

思考题：

1. 痛风是如何引起的？

2. 尿酸是如何产生和排泄的？

核苷酸是一类十分重要的化合物，它是组成核酸的基本单位。此外，在物质代谢中起着供能、活性载体、构成辅酶以及参加代谢调控等重要的作用。食物中的核酸多以核蛋白的形式存在，核蛋白经胃酸作用，分解成蛋白质和核酸。核酸依次经核酸酶、核苷酸酶、核苷酶的作用，可逐级水解成核苷酸、核苷以及磷酸、戊糖和碱基。这些产物均可被小肠吸收，磷酸和戊糖可被再利用，碱基除小部分可被再利用外，大部分被降解而排出体外。人体内的核苷酸主要由机体细胞通过其他化合物作为原料自身合成，无需从食物中供应，因此核苷酸不是营养必需物质。

第一节　核苷酸的合成代谢

人和哺乳动物细胞中核苷酸的合成有两条途径。第一，利用氨基酸、一碳单位、二氧化碳和磷酸核糖等简单物质为原料，经过一系列酶促反应合成核苷酸的过程，称从头合成途径（de novo synthesis）。第二，利用体内现成的碱基或核苷为原料，经过比较简单的反应合成核苷酸的过程，称为补救合成途径（salvage pathway）。

　　［要点：核苷酸合成的两条途径的名称、概念］

一、嘌呤核苷酸的合成代谢

（一）嘌呤核苷酸的从头合成

1. 合成部位　肝是主要的合成部位，其次是小肠黏膜和胸腺组织，整个过程在胞液中进行。

2. 合成原料　同位素示踪法证明：甘氨酸、天冬氨酸、二氧化碳、谷氨酰胺及一碳单位是嘌呤核苷酸中嘌呤环的合成原料（图 10-1）。嘌呤核苷酸合成中还需要 5-磷酸核糖，5-磷酸核糖来自磷酸戊糖途径。

［要点：嘌呤核苷酸从头合成的原料］

3. 合成过程　反应过程较为复杂，反应步骤可分为两个阶段。首先合成次黄嘌呤核苷酸（IMP），然后 IMP 再转变为腺嘌呤核苷酸（AMP）和鸟嘌呤核苷酸（GMP）。反应的主要特点是在磷酸核糖的基础上把一些简单的原料逐步接上去而成嘌呤环。

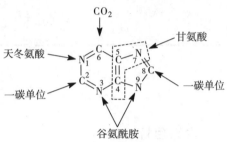

图 10-1　嘌呤环合成的元素来源

（1）IMP 的合成：IMP 的合成经过 11 步反应完成。磷酸戊糖途径产生的 5-磷酸核糖（R-5-P），经磷酸核糖焦磷酸合成酶催化，生成 5-磷酸核糖-1-焦磷酸（PRPP），此反应需要 ATP 提供能量，是合成嘌呤核苷酸的关键性反应。然后在 PRPP 的基础上经过 10 步酶促反应生成 IMP（图 10-2）。

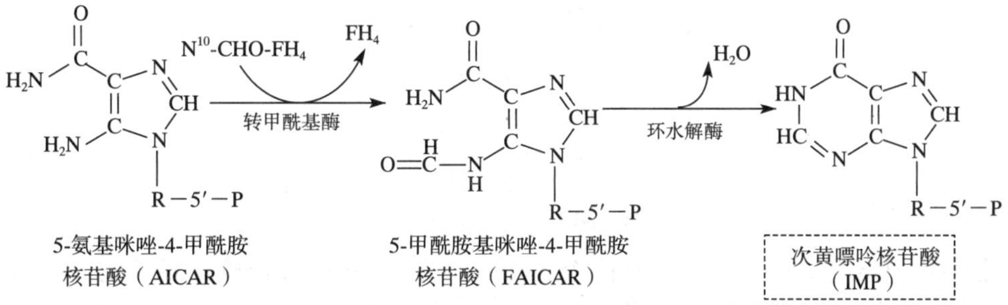

图 10-2　IMP 的合成过程

（2）AMP 和 GMP 的合成　IMP 是嘌呤核苷酸合成的重要中间产物，是 AMP 和 GMP 的前体。IMP 可由天冬氨酸提供氨基生成 AMP 和延胡索酸，也可氧化成黄嘌呤核苷酸（XMP），然后再由谷氨酰胺提供氨基生成 GMP（图 10-3）。

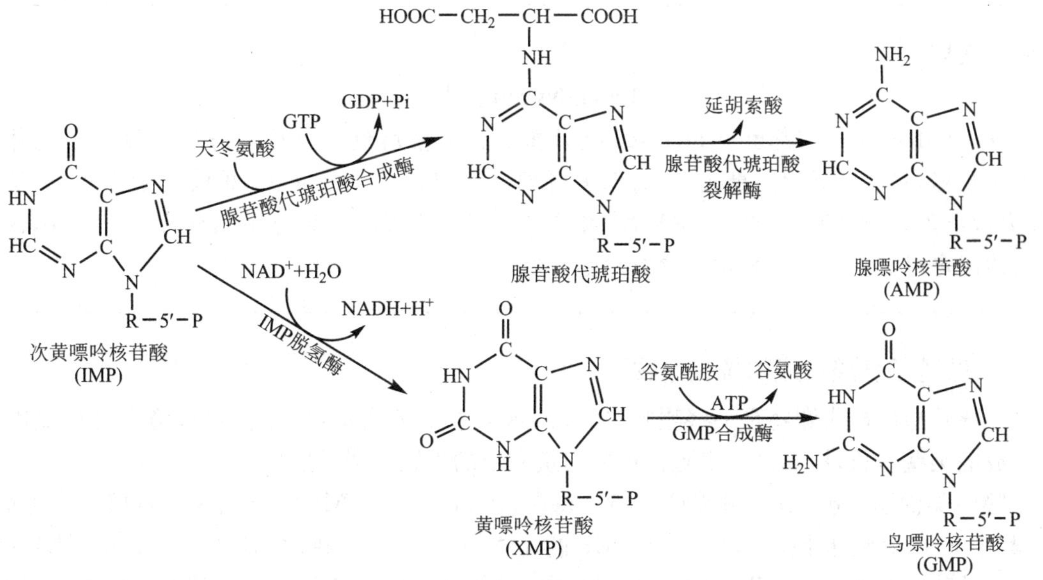

图 10-3　由 IMP 合成 AMP 和 GMP

AMP 和 GMP 在激酶作用下，经过两步磷酸化反应，分别生成 ATP 和 GTP。

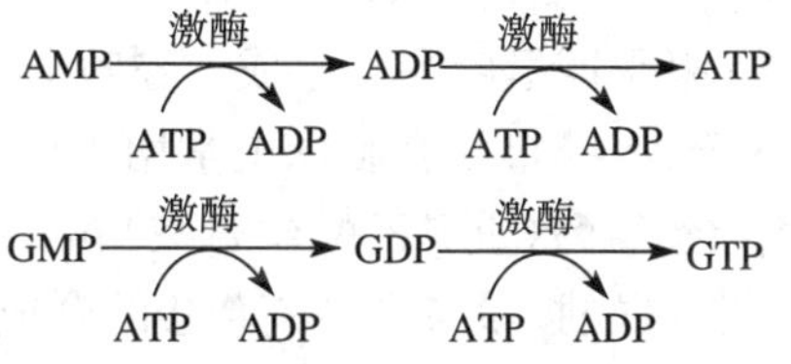

[要点：嘌呤核苷酸从头合成首先合成 IMP，然后转变成 AMP 及 GMP]

（二）嘌呤核苷酸的补救合成

除了从头合成途径以外，人和哺乳动物细胞内还可以直接利用嘌呤碱或嘌呤核苷重新合成嘌呤核苷酸，称为嘌呤核苷酸的补救合成途径（salvage pathway）。催化嘌呤碱重新合成嘌呤核苷酸的酶主要有腺嘌呤磷酸核糖转移酶（adenine phosphoribosyl transferase，APRT）、次黄嘌呤-鸟嘌呤磷酸核糖转移酶（hypoxanthine-guanine phosphoribosyl transferase，HGPRT）等，催化 AMP、IMP、GMP 的合成。嘌呤核苷在激酶作用下可磷酸化为嘌呤核苷酸，如腺苷在腺苷激酶催化下生成 AMP。

$$腺嘌呤 + PRPP \xrightarrow{APRT} AMP + PPi$$

$$次黄嘌呤 + PRPP \xrightarrow{HGPRT} IMP + PPi$$

$$鸟嘌呤 + PRPP \xrightarrow{HGPRT} GMP + PPi$$

$$腺苷 \xrightarrow[\substack{ATP \quad ADP}]{腺苷激酶} AMP + PPi$$

嘌呤核苷酸补救合成的意义主要有两个方面。一方面,和从头合成途径相比,补救合成途径可以节省能量和一些氨基酸的消耗。另一方面,体内的某些组织(脑、骨髓等)缺乏从头合成嘌呤核苷酸的酶体系,只能进行补救合成。

因此对于不能进行嘌呤核苷酸从头合成的组织,补救合成具有重要意义。例如,由于基因缺陷导致儿童体内 HGPRT 完全缺失,可引起自毁容貌征(Lesch-Nyhan 综合征),这是一种遗传代谢病。

知识拓展

Lesch-Nyhan 综合征

Lesch-Nyhan 综合征是由于 HGPRT 的严重遗传缺陷所致。此种疾病是一种 X 染色体隐性连锁遗传缺陷,仅见于男性。患儿在二、三岁时即开始出现严重症状,如尿酸过量生成、脑发育不全、智力低下等,并有咬自己口唇、手指、脚趾等自毁容貌表现。脑组织不能进行从头合成,因此补救合成的障碍对脑组织发育和功能造成严重影响。

(三)嘌呤核苷酸合成的抗代谢物

嘌呤核苷酸的抗代谢物是一些嘌呤、氨基酸或叶酸等的类似物,它们可以竞争性抑制嘌呤核苷酸合成的某些步骤,从而进一步阻止核酸与蛋白质的生物合成,达到抗肿瘤的目的。

1. 嘌呤类似物   包括 6 - 巯基嘌呤(6 - mercaptopurine,6 - MP)、6 - 巯基鸟嘌呤、8 - 氮杂鸟嘌呤等,其中 6 - MP 临床上应用较多。6 - MP 的化学结构与次黄嘌呤类似,唯一不同的是嘌呤环 C_6 上的羟基被巯基取代。6 - MP 能竞争性抑制次黄嘌呤-鸟嘌呤磷酸核糖转移酶的活性,抑制嘌呤核苷酸的补救合成。6 - MP 还可以与 PRPP 结合生成 6 - 巯基嘌呤核苷酸,后者抑制 IMP 向 AMP 和 GMP 的转化,从而抑制嘌呤核苷酸从头合成。

2. 叶酸类似物   主要有氨蝶呤和甲氨蝶呤(methotrexate,MTX)等。它们的结构与叶酸相似,可竞争性抑制二氢叶酸还原酶,阻碍四氢叶酸的生成。嘌呤分子中来自一碳单位的 C_8 及 C_2 得不到供应,从而抑制嘌呤核苷酸的合成。MTX 在临床上常用于白血病的治疗。

3. 氨基酸类似物   主要有氮杂丝氨酸(重氮乙酰丝氨酸)和 6 - 重氮 - 5 - 氧去甲亮氨酸等。它们的结构与谷氨酰胺相似,可抑制谷氨酰胺参与嘌呤核苷酸的合成。

[要点:常见嘌呤核苷酸抗代谢物的作用机制]

二、嘧啶核苷酸的合成代谢

与嘌呤核苷酸一样,体内嘧啶核苷酸的合成亦有两条途径,即从头合成及补救合成。

(一)嘧啶核苷酸的从头合成

1. 合成部位   主要在肝细胞的胞液进行。

2. 合成原料   同位素示踪证明:谷氨酰胺、CO_2 和天冬氨酸是合成嘧啶环的原料(图 10 - 4)。嘧啶核苷酸合成过程中需要的 5 - 磷酸核糖来自磷酸戊糖途径。

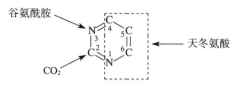

图 10-4 嘧啶环从头合成的各原子来源

[要点:嘧啶核苷酸从头合成的原料]

3. 合成过程 与嘌呤核苷酸的从头合成不同,嘧啶核苷酸是先合成嘧啶环,然后再与磷酸核糖相连,形成嘧啶核苷酸。反应可分为两个阶段,首先合成尿嘧啶核苷酸(UMP),然后由 UMP 转变为 CTP。

(1) UMP 的合成 在胞液中 ATP 供能的条件下,谷氨酰胺和二氧化碳在氨基甲酰磷酸合成酶Ⅱ(CPS-Ⅱ)催化下,生成氨基甲酰磷酸。氨基甲酰磷酸与天冬氨酸结合生成氨甲酰天冬氨酸,后者经环化、脱氢生成乳清酸,乳清酸同 PRPP 作用生成乳清酸核苷酸,最后脱羧生成尿嘧啶核苷酸(UMP)(图 10-5)。

(2) CTP 的合成 UMP 在尿苷酸激酶催化下生成 UDP,再经核苷二磷酸激酶的作用生成 UTP。UTP 在 CTP 合成酶催化下,由谷氨酰胺提供氨基转变为 CTP。

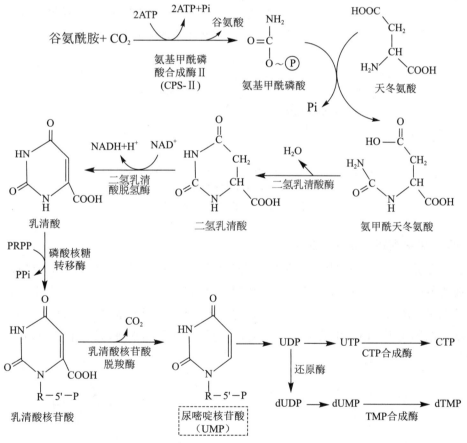

图 10-5 嘧啶核苷酸的合成

[要点:嘧啶核苷酸从头合成首先合成 UMP,然后转变成 CTP]

(二)嘧啶核苷酸的补救合成

由嘧啶磷酸核糖转移酶催化尿嘧啶、胞嘧啶等,与 PRPP 合成相应的核苷酸。另外,嘧啶核苷激酶可使相应嘧啶核苷磷酸化生成核苷酸。

$$嘧啶 + PRPP \xrightarrow{嘧啶磷酸核糖转移酶} 嘧啶核苷酸 + PPi$$

$$尿苷 + ATP \xrightarrow{尿苷激酶} UMP + ADP$$

（三）嘧啶核苷酸抗代谢物

嘧啶核苷酸的抗代谢物是嘧啶、氨基酸的结构类似物，它们对代谢的影响及抗肿瘤作用与嘌呤抗代谢物相似。

1. 嘧啶类似物　主要有氟尿嘧啶(FU)，它的结构与胸腺嘧啶相似，在体内转变成氟尿嘧啶核苷三磷酸(FUTP)后发挥作用。FUTP 可以 FUMP 的形式参入 RNA 分子中，从而破坏 RNA 的结构与功能。

2. 氨基酸类似物　已在嘌呤核苷酸抗代谢物中介绍，如氮杂丝氨酸是谷氨酰胺的类似物，可抑制氨基甲酰磷酸和 CTP 的生成。

［要点：5-氟尿嘧啶是临床上常用的抗肿瘤药物］

三、脱氧核糖核苷酸的合成代谢

（一）脱氧核糖核苷酸的一般生成

体内的脱氧核糖核苷酸一般是由相应的核糖核苷酸在核苷二磷酸水平还原生成的，催化反应的酶是核糖核苷酸还原酶（图 10-6）。即由核糖核苷二磷酸(NDP)还原为脱氧核糖核苷二磷酸(dNDP)。dNDP 可进一步磷酸化生成 dNTP 或脱磷酸化生成 dNMP。

核糖核苷二磷酸 $\xrightarrow{\text{核糖核苷酸还原酶}}$ 脱氧核糖核苷二磷酸
NDP(ADP、GDP、CDP)　　　　　　　　dNDP(dADP、dGDP、dCDP)

还原型硫氧化还原蛋白　⇄　氧化型硫氧化还原蛋白

$NADP^+$ ⟵ $\xrightarrow{\text{硫氧化还原蛋白还原酶(FAD)}}$ $NADPH + H^+$

图 10-6　脱氧核苷酸的生成

（二）脱氧胸腺嘧啶核苷酸的生成

脱氧胸腺嘧啶核苷酸(dTMP)是由脱氧尿苷一磷酸(dUMP)甲基化生成的。反应由胸腺嘧啶核苷酸合成酶催化，$N^5, N^{10}—CH_2—FH_4$ 作为甲基供体（图 10-7）。$N^5, N^{10}—CH_2—FH_4$ 提供甲基后生成的二氢叶酸(FH_2)经二氢叶酸还原酶的作用，重新生成四氢叶酸(FH_4)。FH_4 又可再携带"一碳单位"循环使用。dUMP 可来自两个途径：一是 dUDP 的水解，另一个是 dCMP 的脱氨基，以后一种为主。

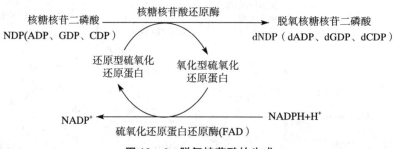

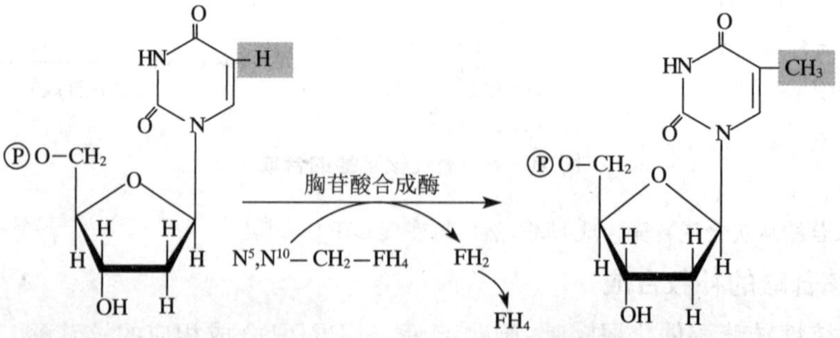

脱氧尿苷一磷酸 (dUMP)　　　　　　　脱氧胸苷一磷酸 (dTMP)

图 10-7　脱氧胸苷酸的生成

（三）脱氧核苷酸的抗代谢物

肿瘤细胞生长迅速,为保障 DNA 的合成,需要丰富的 dTMP 供应。阻断 dTMP 合成的药物可用于治疗肿瘤。氟尿嘧啶,在体内可转变成氟尿嘧啶脱氧核苷一磷酸(FdUMP),FdUMP 与 dUMP 结构相似,是胸苷酸合成酶的抑制剂,阻断 dTMP 的合成。氨蝶呤及甲氨蝶呤是叶酸类似物,能竞争抑制二氢叶酸还原酶,使叶酸不能还原成二氢叶酸及四氢叶酸,因此 dUMP 不能甲基化而成为 dTMP,故有抗肿瘤生长的效用。

第二节　核苷酸的分解代谢

一、嘌呤核苷酸的分解代谢

嘌呤核苷酸分解代谢主要在肝、小肠及肾中进行。腺嘌呤核苷酸(AMP)被降解为次黄嘌呤,而鸟嘌呤核苷酸(GMP)被降解为黄嘌呤。接着,次黄嘌呤和黄嘌呤在黄嘌呤氧化酶催化下氧化生成尿酸(图 10 - 8)。

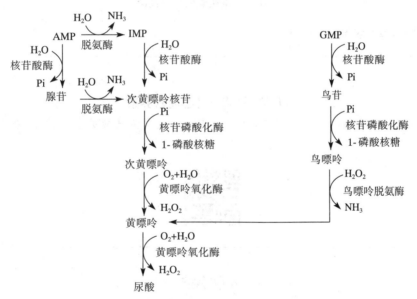

图 10 - 8　嘌呤核苷酸的分解代谢

尿酸为人类及灵长类动物嘌呤分解代谢的最终产物,随尿排出体外。尿酸的水溶性较差,当血浆中尿酸浓度升高(嘌呤分解代谢增强或尿酸排泄受阻),超过 470 μmol/L 时,尿酸钠晶体可在关节、软组织、软骨及肾等组织沉积,而导致痛风。临床上常用别嘌醇治疗痛风,别嘌醇与次黄嘌呤的结构类似,故可以竞争性抑制黄嘌呤氧化酶活性,从而抑制尿酸的生成,降低血浆中尿酸含量,达到治疗目的。

［要点:嘌呤核苷酸分解代谢的终产物;痛风的原因;别嘌醇治疗痛风的机制］

二、嘧啶核苷酸的分解代谢

嘧啶核苷酸的分解主要在肝中进行,可先脱去磷酸及核糖,余下的嘧啶碱进一步分解。胞嘧啶脱氨基生成尿嘧啶,再还原为二氢尿嘧啶,水解开环,最终产物为 NH_3、CO_2 和 β-丙氨酸。胸腺

嘧啶降解为 β-氨基异丁酸,可直接随尿排出或进一步分解(图10-9)。食入含 DNA 丰富的食物、经放射线治疗或化学治疗的患者,尿中 β-氨基异丁酸排出量增多。与嘌呤核苷酸降解产物尿酸不一样,β-丙氨酸和 β-氨基异丁酸均易溶于水。

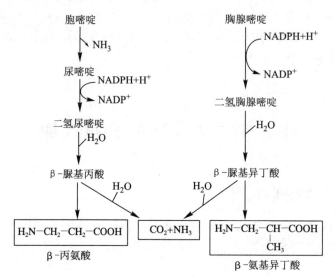

图 10-9　嘧啶碱的分解代谢

[要点:嘧啶核苷酸分解代谢的终产物]

知识链接

核苷酸、核酸不是必需营养素

核苷酸、核酸不是人体的必须营养素,某些机构和个人宣传核酸的营养价值、推销核酸产品往往出于商业利益。

本章小结

核苷酸的合成途径分为从头合成和补救合成,其中从头合成更为重要。嘌呤核苷酸从头合成是在磷酸核糖的基础上逐步合成嘌呤环,首先合成 IMP,然后转变为 AMP 和 GMP。脑和骨髓不能进行嘌呤核苷酸的从头合成,嘌呤核苷酸补救合成的障碍可引起自毁容貌征。嘧啶核苷酸从头合成先合成嘧啶环再与磷酸核糖相连,首先合成 UMP,在转变为 CTP。脱氧核苷酸一般是在核苷二磷酸水平由核糖核苷酸还原生成的,但 dTMP 是由 dUMP 甲基化生成的。嘌呤核苷酸分解代谢的主要终产物是尿酸,体内尿酸水平过高可引起痛风。嘧啶核苷酸分解代谢终产物有 β-丙氨酸、β-氨基异丁酸、NH₃、CO₂ 等。核苷酸的抗代谢物,如 6-巯基嘌呤(6-MP)、氟尿嘧啶(FU)、甲氨蝶呤(MTX)等,是一些碱基、氨基酸或叶酸类似物,可以竞争性抑制核苷酸合成的某些步骤,从而进一步阻止核酸和蛋白质的生物合成,起到抗肿瘤作用。

教学课件　微课

思考题

1. 嘌呤核苷酸和嘧啶核苷酸从头合成的原料有哪些?

2. 试述嘌呤核苷酸补救合成的生理意义。

3. 举出几种核苷酸抗代谢物,说明其抗肿瘤的作用机制。

4. 简述痛风症的发病机制及别嘌醇治疗痛风症的原理。

更多习题,请扫二维码查看。

达标测评题

（王健华）

第十一章　遗传信息的传递与表达

学习目标

掌握:遗传信息传递的中心法则;DNA 复制的特点及参与复制的物质;转录的特点和参与转录的物质;参与蛋白质生物合成的物质及遗传密码的特点。

熟悉:DNA 复制、逆转录、转录和翻译的过程;真核生物 RNA 转录后的加工修饰。

了解:DNA 的损伤与修复;蛋白质生物合成与医学的关系。

【导学案例】

2020 年 5 月,人社部公布了拟发布的 10 个新职业,其中包括核酸检测员。核酸检测员负责对样品的核酸进行提取和纯化、进行实时荧光定量 PCR 检测、构建基因文库并进行碱基序列测定等。从事该项工作需具备熟练的分子生物学操作技术和相关知识。

思考题:

1. 核酸检测员需要熟练地掌握哪些分子生物学知识和技术?

2. 从职业的消失和新生角度思考终身学习的重要性。

绝大多数生物的遗传信息储存在 DNA 分子中,表现为特定的核苷酸排列顺序。以亲代双链 DNA 作为模板,指导子代 DNA 新链合成,亲代 DNA 的遗传信息准确地传至子代,这一过程称为 DNA 复制(DNA replication)。在生物细胞内,以 DNA 为模板,合成与 DNA 某段碱基排列顺序互补的 RNA 分子,将遗传信息传递给 RNA 的过程称为转录(transcription)。以转录产物 mRNA 作为模板,指导蛋白质生物合成的过程称为翻译(translation)。通过转录和翻译,基因的遗传信息在细胞内指导合成各种蛋白质,赋予细胞及个体一定的形态与功能,这就是基因表达。1958 年,Crick 将遗传信息由 DNA→RNA→蛋白质的传递规律,总结为遗传信息传递的中心法则(the central dogma)。

1970 年,Temin 和 Baltimore 在研究 RNA 病毒时发现,RNA 病毒侵入宿主细胞后,以其自身 RNA 作为模板指导 DNA 的合成,因这与中心法则中"转录"的信息流向相反,故称为逆转录(reverse transcription)。后来还发现某些 RNA 病毒中的 RNA 还可自身复制。逆转录与 RNA 复制的发现补充完善了中心法则(图 11-1)。

图 11-1　遗传信息传递的中心法则

中心法则体现了遗传信息在 DNA、RNA 和蛋白质三种生物大分子之间的流动。本章以中心法则为线索,依次介绍复制、转录及翻译的基本过程及生物学意义。

［要点:中心法则的内容］

第一节　DNA 的生物合成

DNA 的生物合成包括 DNA 复制、逆转录和 DNA 修复合成三方面内容。

一、DNA 的复制

（一）DNA 复制的主要特征

DNA 复制时,亲代 DNA 双螺旋解开成为两条单链,每条单链均可作为模板,按照碱基配对规律(A - T、G - C)合成新的 DNA 链,新链与模板链互补。每个子代 DNA 分子的双链中,一条链来自亲代 DNA,另一条链是新合成的,这种复制方式称为半保留复制(semiconservative replication)。半保留复制是 DNA 复制的最主要特征。DNA 半保留复制的阐明,对明确遗传信息传递的规律及复制过程的高度保真性有重要的意义。

［要点:半保留复制的概念］

- -

知识拓展

DNA 半保留复制的证明

Watson 和 Crick 在建立 DNA 双螺旋模型之后提出了半保留复制的设想。1958 年,Meselson 和 Stahl 用 ^{15}N 标记大肠杆菌 DNA 的实验,证实了上述设想。通过将大肠杆菌(E.coli)放在以 $^{15}NH_4C1$ 为氮源的培养液中培养若干代后,DNA 全部被 ^{15}N 标记而成为"重"DNA,密度大于正常 $^{14}N - DNA$("轻"DNA),经密度梯度超速离心后,出现在靠离心管下方的位置。将含 $^{15}N - DNA$ 的 E.coli 转移到 $^{14}NH_4Cl$ 为氮源的培养液中进行培养,在不同的培养时间分别提取 DNA 进行密度梯度超速离心分析。研究发现随后的第一代 DNA 只出现一条区带,位于 $^{15}N - DNA$("重"DNA)和 $^{14}N - DNA$("轻"DNA)之间,即"中间密度"DNA;第二代的 DNA 在离心管中出现两条区带,其中"中等密度"DNA 与"轻"DNA 各占一半。继续传代,DNA 离心也均显示存在"中间密度"DNA 和"轻"DNA,只是"轻"DNA 带随细菌增殖而加宽,而"中间密度"DNA 带粗细不变。这些实验结果只能用 DNA 半保留复制才能解释(图 11 - 2)。

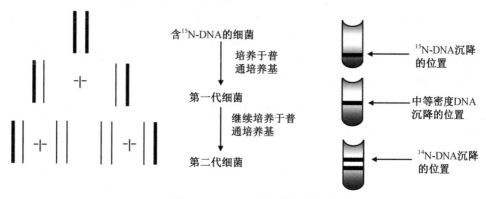

图 11 - 2　DNA 半保留复制实验

　　DNA 复制的特征还包括有固定复制起始点、双向复制、半不连续复制等。原核生物 DNA 是环状分子,通常只有一个复制起始点;真核生物是线状分子,有多个复制起始点。复制时,DNA 从复制起始点向两个方向解链,形成两个复制叉(解开的两条单链与未解开的双螺旋形成的 Y 字形结构),称为双向复制。DNA 复制时,一条新链连续合成,另一条新链分段合成,称为半不连续复制。

　　(二)参与 DNA 复制的物质

　　DNA 的复制过程极为复杂,需模板、底物、多种酶和蛋白质因子参与。

　　1. 模板　亲代 DNA 的两条单链,分别作为模板。

　　2. 底物　dATP、dGTP、dCTP、dTTP 四种脱氧核苷三磷酸(dNTP)作为底物。

　　3. DNA 聚合酶　全称是依赖 DNA 的 DNA 聚合酶(DNA-dependent DNA polymerase, DDDP),简称为 DNA-pol。原核生物大肠杆菌中已发现三种 DNA 聚合酶,分别称为 DNA 聚合酶 Ⅰ、Ⅱ、Ⅲ(表 11-1)。

表 11-1　大肠杆菌 DNA 聚合酶

DNA - pol	Ⅰ	Ⅱ	Ⅲ
分子量(kD)	109	120	250
分子组成	单肽链	不清楚	多亚基不对称聚合体
$5'→3'$聚合酶活性	低	极低	高
$3'→5'$外切酶活性	有	有	有
$5'→3'$外切酶活性	有	无	无
功能	即时校读、修复合成	无Ⅰ、Ⅲ时发挥作用	复制、校读作用

　　DNA 聚合酶 Ⅰ 是由单一多肽链构成的多功能酶,其 $5'→3'$聚合酶活性可催化 DNA 沿 $5'→3'$方向延长,主要用于填补切除引物后留下的空隙;DNA 聚合酶 Ⅰ 的 $3'→5'$外切酶活性能识别和切除正在延长的子代链中错误配对的脱氧核苷酸,也称为校读作用(图 11-3);而 $5'→3'$外切酶活性,主要用于切除引物,或切除突变的片段。

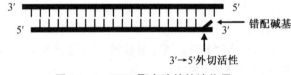

图 11-3　DNA 聚合酶的校读作用

　　DNA 聚合酶 Ⅱ 的功能尚不十分清楚,该酶可能是在缺乏 DNA 聚合酶 Ⅰ 和 DNA 聚合酶 Ⅲ 的情况下发挥作用。DNA 聚合酶 Ⅱ 对模板的特异性不高,能以损伤尚未修复的 DNA 链作为模板合成 DNA 新链。因此认为,它参与 DNA 损伤的应急状态修复(SOS 修复)。

　　DNA 聚合酶 Ⅲ 是复制时起主要作用的酶,催化反应速度最快,每分钟催化约 10^5 个脱氧核苷酸聚合。DNA 聚合酶 Ⅲ 具有 $3'→5'$外切酶的活性,能切除错配的脱氧核苷酸。

　　真核细胞中已发现 5 种 DNA 聚合酶,即 DNA 聚合酶 α、β、γ、δ、ε,其中在复制过程中起主要作用的是 DNA-pol δ 和 DNA-pol ε(表 11-2)。

表 11-2　真核生物 DNA 聚合酶

DNA - pol	α	β	γ	δ	ε
分子量(kD)	300	36~38	160~300	170	250
$5'→3'$聚合酶活性	+	+	+	+	+
$3'→5'$外切酶活性	-	+	+	+	+
主要功能	引物酶	DNA 修复	线粒体 DNA 复制	随从链合成	领头链合成

4. 引物酶(primase)　DNA 复制起始时需要一小段 RNA 作为引物,催化引物合成的是引物酶,它不同于转录过程的 RNA 聚合酶。引物酶以 DNA 为模板,四种 NTP 为底物,催化合成一段与模板互补的 RNA 链(长为十几个至几十个核苷酸)。DNA 聚合酶催化在引物的 3'-OH 末端逐一加入 dNTP,形成 DNA 新链。

5. 解螺旋酶(helicase)　又称解链酶,能使双链 DNA 在局部解开,形成单股 DNA 链,每解开一对碱基消耗 2 分子 ATP。

6. 单链 DNA 结合蛋白(single strand DNA binding protein,SSB)　DNA 解链后仍有形成双链的倾向,需要 SSB 与单链 DNA 结合以维持复制中模板的单链状态,并防止核酸酶对 DNA 单链进行水解,保护单链的完整。

7. 拓扑异构酶(topoisomerase)　起松弛 DNA 超螺旋结构的作用,是既能水解又能合成磷酸二酯键的酶,常见的有拓扑异构酶Ⅰ型和Ⅱ型,Ⅰ型切断 DNA 双链中的一股,使 DNA 链断端沿松解的方向转动,DNA 分子变为松弛状态,然后再将切口封闭,不需要 ATP。Ⅱ型能同时切断 DNA 的双股链,需要 ATP。

8. DNA 连接酶(DNA ligase)　连接一 DNA 片段的 3'-OH 与另一 DNA 片段的 5'-磷酸生成 3',5'-磷酸二酯键,DNA 连接酶催化作用需要消耗 ATP。DNA 连接酶不能连接游离的 DNA 单链,只能催化连接 DNA 双链中的单链缺口。该酶不仅在 DNA 复制、重组、修复及剪接等过程中起接合缺口的作用,也是基因工程中不可缺少的工具酶。

［要点:DNA 复制的特点及参与复制的过程］

(三) DNA 复制的过程

生物体内 DNA 复制是在细胞分裂之前进行。复制过程可分为复制的起始、延长及终止三个阶段。以下主要介绍原核生物 DNA 复制过程。

1. 复制的起始　在解螺旋酶和拓扑异构酶的作用下,复制起始部位的 DNA 超螺旋被松解,并进一步打开双螺旋,形成单链模板。在解链的同时单链结合蛋白(SSB)与打开的 DNA 单链结合,以稳定 DNA 单链,形成一个叉状结构,称为复制叉。引物酶识别复制起点,以 NTP 为底物,形成与模板 DNA 链互补的 RNA 短片段,即 RNA 引物。引物的合成方向为 5'→3',其 3'-OH 末端为复制提供聚合延伸的起点。

在复制起点上解链后形成两个复制叉,均可继续进行解链,沿着两个解链方向形成的单链,均可作为模板指导新链延伸,故称为双向复制(图 11-4)。

图 11-4　DNA 的双向复制

2. 复制的延长　在引物的 3'-OH 末端,DNA 聚合酶Ⅲ分别以 DNA 的两条链为模板,催化四种脱氧核苷三磷酸(dNTP),合成两条新的 DNA 链。dNTP 水解掉焦磷酸(PPi)以 dNMP 形式组成新链。

新链的合成方向是 5'→3',由于 DNA 分子的两条链反向平行,因此新合成的链中有一条链延伸方向与解链方向是一致的,能连续合成,称为领头链或前导链(leading strand);而另一条链延伸方向与解链方向相反,只能分段合成 DNA 短片段再连接,故该链复制略滞后,称随从链或后随链(lagging strand)。由此可见 DNA 复制为半不连续复制。领头链和随从链是由同一个 DNA 聚合酶Ⅲ催化合成的,随从链需做 360°绕转,使随从链的延长方向和解链方向一致,延长点处在 DNA-pol Ⅲ核心酶的催化位点上,这样 DNA 聚合酶Ⅲ就可以同时催化两条新链的合成了。DNA 复制过程,如图 11-5。日本科学家冈崎于 1968 年用电镜和放射自显影技术首次发现 DNA 的半不连续复制现象,因此这种不连续复制的片段被称为冈崎片断(Okazaki fragment)。原核生物中冈崎片段长 1 000～2 000 核苷酸,在真核生物其长度只有 100～200 核苷酸。

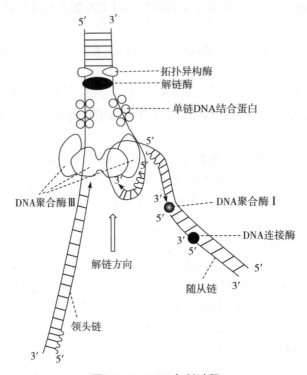

图 11‑5　DNA 复制过程

[要点:DNA 复制过程;领头链、随从链、冈崎片段的概念]

3. 复制的终止　DNA 片段合成至一定的长度后,子链中的 RNA 引物被 DNA 聚合酶Ⅰ切除。随从链引物水解后留下的间隙由相邻 DNA 片段在 DNA 聚合酶Ⅰ的催化下延长而填补。当填补至足够长度时,相邻 DNA 片段在 DNA 连接酶的催化下以磷酸二酯键连接起来,得到连续的新链,并与其互补的模板 DNA 链一起构成子代双螺旋 DNA,即完整 DNA 分子。

真核生物的 DNA 复制过程与原核生物基本相似,但更为复杂。真核生物的 DNA 通常都与组蛋白结合,构成核小体,以染色质的形式存在于细胞核中。复制过程需疏松染色质和解开核小体,复制后又需装配并压缩成染色体,再分配到两个子细胞中去。

遗传信息能稳定地延续传代,是通过复制的保真性来实现的。确保复制保真性的机制包括:严格的碱基配对规则;DNA 聚合酶对碱基的严格选择能力;DNA 聚合酶校读修正错配碱基;DNA 损伤的修复。通过上述机制,保证了 DNA 复制有序而精确地进行。

知识拓展

端粒与端粒酶

真核生物染色体 DNA 为线性结构,两末端有特殊的端粒(telomere),对维持染色体 DNA 的稳定,防止 DNA 链的缩短有重要意义。端粒酶(telomerase)是一种由 RNA 及蛋白质组成的复合酶,能以其中的 RNA 为模板,经逆转录而延伸末端的 DNA。

动物生殖细胞由于端粒酶的存在,端粒一直保持着一定的长度,但体细胞随着分化逐渐失去端粒酶活性。在缺乏端粒酶活性时,细胞连续分裂将使端粒不断缩短,短到一定程度即引起细胞生长停止或凋亡。研究表明端粒结构和端粒酶与细胞的衰老和肿瘤的发生均有一定的关系。

二、逆转录

逆转录(reverse transcription)，又称反转录，是以 RNA 为模板合成 DNA 的过程。催化该反应的酶是逆转录酶(reverse transcriptase)，又可称为依赖 RNA 的 DNA 聚合酶(RNA-dependent DNA polymerase，RDDP)。逆转录酶具有三种酶活性：① 依赖 RNA 的 DNA 聚合酶活性，即能以 RNA 为模板，催化合成互补 DNA(complementary DNA，cDNA)。② RNase H 活性，可专一水解 RNA - DNA 杂交分子中的 RNA。③ 依赖 DNA 的 DNA 聚合酶活性，以逆转录合成的 DNA 第一链为模板，催化互补的 DNA 第二链的合成(图 11 - 6)。

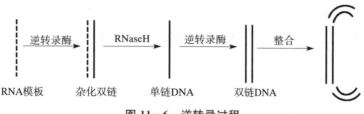

图 11 - 6　逆转录过程

病毒 RNA 经逆转录形成的双链 DNA，在宿主细胞内有如下作用：① 新合成的 DNA 分子带有 RNA 病毒基因组的遗传信息，能整合到宿主细胞的染色体 DNA 中，并随宿主细胞增殖而传递给子代细胞。这可导致细胞分化增殖失控，甚至发生细胞恶变；② 以 DNA 为模板，转录生成大量病毒 RNA，进一步翻译生成若干种病毒蛋白质，用以包装病毒，使之成为有感染力的病毒颗粒，扩大感染。

逆转录的生物学意义：补充完善了中心法则，有助于探索肿瘤、艾滋病等的病因和设计治疗策略。此外，逆转录酶已成为基因工程中常用的工具酶。

［要点：逆转录的概念、逆转录酶的功能］

三、DNA 的损伤和修复

遗传的稳定性取决于 DNA 分子的正常序列和结构的完整性。DNA 双螺旋结构的任何异常改变称为 DNA 的损伤。在一定条件下，机体能对损伤的 DNA 进行修复。这种修复作用是生物体在长期进化过程中获得的一种保护功能。如果损伤不被修复，DNA 就会产生突变，导致 DNA 编码的遗传信息发生变化。

(一) DNA 的损伤因素

1. 自发因素　在遗传信息复制传代的过程中，DNA 复制的偶然差错可引起 DNA 局部碱基变异。尽管自发性基因突变的概率非常低(约 10^{-9})，但其负面影响不可低估。

2. 物理因素　主要是紫外线(UV)及电离辐射。紫外线照射引起 DNA 分子中相邻的嘧啶碱基之间共价结合形成嘧啶二聚体(如 TT、CC、CT)以及 DNA 链断裂等损伤。电离辐射可导致碱基和脱氧核糖的变化、DNA 链断裂等损伤。

3. 化学因素　化学诱变剂种类繁多，已发现的有 60 000 多种，包括一些化学试剂、药物、食品添加剂、汽车排放废气、工业排出废物、某些农药等。亚硝酸盐或亚硝胺类通过脱氨基作用使碱基发生突变，如胞嘧啶脱氨突变为尿嘧啶；烷化剂能使碱基或核糖被烷基化；苯并芘类可使 DNA 中嘌呤碱基产生共价交联等。

4. 生物因素　某些病毒的感染或某些细菌、真菌产生的毒素或代谢产物，可导致基因的突变，与某些肿瘤或癌症的发生密切相关。

(二) DNA 突变的类型

1. 碱基错配　又称点突变(point mutation)，是指 DNA 上单个碱基的变异。一种嘧啶被另一种嘧啶，或一种嘌呤被另一种嘌呤替代称为转换；嘧啶被嘌呤或嘌呤被嘧啶替代称为颠换。若点突变发生在基因编码区可导致氨基酸的改变,影响蛋白质的结构和功能。

2. 碱基缺失、插入 是指 DNA 分子中丢失或插入一个或多个碱基。碱基的插入或缺失容易造成框移突变(frame shift mutation,又称为移码突变),使基因表达异常。

3. 重排 是指 DNA 分子内较大片段的交换,称为重排或重组。

[要点:DNA 突变的类型]

(三)DNA 损伤的修复

突变的 DNA 需要细胞内一系列酶参与修复,以消除 DNA 分子上的突变状态,使其恢复正常结构。修复类型主要有光修复(photoreactivation repair)、切除修复(excision repair))、重组修复(recombination repair)及 SOS 修复等。

1. 光修复 300～600 nm 的光照射可激活细胞内的光复活酶,催化嘧啶二聚体解聚,恢复 DNA 原来的结构(图 11-7)。光复活酶广泛存在于生物界。

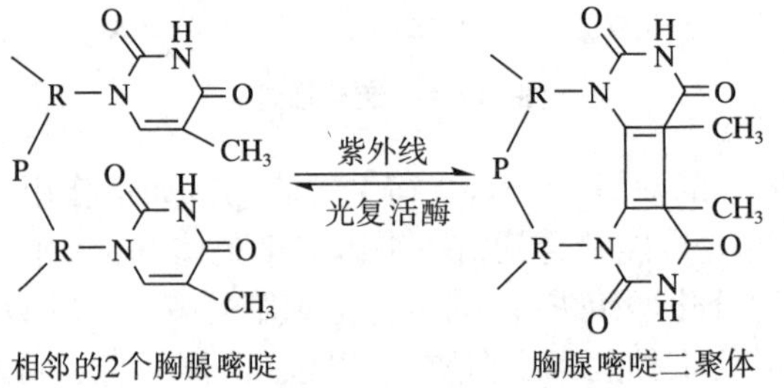

图 11-7 紫外损伤与光修复

2. 切除修复 是细胞内最重要和有效的修复方式,修复过程需要多种酶的一系列作用,可分为四个步骤:①由特异性核酸内切酶识别 DNA 的损伤位点,在损伤部位的 $5'$ 侧水解磷酸二酯键,将损伤的 DNA 单链切断。② 由 $5'→3'$ 核酸外切酶将损伤的 DNA 片段切除。③ 在 DNA 聚合酶的催化下,以另一条正常的 DNA 链为模板,进行修复合成,填补已切除的空隙。④ 由 DNA 连接酶将新合成的 DNA 片段与原来的 DNA 断链连接成正常的 DNA(图 11-8)。

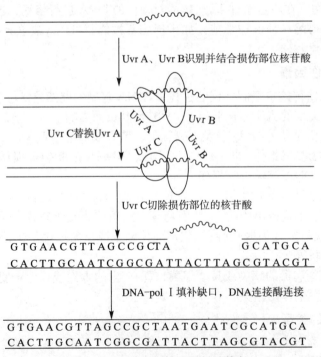

图 11-8 E. coli 的 DNA 切除修复

3. 重组修复　当DNA分子损伤面较大,还来不及修复完善就进行复制时,母链上的损伤部位不能作为模板指导子链的合成,造成子链上的缺口,此时可通过重组作用修复。用另一条正常母链相应部位的序列填补至该缺口。而交换后在正常母链上出现的缺口可由其互补子链为模板进行修复(图11-9)。这样,亲代的损伤不会传给子代。

4. SOS 修复　SOS 是国际海难的紧急呼救信号,在此意为"紧急修复"。当DNA受到广泛而严重的损伤,难以进行复制的紧急情况下,细胞启动的应急修复方式。其特征是对碱基的识别、选择能力差,不能将大范围内受损伤的DNA完全精确地修复,出现错误的概率较高,突变的概率也较大,但能在一定程度上保证细胞的存活。

DNA损伤的修复是生物体的一项重要功能。DNA修复能力的异常可能与衰老和某些疾病(如肿瘤)发生有关。老龄动物修复DNA功能降低,这可能是发生衰老的原因之一。着色性干皮病是一种人类常染色体隐性遗传病,由于DNA切除修复功能缺陷,患者对紫外线照射引起的皮肤细胞DNA损伤不能修复,长期受日光或紫外线照射时易发展为皮肤癌。

[要点:DNA损伤的修复方式]

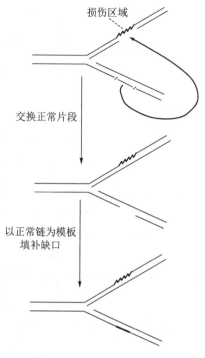

图 11-9　DNA 的重组修复

第二节　RNA 的生物合成

RNA 的生物合成包括转录(transcription)及 RNA 复制(RNA replication)。RNA 转录是指生物体以 DNA 为模板,四种 NTP 为原料,在 RNA 聚合酶的催化下合成 RNA 的过程。

一、转录

(一)参与转录的物质

RNA 转录需要多种成分参与,包括 DNA 模板、四种 NTP、RNA 聚合酶、某些蛋白质因子及必要的无机离子等,总称为转录体系。

1. 转录的模板　转录以 DNA 某一区段为模板,该区段称为结构基因。结构基因的 DNA 双链中只有一条链可以作为模板转录生成 RNA,这条链称为模板链,也称为反意义链;与其互补的另一条链不被转录,称为编码链,也称为有意义链。在一个包含许多基因的双链 DNA 分子中,各个基因的转录模板并不全在同一条 DNA 链上。某个结构基因以其中一条链为模板进行转录,而另一个结构基因则可能以另一条链作为模板进行转录,转录的这种选择性称为不对称转录(asymmetric transcription)(图11-10)。

[要点:不对称转录的概念]

2. RNA 聚合酶　RNA 聚合酶(RNA polymerase,RNA-pol),全称是依赖 DNA 的 RNA 聚合酶(DNA-dependent RNA polymerase,DDRP)。该酶以 DNA 为模板,以四种 NTP 为底物,遵从碱基互补配对规律,催化 RNA 链按 $5'→3'$ 方向合成。原核及真核生物中的 RNA 聚合酶存在明显区别。

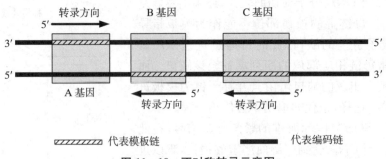

图 11-10　不对称转录示意图

（1）原核生物 RNA 聚合酶：大肠杆菌（$E.coli$）中 RNA 聚合酶全酶是由五种亚基构成的六聚体（$\alpha_2\beta\beta'\omega\sigma$），其中 $\alpha_2\beta\beta'\omega$ 称为核心酶，可催化 RNA 链的延长，σ 因子识别转录的起始位点，故又称为起始因子（表 11-3）。$E.coli$ 中有多种 σ 因子，能够识别不同基因的启动序列，转录表达不同的蛋白质。如 σ^{70} 是主要的 σ 因子，启动管家基因的转录，而 σ^{32} 启动热休克基因的转录。RNA 聚合酶缺乏 $3'\rightarrow5'$ 外切酶活性，故没有校读的功能，这使得 RNA 合成的错误率较高。

表 11-3　大肠杆菌的 RNA 聚合酶

亚基	每分子酶所含数目	功能
α	2	决定哪些基因被转录
β	1	与转录全过程有关（催化）
β'	1	结合 DNA 模板（开链）
ω	1	功能尚不明确
σ	1	辨认转录起始点

［要点：原核生物 RNA 聚合酶中核心酶和 σ 因子的功能］

抗结核菌药物利福霉素及利福平能够与原核生物的 RNA 聚合酶的 β 亚基以非共价键结合，特异性抑制酶的作用，发挥抑菌作用。

（2）真核生物 RNA 聚合酶：现已发现三种，分别称为 RNA 聚合酶 Ⅰ、Ⅱ、Ⅲ。它们存在于细胞核的不同部位，可专一地转录不同的基因，产生不同的产物。鹅膏蕈碱是真核生物 RNA 聚合酶的特异性抑制剂，三种酶对鹅膏蕈碱的敏感性不同（表 11-4）。

表 11-4　真核生物 RNA 聚合酶

种类	细胞定位	产生 RNA 种类	对鹅膏蕈碱的敏感性
RNA 聚合酶 Ⅰ	核仁	45S rRNA 前体	不敏感
RNA 聚合酶 Ⅱ	核质	hnRNA	极敏感
RNA 聚合酶 Ⅲ	核质	tRNA 前体、5S rRNA、snRNA	中度敏感

（二）转录过程

转录过程可分起始、延伸和终止三个阶段。现以原核生物为例介绍转录的基本过程。

1. 转录的起始　转录是在 DNA 模板的特殊部位开始的，此部位称为启动子，位于转录起始点上游，其本身不被转录。转录起始点是 DNA 分子上开始进行转录作用的位点，常以 +1 表示；转录过程从起始点开始向模板链的 $5'$ 端方向进行，在 DNA 模板上，从起始点开始顺转录方向的区域称为下游，用正数表示；从起始点开始逆转录方向的区域称为上游，用负数表示。细菌启动子包括两段保守序列，一是位于起始点上游 -35 区域的 TTGACA 序列；另一是位于转录起始点上游 -10 区域的 TATAAT 序列，通常称为 Pribnow box（图 11-11）。

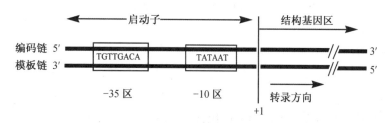

图 11-11 原核生物转录启动子结构

转录时,首先由 RNA 聚合酶的 σ 因子辨认启动子,并带动 RNA 聚合酶全酶与启动子结合。随后 RNA 聚合酶发挥其解旋酶的功能,使 DNA 局部构象变化而解链,双链打开约 17 个碱基对(base pair,bp),暴露出 DNA 模板链。根据模板链上核苷酸序列,进入第一、第二个互补的 NTP,在 RNA 聚合酶的催化下形成第一个 3′,5′磷酸二酯键,从而形成转录起始复合物(RNA 聚合酶全酶- DNA - pppGpN - OH)。通常 RNA 5′-端的第一个核苷酸是 GTP 或 ATP,以 GTP 更常见。RNA 开始合成后,σ 因子很快从全酶中脱落下来,核心酶沿 DNA 模板链的 3′→5′方向移动,进入延长阶段。

2. 转录的延长 σ 因子释出后,核心酶构象改变,有利于其在 DNA 模板链上沿 3′→5′方向移动。根据碱基配对规律,四种 NTP 以 NMP 的形式沿 5′→3′方向聚合,使 RNA 新链不断延长。在延伸的过程中,核心酶不断使模板 DNA 解链,产生一个长约 17 bp 的转录泡(transcription bubble)。在此过程中形成的"核心酶- DNA -延伸中的 RNA"复合物称为转录复合物。新生 RNA 链暂时与 DNA 模板链形成 DNA - RNA 杂交体。杂交体中 DNA - RNA 的结合并不紧密,RNA 容易与模板脱离,分开的 DNA 双链趋于恢复原有的双螺旋结构(图 11 - 12)。

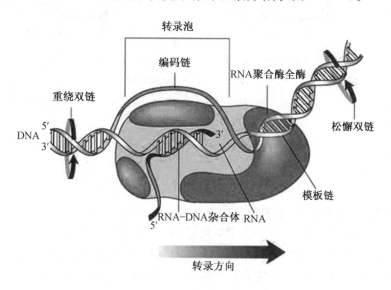

图 11-12 原核生物转录延伸示意

3. 转录的终止 当核心酶在 DNA 模板上滑行到转录终止区域时,便停顿下来不再前进,转录产物 RNA 链从转录复合物上脱落下来,转录即终止。原核生物的转录终止分为依赖 ρ(Rho)因子的转录终止和不依赖 ρ 因子的转录终止。

ρ 因子是由同类型亚基组成的六聚体,也称终止因子(termination factor),同时具有解旋酶活性及 ATP 酶活性。当 ρ 因子与新生的 RNA 转录产物结合,ρ 因子与 RNA 聚合酶都发生构象变,从而使 RNA 聚合酶停顿,RNA - DNA 杂化双链解链,RNA 产物被释放。

不依赖 ρ 因子的转录终止模式,其转录产物 3′端形成富含 GC 的发夹结构,发夹结构的 3′-端还有几个连续的尿嘧啶(U)序列。这种结构可以阻止 RNA 聚合酶沿 DNA 模板向前移动,RNA 脱离模板,故转录终止。

(三) 转录后的加工

原核生物转录后产生的 RNA 很少需要加工处理,就直接转运到核糖体上参与蛋白质的生物合成。真核生物的基因由若干编码区序列与非编码区序列连续镶嵌而构成,称为断裂基因。因此,由真核生物基因转录生成的 RNA 均为前体,没有生物学活性,还要经过一系列酶的作用,才能加工成为成熟的、有活性的 RNA。

1. mRNA 转录后的加工 真核生物 mRNA 的前体是不均一核 RNA(heterogeneous nuclear RNA,hnRNA),其加工过程包括 5′加帽、3′端加尾和剪接。

(1) 5′端"帽子"结构的形成:真核生物成熟 mRNA 的 5′端具有 7 - 甲基鸟苷三磷酸($5'-m^7GpppN-$)的"帽子"结构(图 11 - 13)。加工过程需要加帽酶和甲基转移酶的催化。加帽酶去除新生 RNA 5′端第一个核苷酸(一般为 pppG)的 γ - 磷酸基团,并与一个 GTP 的 GMP 部分以不常见的 $5',5'$-三磷酸连接键相连。甲基转移酶使加上去的 GMP 中鸟嘌呤的 N_7 和原新生 RNA 第一个核苷酸的核糖 $2'-O$ 甲基化,甲基由 S - 腺苷甲硫氨酸提供。帽子结构可以保护 mRNA 免受核酸外切酶的水解,并与翻译过程的起始有关。

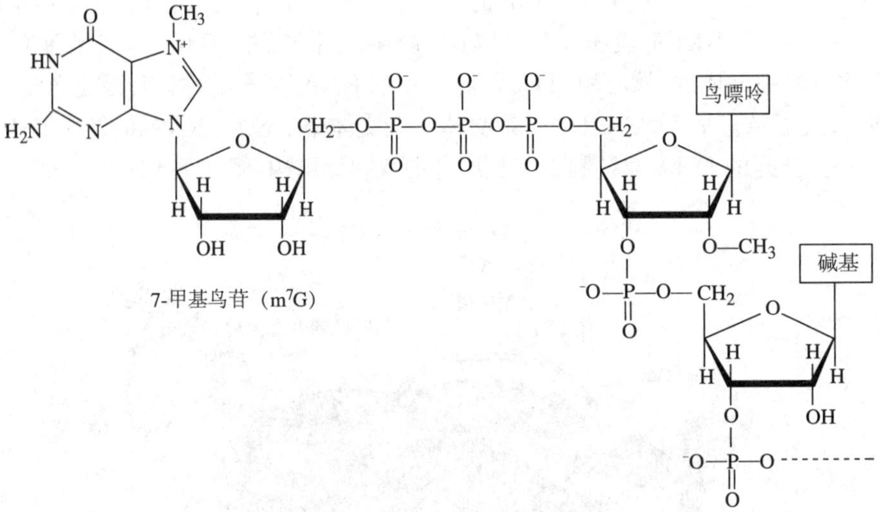

图 11 - 13 真核 mRNA 帽子结构

(2) 3′端多聚 A 尾的加入:由多聚腺苷酸聚合酶催化 ATP 在 3′端进行聚合反应,形成多聚腺苷酸尾巴(poly A),长度为 100~200 个的多聚腺苷酸。其长度随 RNA 寿命而缩短。poly A 对于维持 mRNA 作为翻译模板的活性及增加 mRNA 本身的稳定性具有重要的意义。

(3) hnRNA 的剪接:断裂基因中能表达的编码序列称为外显子(exon),间隔序列称为内含子(intron)。在转录时,外显子与内含子均转录形成 hnRNA。hnRNA 的剪接,就是切除内含子,拼接外显子,形成成熟的 mRNA。这一过程依赖核内小分子核糖核蛋白(small nuclear ribonucleo-protein,snRNP)协助完成。snRNP 由小核 RNA(small nuclear RNA,snRNA)和核内蛋白质组成,也称为剪接体。snRNP 能使 hnRNA 的内含子弯成套索状,从而使两端的外显子相互靠近,并使外显子与内含子之间的磷酸二酯键被切断,再使外显子相互连接(图 11 - 14)。

[要点:真核生物 mRNA 的转录后加工方式]

2. tRNA 转录后加工 真核生物 tRNA 前体分子转录后的加工包括剪切、3′端加- CCA - OH 及碱基修饰等。

(1) 剪切:tRNA 的初级转录产物在核糖核酸酶的作用下,可切除 5′端和 3′端以及 tRNA 反密

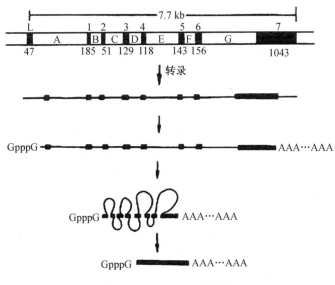

图 11 - 14　hnRNA 的剪接

码环的部分插入序列。

（2）3′端加 - CCA - OH 结构：由核苷酸转移酶催化，在 tRNA 前体的 3′-端加上 CCA - OH 结构。此结构是 tRNA 转运特异氨基酸的功能位点。

（3）碱基修饰：tRNA 分子中有多种稀有碱基，这些稀有碱基是由普通碱基在转录后修饰形成的。常见的稀有碱基有甲基腺嘌呤（^mA），甲基胞嘧啶（^mC），二氢尿嘧啶（DHU），次黄嘌呤（I），假尿苷（ψ）等。这些稀有碱基的生成包括甲基化反应、还原反应、脱氨基反应、核苷转位反应等。

3. rRNA 转录后加工　真核生物 rRNA 的基因是多拷贝的，在染色体 DNA 上呈串联排列，在这些重复单位之间由非转录的间隔区隔开。转录后形成的 rRNA 的前体，若包括多个串联的rRNA，则需进行剪切将它们分离。例如，真核生物 RNA 转录的初级产物 45S rRNA 经加工剪切形成 18S rRNA、28S rRNA、5.8S rRNA。

二、RNA 的复制

RNA 复制（RNA replication）是以 RNA 为模板合成 RNA 的过程，是除了逆转录病毒以外的其他 RNA 病毒的复制方式。能直接作为 mRNA 指导病毒蛋白质合成的 RNA，称为正链 RNA；不能直接作为 mRNA 指导病毒蛋白质合成的 RNA，称为负链 RNA。

（一）RNA 复制酶

RNA 复制酶是指依赖 RNA 的 RNA 聚合酶（RNA-dependent RNA polymerase，RdRp）。该酶以 RNA 为模板，以 4 种 NTP 为底物，遵从碱基互补配对规律，按 5′→3′方向催化合成互补的RNA 链。RNA 复制酶缺乏校正功能，因此 RNA 复制时错误率很高，这与逆转录酶相似。

（二）RNA 复制方式

1. 正单链 RNA 病毒　如冠状病毒、噬菌体、脊髓灰质炎病毒等。以正链 RNA 作为模板合成互补的负链 RNA，再由负链 RNA 作为模板合成新的正链 RNA。正链 RNA 可作为 mRNA 合成病毒蛋白质。最后正链 RNA 与病毒蛋白质组装成新的病毒颗粒。

2. 负单链 RNA 病毒　如腮腺炎病毒、麻疹病毒、狂犬病毒等。以负链 RNA 作为模板，合成互补的正链 RNA，再由正链 RNA 作为模板合成新的负链 RNA 和病毒蛋白质。最后负链 RNA和病毒蛋白质组装成新的病毒颗粒。

3. 双链 RNA 病毒　如轮状病毒、蓝舌病毒、呼肠孤病毒等。可由双链中的负链 RNA 作为模板,合成正链 RNA,再由正链 RNA 作为模板合成双链 RNA 和病毒蛋白质。最后双链 RNA 和病毒蛋白质组装成新的病毒颗粒。

知识拓展与思考

新冠病毒的复制方式

冠状病毒是一种单股正链 RNA 病毒,是已知基因组最大的 RNA 病毒之一,包含 26~32 kb。这类病毒通常会感染哺乳动物和鸟类,造成宿主呼吸道和肠道感染。新型冠状病毒(SARS‐CoV‐2)是已知第 7 种人类冠状病毒,具有正链 RNA 特有的重要结构特征:5′端有甲基化"帽子"结构,3′端有 PolyA"尾巴"结构。新冠病毒借助其刺突蛋白与宿主细胞表面的受体结合并进入细胞之后,病毒会脱去外壳,将 RNA 释放到细胞质中。病毒的 RNA 复制酶能够利用宿主细胞的机制以正链 RNA 作为模板合成互补的负链 RNA,再由负链 RNA 作为模板合成新的正链 RNA。冠状病毒正链 RNA 能够附着在宿主细胞的核糖体上,合成病毒蛋白质。当需要的各种蛋白质合成后,病毒就会在内质网腔中被组装,并通过高尔基复合体的小囊泡最终被输送到细胞外。新的病毒会继续运用相同的机制感染更多细胞。

在抗击新型冠状病毒肺炎疫情的斗争中,广大医务工作者白衣执甲、逆行出征,始终把人民群众生命安全和身体健康放在首位,全力以赴救治患者,彰显了敬佑生命、救死扶伤、甘于奉献、大爱无疆的崇高精神。让我们重温医学生誓词,思考在国家和人民的利益处于危急时刻我们应该如何做出抉择?

第三节　蛋白质的生物合成

蛋白质的生物合成就是以 mRNA 为模板合成蛋白质的过程,又称为翻译(translation)。遗传信息储存于 DNA 分子中,通过转录生成 mRNA,再将 mRNA 中的遗传信息转换为蛋白质中氨基酸排列顺序。

一、参与蛋白质生物合成的物质

蛋白质的生物合成是以 20 种编码氨基酸为原料,以 mRNA 为模板,以 tRNA 为转运氨基酸的工具,以核糖体为合成场所,此外还需要相关的酶类(如氨基酰‐tRNA 合成酶,肽酰转移酶)、蛋白质因子(起始因子、延长因子、释放因子)、供能物质(ATP、GTP)和无机离子(Mg^{2+}、K^+)等参与,这些物质共同完成蛋白质生物合成过程。

［要点:参与蛋白质合成的物质］

(一) mRNA

mRNA 是蛋白质生物合成的直接模板。在 mRNA 分子上沿 5′→3′方向,每三个连续的核苷酸组成一个三联体,称为遗传密码(genetic code)或密码子(codon)。A、G、C、U 四种核苷酸可组合成 64 个密码子,其中 61 个可编码 20 种氨基酸,UAA、UAG 和 UGA 三个密码子不代表任何氨基酸,是肽链合成的终止信号,称为终止密码子(表 11‐5)。AUG 除编码甲硫氨酸外,在 mRNA 5′端出现的第一个 AUG 还兼做肽链合成的起始密码子。

表 11-5　遗传密码表

第一个核苷酸 (5'端)	第二个核苷酸				第三个核苷酸 (3'端)
	U	C	A	G	
U	苯丙氨酸	丝氨酸	酪氨酸	半胱氨酸	U
	苯丙氨酸	丝氨酸	酪氨酸	半胱氨酸	C
	亮氨酸	丝氨酸	终止密码	终止密码	A
	亮氨酸	丝氨酸	终止密码	色氨酸	G
C	亮氨酸	脯氨酸	组氨酸	精氨酸	U
	亮氨酸	脯氨酸	组氨酸	精氨酸	C
	亮氨酸	脯氨酸	谷氨酰胺	精氨酸	A
	亮氨酸	脯氨酸	谷氨酰胺	精氨酸	G
A	异亮氨酸	苏氨酸	天冬酰胺	丝氨酸	U
	异亮氨酸	苏氨酸	天冬酰胺	丝氨酸	C
	异亮氨酸	苏氨酸	赖氨酸	精氨酸	A
	甲硫氨酸 (起始密码)	苏氨酸	赖氨酸	精氨酸	G
G	缬氨酸	丙氨酸	天冬氨酸	甘氨酸	U
	缬氨酸	丙氨酸	天冬氨酸	甘氨酸	C
	缬氨酸	丙氨酸	谷氨酸	甘氨酸	A
	缬氨酸	丙氨酸	谷氨酸	甘氨酸	G

遗传密码具有以下特点：

1. 方向性　mRNA 中密码子的排列具有方向性(5'→3')，密码子内核苷酸的排列也具有方向性(5'→3')。从 mRNA 5'端的起始密码子 AUG 开始到 3'端终止密码子之间的核苷酸序列，称为开放阅读框(open reading frame，ORF)。翻译过程中核糖体"阅读"ORF 的方向也是 5'→3'。密码的方向性决定了多肽链的合成方向是 N 端→C 端。

2. 连续性　密码子之间没有交叉和重叠。翻译时，从起始密码子开始，按顺序一个密码子挨着一个密码子连续"阅读"，直至终止密码子出现。若在 ORF 中插入或缺失碱基，就会导致后续遗传密码发生改变，造成框移突变(移码突变)，产生异常的多肽链。

3. 简并性　除甲硫氨酸和色氨酸只有一个密码子外，其他氨基酸具有 2～6 个同义密码子。一种氨基酸具有 2 个或 2 个以上密码子的现象，称为遗传密码的简并性。由表 11-5 可以看出，遗传密码的简并性表现在密码子的前 2 位碱基多相同，差别在于第 3 位碱基。前 2 位碱基决定编码氨基酸的特异性，第 3 位碱基即使突变也不一定会造成氨基酸的改变。密码子的简并性对防止突变的影响，保证种属稳定性有一定的意义。

4. 摆动性　mRNA 密码子的第 3 位碱基与 tRNA 的反密码子的第 1 位碱基在辨认配对时，有时不完全遵守碱基配对原则，称之为密码子的摆动性(表 11-6)。

表 11-6　密码子阅读过程中的配对与摆动配对

mRNA 密码子的第 3 位碱基	U,C,A	A,G	G	U	U,C
tRNA 反密码子的第 1 位碱基	I	U	C	A	G

5. 通用性　遗传密码表中的遗传密码基本适用于生物界所有物种，即遗传密码具有通用性。这也表明各种生物是同一祖先进化而来。但是在线粒体和叶绿体中，存在某些例外。

［要点：遗传密码的概念和特点、起始密码子和终止密码子］

(二) tRNA

tRNA 是转运氨基酸的工具。tRNA 的氨基酸臂上 3'—CCA—OH 通过酯键与氨基酸相结合，从而特异地携带并转运氨基酸；其反密码环上的反密码子，通过识别结合 mRNA 上的密码子，将其所携带的氨基酸在核糖体上对号入座,参与多肽链的合成。密码子与反密码子配对时方向相反,密码子第1、2、3位核苷酸分别与反密码子第3、2、1位核苷酸碱基配对。

（三）rRNA

rRNA 与蛋白质组成核糖体(ribosome),核糖体是蛋白质合成的场所。核糖体由大小两个亚基组成,每个亚基都由大小不同的rRNA 和若干种蛋白质组成,这些蛋白质多是参与蛋白质生物合成的酶和因子。核糖体上有三个重要功能部位,一个结合肽酰 - tRNA,称为 P 位(peptidyl site)或给位(donor site);另一个结合氨基酰 - tRNA,称为 A 位(aminoacyl site)或受位(acceptor site);还有一个释放空载 tRNA 的 E 位(exit site)。同时,大亚基上在 P 位与 A 位之间具有肽酰转移酶活性,催化肽键的形成。mRNA 结合于小亚基,核糖体的大、小亚基间存在裂隙,可以容纳 mRNA(图 11 - 15)。

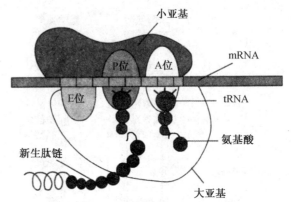

图 11 - 15　原核生物核糖体模式图

P 位:肽酰位;A 位:氨基酰位;E 位:排出位

[要点:三种类型 RNA 在蛋白质合成中的作用]

二、蛋白质的生物合成过程

（一）氨基酸的活化

氨基酸与 tRNA 结合为氨基酰 - tRNA 的过程,称为氨基酸的活化。反应由氨基酰 - tRNA 合成酶催化,ATP 提供能量,并需 Mg^{2+} 参与。总反应式如下:

$$氨基酸＋ATP＋tRNA \xrightarrow[Mg^{2+}]{氨基酰 - tRNA 合成酶} 氨基酰 - tRNA＋AMP＋PPi$$

氨基酸与 tRNA 连接的准确性由氨基酰 - tRNA 合成酶的特异性决定。该酶位于胞液,既能识别特定的氨基酸,也能识别携带该氨基酸的特定 tRNA,另外该酶还具有校对活性,能将错误结合的氨基酸水解释放,再换上正确的氨基酸。该酶的这些特性保证了氨基酸与 tRNA 的正确结合,从而使翻译具有高度保真性。

真核生物中起始 tRNA 为甲硫氨酰 - tRNA,用 Met - tRNA 表示;在原核生物中,起始 tRNA 携带的甲硫氨酸需要甲酰化,即形成甲酰甲硫氨酰 - tRNA,用 fMet - tRNA 表示。

[要点:氨基酰 - tRNA 合成酶的作用]

（二）肽链的生物合成

1. 肽链合成的起始　肽链合成的起始是指 mRNA、起始氨基酰 - tRNA 与核糖体的大小亚基相结合形成翻译起始复合物。此过程需起始因子(initiation factor,IF)、Mg^{2+}、GTP 参加。已知原核生物的起始因子有三种,即 IF - 1、IF - 2、IF - 3,其作用主要是促进翻译起始复合物的形成。

原核生物肽链合成的起始过程如图 11 - 16。

(1) 核糖体的大、小亚基分离:在 IF - 1 和 IF - 3 的促进下核糖体大、小亚基分离。

(2) mRNA 定位于小亚基:在 mRNA 起始密码子 AUG 上游 8~13 核苷酸部位有一段富含嘌呤碱基的 4~9 核苷酸组成的特殊序列(5′- AGGAGG - 3′),称为核糖体结合位点或 SD 序列(Shine-Dalgarno sequence),能够与核糖体小亚基的 16S rRNA 3′-端的序列(3′- UCCUCC - 5′)结合,因而有助于 mRNA 与小亚基结合。

(3) 甲酰甲硫氨酰 - tRNA 的结合:fMet - tRNA 与结合了 GTP 的 IF - 2 一起,通过反密码子识别并结合位于小亚基 P 位的起始密码子 AUG。

（4）大亚基的结合：GTP水解释放能量，使3种IF相继脱落，促使大亚基结合，形成70S翻译起始复合物。此时A位空置，且对应于紧接在AUG后的密码子，为肽链延长做好了准备。

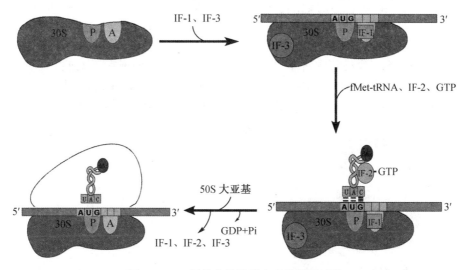

图11-16　原核生物肽链合成的起始过程

2. 肽链合成的延长　肽链的延长是一个循环过程，每个循环包括进位、成肽和转位三个步骤。在此循环中，根据mRNA密码子的要求，新的氨基酸不断地被相应的tRNA运至核糖体的A位，形成新的肽键。同时，核糖体相对于mRNA从5′端向3′端不断转位。肽链延长阶段需延长因子（elongation factor，EF）、GTP参加（图11-17）。原核生物的延长因子为EF-T及EF-G，延长因子的作用主要是促使氨基酰-tRNA进位，并促进核糖体转位。

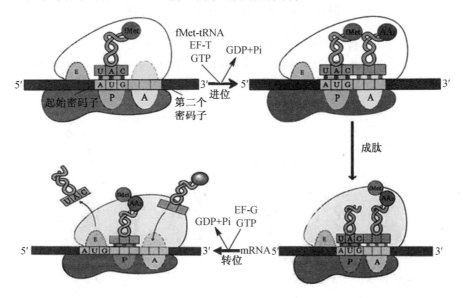

图11-17　原核生物肽链合成的延长过程

（1）进位：又称注册（registration），即在延长因子EF-T参与下，依据mRNA密码子，相应氨基酰-tRNA进入A位的过程。

（2）成肽：由存在于大亚基上的肽酰转移酶催化，P位上fMet-tRNA所携带的甲酰甲硫氨酰基（fMet）转移到A位，与A位上新进入的氨基酰-tRNA中氨基酰的氨基结合形成肽键。此时在A位上形成一个二肽酰-tRNA，P位有一个空载的tRNA。

（3）转位：EF-G有转位酶活性，由GTP水解供能，促进核糖体向mRNA的3′端移动一个密码子的距离,使二肽酰-tRNA 从 A 位转移到 P 位,空载 tRNA 从 P 位转移至 E 位,随后从 E 位脱落。转位后 A 位空置并对应第三个密码子,准备接纳下一个氨基酰-tRNA。

依次重复进行上述的进位、成肽和转位的循环步骤,每循环一次,多肽链延伸 1 个氨基酸残基。从上述反应可知,核糖体沿 mRNA 5′→3′方向移动,多肽链由 N 端→C 端延长。

[要点:肽链延长的二步反应、多肽链的合成方向]

3. 肽链合成的终止   当终止密码子(UAA、UAG 或 UGA)出现在 A 位时,释放因子(release factor,RF)识别终止密码子并与 A 位结合,促进 P 位的肽酰-tRNA 的酯键水解。新生的肽链和 tRNA 从核糖体释放,核糖体大小亚基、mRNA 分离,蛋白质合成结束(图 11-18)。

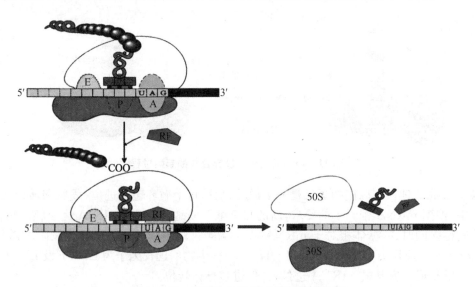

图 11-18   原核生物肽链合成的终止过程

细胞内进行蛋白质生物合成时,为了加快翻译的速度,通常有多个核糖体结合在同一个 mRNA 模板上,同时进行肽链的合成,形成多聚核糖体(图 11-19)。每个核糖体均从 mRNA 的起始密码开始,依次沿 5′→3′方向移动,合成多肽链。这样一条 mRNA 上可以同时合成多条同样的多肽链。

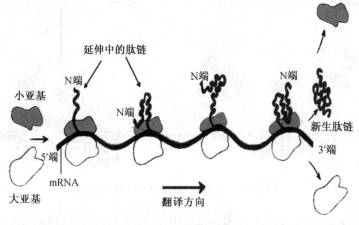

图 11-19   多聚核糖体

(三) 蛋白质生物合成后的加工和修饰

多肽链从核糖体上释放后,多数不具有生物活性,必须进一步加工修饰,才能成为具有生物活性的蛋白质。常见的加工修饰方式如下:

1. 肽链 N 端的切除   新生肽链 N 端的甲硫氨酸(或甲酰甲硫氨酸)在氨基肽酶催化下水解切除。

2. 部分肽段的水解切除　某些肽链合成后只是活性蛋白质的前体,需水解去除部分肽段,使分子构象发生改变,才能成为有生物活性的蛋白质。例如:分泌性蛋白质要去除其 N 端信号肽。酶原的激活及某些肽类激素由无活性的前体转变为有活性的形式,都需要经过蛋白酶的水解切除部分肽段。

3. 个别氨基酸的化学修饰　包括二硫键的形成,氨基酸残基的磷酸化、甲基化、乙酰化等。如某些蛋白质丝氨酸和苏氨酸残基的磷酸化是其发挥生物活性的前体条件。

4. 亚基的聚合和辅基的连接　具有两个以上亚基构成的蛋白质,在各自多肽链合成后,通过非共价键聚合成多聚体,形成蛋白质的四级结构,如成人型血红蛋白分子的两个 α 亚基和两个 β 亚基聚合为四聚体。结合蛋白质在多肽链合成后还需进一步与辅基连接,才能表现生物活性,如脂蛋白、色蛋白和各种带辅基的酶。

知识拓展

蛋白质合成后的靶向输送

蛋白质合成后,还必须被靶向输送到其发挥功能的亚细胞区域,或分泌到细胞外。所有需要靶向输送的蛋白质,其一级结构都存在某些特定氨基酸序列,可引导蛋白质转移到特定部位,称为分拣信号。分拣信号可位于多肽链的 N 端、C 端或者内部,靶向输送完成后,有的切除,有的保留。例如分泌蛋白质的 N 端存在由数十个氨基酸残基组成的分拣信号,称为信号肽(signal peptide),可通过一定机制引导肽链进入内质网。当肽链进入内质网后,分拣信号被信号肽酶切除,肽链折叠形成最终构象,被包装进内质网以"出芽"形式形成的囊泡中,运送到高尔基复合体。在高尔基复合体被包装进分泌小泡,转移至细胞膜,再分泌到细胞外。

三、蛋白质生物合成与医学的关系

蛋白质生物合成与遗传、代谢、分化、免疫等生理过程,与肿瘤、遗传病等病理过程,以及与药物作用等均具有密切关系。它是医学上重要的研究领域。

(一)分子病

由于 DNA 分子上碱基的变化,引起 RNA 和蛋白质合成异常,导致机体某些结构与功能的障碍,由此造成的疾病称为分子病。例如,镰状红细胞贫血患者血红蛋白 β 链中 N 端第 6 个氨基酸残基由正常的谷氨酸转变为缬氨酸,这是由于结构基因发生单个碱基变异,由原来的 CTT 转变为 CAT 所致。此种血红蛋白容易析出、沉淀,红细胞变形为镰刀状并易破裂产生溶血。

(二)抗生素对蛋白质生物合成的干扰和抑制

蛋白质是生命的物质基础,故蛋白质的生物合成被阻断时,生命活动也会受到影响。许多抗生素通过抑制细菌或肿瘤细胞蛋白质的合成,从而发挥抑菌和抗癌作用(表 11-7)。

表 11-7　抗生素对蛋白质合成的作用

抗生素	作 用 原 理
四环素族	与原核细胞核糖体小亚基结合,使之变构,从而抑制氨基酰-tRNA 的进位
链霉素、卡那霉素、新霉素	抑制原核细胞肽链合成的起始,引起密码错读
氯霉素	与原核细胞核糖体大亚基结合,抑制肽酰转移酶活性,阻断肽链延长
红霉素	与原核细胞核糖体大亚基结合,妨碍核糖体转位
嘌呤霉素	取代氨基酰-tRNA 进入核糖体的 A 位,使肽酰-tRNA 提前脱落
白喉毒素	使延长因子-2 失活,抑制真核蛋白质合成

（三）干扰素对病毒蛋白合成的抑制

干扰素（interferon，IFN）是宿主细胞受病毒感染后合成和分泌的一组小分子糖蛋白，分为干扰素 α、β、γ 三个型别。干扰素的作用机理有两个方面：① 干扰素和病毒的双链 RNA（dsRNA）能激活特异蛋白激酶，蛋白激酶使蛋白质合成所需的起始因子-2（eIF-2）磷酸化失活，从而抑制病毒蛋白质合成。② 干扰素和 dsRNA 共同诱导细胞中 $2'$，$5'$-寡聚核苷酸合成酶的合成，催化 ATP 转化为 $2'$，$5'$-寡聚核苷酸，后者激活核酸内切酶，水解 mRNA，抑制病毒蛋白质合成。

本章小结

DNA 生物合成方式包括 DNA 复制、逆转录和修复合成。以亲代 DNA 双链作为模板合成两个完全相同的子代 DNA 分子，这一过程称为 DNA 复制。DNA 复制具有半保留复制、双向复制、半不连续复制等特点，但最重要的特点是半保留复制。逆转录是以 RNA 为模板合成 DNA 的过程，逆转录病毒的遗传物质可整合进真核细胞基因组，有诱导细胞恶性转变的作用。

转录是以 DNA 的部分序列为模板合成 RNA 的过程。转录的单位为基因（真核生物）或基因组（原核生物），转录最主要的特征是不对称转录。真核生物转录生成 RNA 前体，通过加工才能成为成熟的各种 RNA。

DNA 的遗传信息传递给 mRNA，mRNA 的遗传信息再传递给蛋白质，遗传信息的表现形式由核苷酸序列翻译为氨基酸序列。mRNA 上三个相邻核苷酸组成的三联体，代表某种氨基酸或肽链合成的起始、终止信息，称为密码子。无论是 DNA 复制、RNA 复制、转录、逆转录或修复合成，在聚合酶催化下 DNA 或 RNA 新链合成方向均为 $5'{\rightarrow}3'$。蛋白质生物合成时，核糖体在 mRNA 上移动方向也是 $5'{\rightarrow}3'$，肽链合成方向为 N 端→C 端。合成 DNA 链的原料是四种 dNTP，合成 RNA 链的原料是四种 NTP。

mRNA 是蛋白质合成的直接模板，tRNA 是氨基酸的运输工具，rRNA 与蛋白质组成核糖体，核糖体是蛋白质合成的场所。

教学课件　　　　微课

- -

思考题

1. 参与 DNA 复制的酶及蛋白质因子有哪些？各有何作用？

2. 从原料、模板、引物、主要酶、产物及加工方面比较复制、转录的不同点。

3. 三种 RNA 在蛋白质生物合成中各有什么作用？

4. 遗传密码有哪些主要特征？

更多习题，请扫二维码查看。

达标测评题

（沈　剑）

第十二章 血液的生物化学

学习目标

掌握：成熟红细胞的糖酵解和磷酸戊糖途径特点；血红素的合成部位、原料和限速酶。
熟悉：血浆蛋白质的生理功能；红细胞成熟过程中的结构和代谢变化。
了解：血浆蛋白质的分类；血红蛋白的生物合成过程及其调节。

【导学案例】

患者，男性，54岁，患慢性乙型病毒性肝炎8年，近日感觉疲乏、腹胀、上腹不适，伴食欲减低。体格检查：肝病面容，上腹部触及肝脏缩小，质硬，表面呈结节状，无压痛，脾中度增大。实验室检查：血清总蛋白57 g/L（正常值65～85 g/L），清蛋白（又称为白蛋白）27 g/L（正常值40～55 g/L），球蛋白30 g/L（正常值15～33 g/L），清蛋白/球蛋白比例0.9（正常值1.2～2.4），血清转氨酶、胆红素均升高。腹部B型超声检查：肝缩小、包膜不光滑，肝内回声粗糙、不均，脾大，少量腹水。初步诊断为肝硬化伴腹水。

思考题：

1. 哪些血液生化指标提示患者肝功能受损？
2. 分析肝硬化引起腹水的原因。

血液是由液态的血浆（plasma）与混悬在其中的有形成分（红细胞、白细胞和血小板）组成的。正常成年人血液总量约占体重的8%，血浆占全血容积的55%～60%。血液的含水量为77%～81%，密度为1.05～1.06 g/cm³。

血浆的pH值为7.35～7.45，渗透压在37℃时为770 kPa（300 mOsm/L）。血浆的固体成分可分为无机物和有机物两大类。无机物以电解质为主，有机物包括蛋白质、非蛋白质类含氮化合物、糖类和脂类等。非蛋白质类含氮化合物主要有尿素、肌酸、尿酸、胆红素和氨等，它们中的氮总量称为非蛋白氮（non-protein nitrogen，NPN）。正常人NPN含量为14.28～24.99 mmol/L，其中血尿素氮（blood urea nitrogen，BUN）约占NPN的50%。

第一节 血浆蛋白质

一、血浆蛋白质的分类与性质

（一）血浆蛋白质的分类

正常成人血浆蛋白质总浓度为 70～75 g/L，是血浆内主要的固体成分。血浆蛋白质种类繁多，功能多样，蛋白质含量差别也很大。

1. 按分离方法分类 用不同的分离方法可将血浆蛋白质分为不同的类别。如用盐析法可将血浆蛋白质分为清蛋白(albumin)、球蛋白(globulin)和纤维蛋白原(fibrinogen)；用醋酸纤维素薄膜电泳可将血清蛋白质分为清蛋白、α_1 球蛋白、α_2 球蛋白、β 球蛋白和 γ 球蛋白共 5 条区带(图 12-1)；用聚丙烯酰胺凝胶电泳可将血浆蛋白质分为 30 多条区带；用等电聚焦电泳与聚丙烯酰胺凝胶电泳组合的双向电泳，可将血浆蛋白分成 100 余种。清蛋白是人体血浆中最主要的蛋白质，含量为 38～48 g/L，约占血浆总蛋白的 50%，球蛋白的含量为 15～30 g/L，正常的清蛋白与球蛋白的比值 (A/G)为 1.5～2.5。

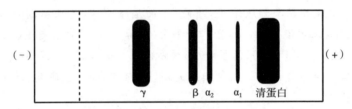

图 12-1 血清蛋白质醋酸纤维素薄膜电泳结果示意图
α_1：α_1 球蛋白；α_2：α_2 球蛋白；β：β 球蛋白；γ：γ 球蛋白

2. 按生理功能分类 按照生理功能不同，可大致将血浆蛋白质分为以下七类：① 载体蛋白质，如清蛋白、载脂蛋白、转铁蛋白、铜蓝蛋白等；② 免疫防御系统蛋白质，包括免疫球蛋白、补体等；③ 凝血和纤溶系统蛋白质，如凝血因子、纤溶酶原等；④ 酶类，如卵磷脂-胆固醇酰基转移酶等；⑤ 蛋白酶抑制剂，α_1 抗胰蛋白酶、α_2 巨球蛋白等；⑥ 激素，如促红细胞生成素、胰岛素等；⑦ 参与炎症应答的蛋白质，如 C 反应蛋白、α_2 酸性糖蛋白等。

［要点：血清蛋白质的醋酸纤维素薄膜电泳分类］

（二）血浆蛋白质的性质

1. 绝大多数血浆蛋白质在肝合成 如清蛋白、纤维蛋白原、纤维粘连蛋白、凝血酶原等血浆蛋白质均在肝合成，仅有少量蛋白质由肝外组织细胞合成，如 γ-球蛋白是由浆细胞合成的。

2. 血浆蛋白质的合成场所是粗面内质网结合的核糖体 这些蛋白经历了从粗面内质网到高尔基复合体再抵达细胞膜而分泌入血液的过程。

3. 除清蛋白外，几乎所有的血浆蛋白均为糖蛋白 这些糖蛋白含有 N-或 O-连接的寡糖链，这些寡糖链包含了许多生物信息，发挥重要的作用。例如血浆蛋白质在肝细胞合成后需要靶向输送，此过程需要寡糖链。

4. 许多血浆蛋白呈现多态性(polymorphism) 如 ABO 血型物质、α_1 抗胰蛋白酶、结合珠蛋白、运铁蛋白、铜蓝蛋白和免疫球蛋白等在人群中均具有多态性。

5. 每种血浆蛋白均有自己特异的半衰期 如正常成人的清蛋白和结合珠蛋白的半衰期分别

为 20 天和 5 天左右。

6. 血浆蛋白质水平的改变往往与疾病密切相关　在急性炎症或某种类型组织损伤等情况下，某些血浆蛋白的水平会增高，它们被称为急性期蛋白质（acute phase protein，APP），如 C 反应蛋白、α_1 抗胰蛋白酶、结合珠蛋白、α_1 酸性糖蛋白、纤维蛋白原等。

二、血浆蛋白质的功能

（一）维持血浆胶体渗透压

血浆胶体渗透压的大小取决于血浆蛋白质的摩尔浓度。由于清蛋白含量高，分子量小（69 kD），清蛋白所产生的胶体渗透压占血浆胶体总渗透压的 $75\%\sim80\%$，是血浆胶体渗透压的主要成分，对维持水分在血管内外的分布平衡起重要的作用。当血浆清蛋白浓度过低时，血浆胶体渗透压下降，导致组织间隙水分潴留而产生组织水肿。

（二）维持血浆正常的 pH

正常血浆的 pH 值为 $7.35\sim7.45$，血浆蛋白质的等电点多在 $4.0\sim7.3$，所以血浆蛋白质在血浆中以弱酸形式存在，部分血浆蛋白质解离后与钠离子结合为蛋白盐。血浆蛋白盐和相应蛋白质形成缓冲对，参与维持血浆 pH 的相对恒定。

（三）运输作用

血浆蛋白质能与多种物质结合，帮助其在血液中运输。清蛋白能与脂肪酸、胆红素、胆汁酸、甲状腺素、二价金属离子（如 Ca^{2+}、Cu^{2+}）及多种药物等结合。球蛋白中有许多专一性运输蛋白，如皮质激素传递蛋白、转铁蛋白、铜蓝蛋白等。这些载体蛋白除结合运输血浆中的某种物质外，还参与调节被运输物质的代谢。血浆蛋白还能与易被细胞摄取和易随尿液排出的小分子物质结合，从而防止它们经肾随尿排泄而丢失。

（四）免疫作用

机体对入侵的病原微生物或其他抗原可产生特异的免疫球蛋白或称抗体，经醋酸纤维素薄膜电泳分离后，主要位于 γ 球蛋白区。此外，血浆中还有一组协助抗体完成免疫功能的蛋白酶，称为补体。抗体能识别特异性抗原并与之结合形成抗原-抗体复合物，并可进一步激活补体系统，产生溶菌和溶细胞现象。

（五）催化作用

根据血浆酶的来源和功能，可分为以下三类：

1. 血浆功能性酶　这类酶绝大多数由肝合成后分泌入血，并在血浆中发挥催化功能，如凝血及纤溶系统的多种蛋白水解酶，它们以酶原的形式存在于血浆中，在一定条件下被激活，发挥相应的生理作用。此外，血浆中还有生理性抗凝物质、假性胆碱酯酶、卵磷脂-胆固醇脂酰基转移酶、脂蛋白脂肪酶和肾素等。

2. 外分泌酶　即外分泌腺分泌的酶，包括唾液淀粉酶、胃蛋白酶、胰蛋白酶、胰淀粉酶和胰脂肪酶等。正常情况下这些酶仅少量逸入血浆，它们的催化活性与血浆的正常生理功能无直接关系。但当这些外分泌腺受损时，进入血浆的酶量增多，血浆内相应酶的活性就会增高。检测它们具有诊断、监测病情以及判断预后的临床价值。

3. 细胞酶　为存在于细胞和组织中参与物质代谢的酶类。这类酶正常时在血浆中含量极微，大部分无器官特异性，小部分来源于特定组织，表现为器官特异性。当特定器官有病变时，血浆内相应的酶活性增高，可用于临床酶学检验。如急性肝炎时，血浆中 ALT 活性显著增高。

（六）营养作用

体内的某些细胞，如单核吞噬细胞可以吞饮血浆蛋白质，然后由细胞内的酶类将其分解为氨基酸进入氨基酸代谢池,用于组织蛋白质的合成,或进一步分解供能,或转变成其他含氮化合物。

(七) 凝血、抗凝血和纤溶作用

众多的凝血因子、抗凝血及纤溶物质在血液中相互作用、相互制约,从而保持循环血流的通畅。

［要点:血浆蛋白质的生理功能］

知识拓展

血浆蛋白质组

蛋白质是生命的体现者。蛋白质组(proteome)是指细胞、组织或机体在特定时间和空间所表达的全部蛋白质。以此为研究对象,分析其组成、含量和修饰状态的动态变化,了解蛋白质之间的相互作用,并在整体水平阐明蛋白质作用规律的科学称为蛋白质组学(proteomics)。

血浆蛋白质种类繁多,每一种血浆蛋白质都有其独特的生理功能和特定的组织来源。人体组织器官的病理变化,往往引起血浆蛋白质在结构和数量上发生改变。这种特征性的变化对疾病诊断、疗效监测及预后判断都具有重要的指导意义。然而,目前人类对血浆蛋白质的认识还十分有限,只有很少一部分血浆蛋白质被用于常规的临床检测。显然,全面而系统地了解健康和疾病状态下血浆蛋白质的变化规律,对于研发具有诊断和监测作用的血浆蛋白质标志物具有重要意义。国际人类蛋白质组组织于 2002 年首先选择了血浆蛋白质组作为人类蛋白质组首期执行计划之一,其初期目标之一就是建立人类血浆蛋白质组数据库。

第二节　红细胞的代谢特点

一、红细胞成熟过程中的结构和代谢变化

红细胞是血液中最主要的细胞,它是在骨髓中由造血干细胞定向分化而成的红系细胞。红细胞具体的发育过程为:原始红细胞→早幼红细胞→中幼红细胞→晚幼红细胞→网织红细胞→成熟红细胞。从原始红细胞到晚幼红细胞均为有核细胞,能进行细胞分裂增殖。晚幼红细胞以后细胞即不再分裂增殖,发育过程中细胞核被排出而成为网织红细胞。网织红细胞没有细胞核,含有少量 RNA 和少量细胞器,用煌焦油蓝染色时成网状故名网织红细胞。网织红细胞进一步成熟,RNA 和细胞器消失而成为成熟红细胞。成熟红细胞的寿命约为 120 天。

在发育过程中,红系细胞经历了一系列形态、结构和代谢的改变(表 12 - 1)。网织红细胞因失去细胞核不能进行分裂增殖。成熟红细胞除细胞膜外,缺乏细胞核和全部细胞器,除不能分裂增殖外,还不能进行核酸、蛋白质、血红素和脂类等物质的合成代谢,也不能进行糖、脂肪、氨基酸等物质的有氧氧化和氧化磷酸化。但成熟红细胞可进行糖酵解和磷酸戊糖途径。

表 12 - 1　红系细胞发育过程中的结构和代谢变化

细胞结构和代谢变化	有核红细胞	网织红细胞	成熟红细胞
细胞核	+	-	-
细胞器	+	+	-

续　表

细胞结构和代谢变化	有核红细胞	网织红细胞	成熟红细胞
分裂增殖	+	−	−
物质合成	+	+	−
三羧酸循环	+	+	−
氧化磷酸化	+	+	−
糖酵解	+	+	+
磷酸戊糖途径	+	+	+

注：+表示"有"或"能"，−表示"无"或"不能"。

二、红细胞的糖代谢特点

血液中的红细胞每天从血浆摄取约 30 g 葡萄糖，其中 90%～95% 经糖酵解途径和 2，3-二磷酸甘油酸支路进行代谢，5%～10% 通过磷酸戊糖途径进行代谢。

1. 糖酵解　糖酵解是成熟红细胞获得能量的唯一途径。代谢产生的 ATP 主要用于红细胞膜离子泵（钠泵和钙泵）的功能，以维持红细胞内外离子平衡，维持膜的可塑性。一方面，缺乏 ATP 时，引起红细胞膜内外 Na^+、K^+ 浓度失常，导致红细胞膨胀甚至破裂；另一方面，Ca^{2+} 沉积于细胞膜，使膜失去柔韧性而趋僵硬，应变能力降低，流经脾血窦时易被破坏。

2. 2，3-二磷酸甘油酸支路　红细胞中的糖酵解与其他组织的不同点是存在 2，3-二磷酸甘油酸（2，3-bisphosphoglycerate，2，3-BPG）支路。糖酵解的中间产物 1，3-二磷酸甘油酸在 1，3-二磷酸甘油酸变位酶的催化下生成 2，3-二磷酸甘油酸，后者在 2，3-二磷酸甘油酸磷酸酶催化下水解生成 3-磷酸甘油酸，这就是 2，3-BPG 支路（图 12-2）。在正常情况下，2，3-BPG 磷酸酶活性低，2，3-BPG 生成大于分解，而使红细胞中 2，3-BPG 含量较高。

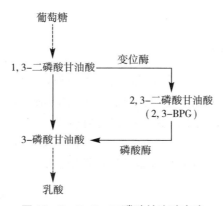

图 12-2　2，3-二磷酸甘油酸支路

2，3-BPG 的主要功能是调节血红蛋白（hemoglobin，Hb）的携氧能力。2，3-BPG 能与 Hb 结合，使 Hb 分子的 T 构象（紧张态）更加稳定，降低 Hb 对 O_2 的亲和力。当血液流经氧分压较高的肺部时，2，3-BPG 的影响不大；而当血液流经氧分压较低的组织时，红细胞中 2，3-BPG 浓度增加，促进氧合血红蛋白（HbO_2）释放更多 O_2，供组织利用。

3. 磷酸戊糖途径　红细胞中进行的磷酸戊糖途径，最重要的生理意义是提供 NADPH。NADPH 能维持细胞内还原型谷胱甘肽的含量，使红细胞避免内源性和外源性氧化剂的损伤。红细胞在代谢过程中，会产生 H_2O_2 等氧化剂，这些氧化剂可氧化红细胞中蛋白质和酶的巯基以及磷脂中的不饱和脂肪酸。还原型谷胱甘肽（GSH）可将 H_2O_2 还原生成 H_2O，而自身被氧化成氧化型谷胱甘肽(GSSG)。GSSG 可在谷胱甘肽还原酶催化下由 NADPH 供氢重新还原生成 GSH(图 12-3)。

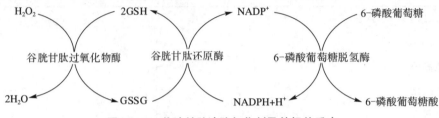

图 12-3　谷胱甘肽清除氧化剂及其相关反应

红细胞运输 O_2 的过程中,血红素的 Fe^{2+} 是其与 O_2 的结合部位,但因氧化作用,红细胞也会产生少量高铁血红蛋白(methemoglobin,MHb)。MHb 中为 Fe^{3+},不能运输氧气。红细胞中含有 NADH-高铁血红蛋白还原酶和 NADPH-高铁血红蛋白还原酶,能把 MHb 还原为 Hb。此外,GSH 和抗坏血酸也能还原 MHb。以上还原系统的存在使红细胞中 MHb 仅占 Hb 总量的 1%～2%,从而保证其正常功能。

［要点:红细胞糖代谢的特点及生理意义］

第三节　血红蛋白的合成与调节

成熟红细胞中最重要的成分是血红蛋白,它占红细胞内蛋白质总量的 95%。血红蛋白由 4 个亚基组成,包括 2 个 α 亚基和 2 个 β 亚基。每一个亚基又是由一分子珠蛋白(globin)和一分子血红素(heme)缔合而成。血红素不仅是血红蛋白的辅基,也是肌红蛋白、细胞色素和过氧化物酶等的辅基。血红素可在体内多种细胞内合成,但参与血红蛋白组成的血红素主要在骨髓的幼期红细胞和网织红细胞中合成。

一、血红素的生物合成

甘氨酸、琥珀酰 CoA 和 Fe^{2+} 是合成血红素的基本原料。血红素合成的起始和终末阶段在线粒体内进行,中间过程则在胞液进行,其生物合成可分为如下四个阶段:

1. δ-氨基-γ-酮戊酸(ALA)的生成　在线粒体内,琥珀酰 CoA 与甘氨酸在 ALA 合酶催化下缩合成 δ-氨基-γ-酮戊酸(δ-aminolevulinic acid,ALA),辅酶是磷酸吡哆醛(图 12-4)。ALA 合酶是血红素合成的限速酶,其活性受血红素的反馈调节。

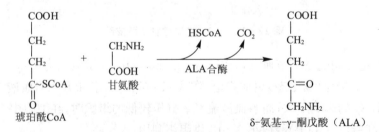

图 12-4　δ-氨基-γ-酮戊酸的合成

2. 胆色素原的生成　ALA 生成后从线粒体进入胞液,在 ALA 脱水酶催化下,2 分子 ALA 脱水缩合生成 1 分子胆色素原(图 12-5)。ALA 脱水酶含巯基,重金属对其有抑制作用。

3. 尿卟啉原及粪卟啉原的生成　在胞液中,由胆色素原脱氨酶(又称为尿卟啉原Ⅰ同合酶)催

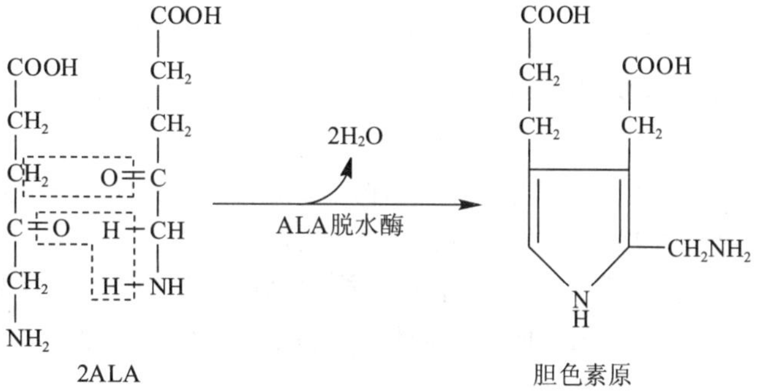

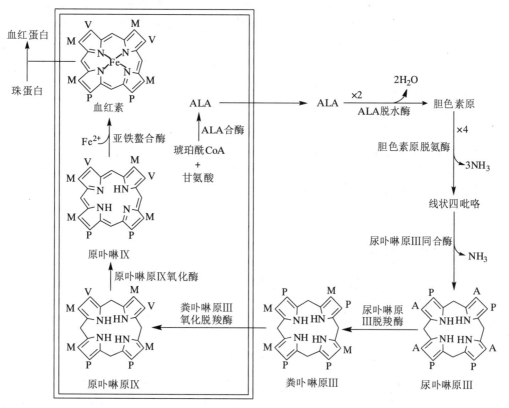

图 12-5　胆色素原的生成

化 4 分子胆色素原脱氨缩合生成 1 分子线状四吡咯,后者再经尿卟啉原Ⅲ同合酶催化生成尿卟啉原Ⅲ(UPGⅢ)。UPGⅢ进一步经尿卟啉原Ⅲ脱羧酶催化生成粪卟啉原Ⅲ(CPGⅢ)(图 12-6)。

4. 血红素的生成　胞液中生成的粪卟啉原Ⅲ再进入线粒体,经粪卟啉原Ⅲ氧化脱羧酶催化生成原卟啉原Ⅸ,再由原卟啉原Ⅸ氧化酶催化,生成原卟啉Ⅸ。最后通过亚铁螯合酶(又称血红素合成酶)的催化,原卟啉Ⅸ与 Fe^{2+} 结合,生成血红素(图 12-6)。重金属对亚铁螯合酶也有抑制作用。

血红素生成后从线粒体转运至胞液,并与珠蛋白结合,进一步聚合为血红蛋白(图 12-6)。

A:—CH_2COOH;P:—CH_2CH_2COOH;V:—$CH=CH_2$

图 12-6　血红素的生物合成

二、血红素合成的调节

血红素的生物合成可受多种因素的调节,但对 ALA 生成的调节是最主要的环节。

1. ALA 合酶活性的调节　ALA 合酶是血红素合成过程的限速酶,受游离血红素的反馈抑制。ALA 合酶的辅基是磷酸吡哆醛,缺乏维生素 B_6 将减少血红素的合成。在正常情况下,血红素合成后迅速与珠蛋白结合成血红蛋白,对 ALA 合酶不再有反馈抑制作用。若血红素分子的合成速度大于珠蛋白分子的合成速度,过多的血红素被氧化,生成高铁血红素,对 ALA 合酶活性具有强烈抑制作用。

某些固醇类激素,如睾酮在体内的 5-β 还原物、致癌剂、药物(磺胺、苯妥英钠等)和杀虫剂等都能诱导 ALA 合酶的合成增加,从而促进血红素的生成。

2. ALA 脱水酶与亚铁螯合酶　铅等重金属能抑制 ALA 脱水酶和亚铁螯合酶,使两者活性明显减低,导致血红素合成下降。另外,亚铁螯合酶的活性需要有还原剂(如还原型谷胱甘肽)的存在,因此缺乏还原剂也会抑制血红素的合成。

3. 促红细胞生成素(erythropoietin,EPO)　EPO 是肾合成的含有 166 个氨基酸残基的糖蛋白,当循环血液中红细胞容积降低或机体缺氧时,肾分泌 EPO 增加。EPO 可与原始红细胞相互作用,促使其增殖分化,加速有核红细胞的成熟及血红素与血红蛋白的合成。因此,EPO 是红细胞生成的主要调节剂。

- -

知识拓展与思考

红细胞生成素(EPO)与竞技体育

促红细胞生成素(erythropoietin, EPO)简称促红素,是一种糖蛋白激素,主要由肾脏产生,少量由肝脏产生。EPO 通过与红系祖细胞的表面受体结合,促进骨髓红系定向干细胞分化为红系母细胞、有核红细胞,同时促进血红蛋白合成及网织红细胞和成熟红细胞的释放。缺氧可以刺激 EPO 的产生,临床上可利用基因工程技术生产重组人 EPO,用于预防和治疗肾功能不全合并的贫血及多种疾病伴发的贫血。正是由于 EPO 强大的促红细胞生成作用,使其很快成为耐力运动员取得好成绩的"捷径",尤其在马拉松运动中,大量红细胞可以给肌肉带来更多氧气,提高比赛成绩。然而,滥用 EPO 会造成高血压、血液黏稠度增加等不良反应,曾导致多名运动员因心脑血管意外在比赛中猝死。因此,重组 EPO 的检测也成为奥运会兴奋剂检测的重要内容之一。

将正常的临床用药非法用于体育竞技,是对体育精神的亵渎,也是对自身健康的伤害。请思考如何维护体育竞赛的公平公正,保护体育运动参与者的身心健康。

- -

三、珠蛋白及血红蛋白的合成

血红蛋白中珠蛋白的合成与一般蛋白质相同,其合成受血红素的调控,高铁血红素可促进珠蛋白的合成,从而增加血红蛋白的合成。

［要点:血红素合成的原料及限速酶］

本章小结

血液由血浆和血细胞组成。血浆的主要固体成分是血浆蛋白质。应用不同的分离方法可以将血浆蛋白质分为不同的类别。按照生理功能不同,可将血浆蛋白质分为七类:① 载体蛋白质;② 免疫防御系统蛋白质;③ 凝血和纤溶系统蛋白质;④ 酶类;⑤ 蛋白酶抑制剂;⑥ 激素;⑦ 参与炎症应答的蛋白质等。

大多数血浆蛋白质在肝合成,且几乎都是糖蛋白。血浆蛋白质的功能可总结为七个方面:① 维持血浆胶体渗透压;② 维持血浆正常的 pH;③ 运输作用;④ 免疫作用;⑤ 催化作用;⑥ 营养作用;⑦ 凝血、抗凝血和纤溶作用。

红细胞是最主要的血细胞,由骨髓中的造血干细胞定向分化而成。成熟红细胞由于没有细胞核和细胞器,不能进行分裂增殖和大多数物质代谢,但仍保留了进行糖酵解和磷酸戊糖途径代谢的能力。糖酵解是红细胞获得能量的唯一途径,可用于维持细胞内外的离子平衡。红细胞的糖酵解还存在2,3-二磷酸甘油酸支路,生成的2,3-BPG可以促进HbO_2释出O_2供组织利用。磷酸戊糖途径是红细胞获得NADPH,维持谷胱甘肽还原状态,使其免受氧化损伤的重要途径。

血红蛋白是成熟红细胞中最重要的成分,由珠蛋白和血红素组成。血红素合成的基本原料有甘氨酸、琥珀酰CoA和Fe^{2+},主要在骨髓的幼期红细胞和网织红细胞的线粒体和胞液中合成。ALA合酶是血红素合成的限速酶,受游离血红素的反馈抑制并受多种因素的诱导。

教学课件   微课

思考题

1. 血浆蛋白质有哪些生理功能?

2. 成熟红细胞的糖代谢有哪些特点?

3. 简述血红素生成的调节机制。

更多习题,请扫二维码查看。

达标测评题

（王宏娟　王健华）

第十三章　细胞信号转导

【导学案例】

患者,男性,48岁。多饮、多食、多尿,伴身体消瘦、乏力两年余,近半个月出现视力减低就诊。体格检查:体温 36.5℃,身高 173 cm,体重 85 kg,超重 25%。实验室检查:空腹血糖 9.2 mmol/L,餐后 1 h、2 h、3 h 血糖分别为 16.0 mmol/L、17.6 mmol/L、16.1 mmol/L(正常值分别为 $\leqslant$ 11.1 mmol/L、$\leqslant$ 7.8 mmol/L、$\leqslant$ 6.1 mmol/L),血甘油三酯 10.5 mmol/L(正常值 <1.70 mmol/L),血胰岛素水平正常。眼底检查可见出血及黄斑水肿。诊断为 2 型糖尿病合并视网膜病变。

思考题:

1. 2 型糖尿病的发病机制是什么?

2. 在早期 2 型糖尿病患者中,为何往往伴有肥胖和高脂血症?

3. 胰岛素抵抗可能发生在胰岛素信号通路的哪些环节?

多细胞生物需要通过复杂的信号传递系统来协调各细胞、组织和器官的代谢及功能,对内外环境变化做出准确应答,保证机体生命活动的正常进行。细胞通过受体感受信号分子的刺激,经过复杂的级联传递,发生应答反应,引起一定的生物学效应的过程称为细胞信号转导(cellular signal transduction)。

第一节　信号分子

一、信号分子的概念和化学本质

信号分子(signal molecule)通常是指在细胞间或细胞内传递信息的化学物质,它们能够被细胞膜或细胞内特异的受体识别与结合,并通过一系列信号转导机制,实现对靶细胞的生长、分化、发育和代谢等的调节。

按化学本质不同可以将信号分子分为以下类别:① 亲水性信号分子,包括蛋白质、肽类、氨基酸及其衍生物等,如胰岛素、细胞因子和儿茶酚胺类化合物等。② 亲脂性信号分子,包括类固醇激素、脂溶性维生素和脂肪酸衍生物等,如糖皮质激素、盐皮质激素、性激素、维生素 D 和前列腺素等。③ 气体信号分子,如一氧化氮(NO)和一氧化碳(CO)等。另外,光、气味和味道等也是重要的信号分子。

[要点:信号分子的概念、种类和化学本质]

二、信号分子的种类

根据作用部位不同,信号分子可以分为细胞间信号分子和细胞内信号分子。

(一) 细胞间信号分子

细胞间信号分子通过与细胞表面或细胞内的受体特异结合,激活受体发挥作用。细胞间信号分子如激素、生长因子、神经递质等被称为第一信使。主要的细胞间信号分子包括以下类别。

1. 激素　激素(hormone)是由内分泌细胞产生并释放的化学信息分子,通过血液循环运送到远端的靶细胞发挥作用。通常激素被称为第一信使。

按照溶解性的差异,激素可分为两类:① 水溶性激素,包括蛋白质、肽类、氨基酸及其衍生物。② 脂溶性激素,包括类固醇激素和脂肪酸衍生物。

2. 神经递质　神经递质又称为突触分泌信号,以旁分泌的方式发挥作用,是神经元之间、神经与肌肉或腺体细胞之间传递信号的化学物质。神经递质与受体相互作用,诱导靶细胞产生生物效应。

3. 细胞因子　细胞因子是由活细胞分泌的多肽类信息分子,具有调节细胞生长、增殖、分化、免疫等多方面生物活性。至今发现的细胞因子已有 200 多种,如干扰素、生长因子等。细胞因子具有作用范围广泛、功能多样和效率高等特点。

4. 气体信号分子　NO 和 CO 都是结构简单、半衰期短、化学性质活泼的气体信号分子。内皮细胞、神经细胞等生成的 NO,是心血管、免疫和神经系统的重要信号分子。

(二) 细胞内信号分子

细胞内信号分子是指在细胞内传递信号的化学物质。其主要有两类:一类细胞内信号分子是细胞受第一信使刺激后产生的、在细胞内传递信息的小分子化学物质,被称为第二信使(secondary messenger)。体内常见的第二信使有 cAMP、cGMP、肌醇三磷酸(inositol triphosphate, IP$_3$)、Ca^{2+}、甘油二酯(diglyceride, DG)等。另一类细胞内信号分子是大分子蛋白质或多肽。在细胞传递信号的过程中,往往通过改变蛋白激酶和磷酸酶的活性,对下游的效应蛋白或酶的磷酸化和去磷酸化状态进行调节,改变其活性从而发挥调控代谢速度及其他功能的作用。

[要点:第二信使的概念及种类]

三、信号分子的信息传递方式

按照信号分子的传输距离和作用方式,可以将细胞间信号分子传递信息的方式分为三种,分别是内分泌、旁分泌和自分泌。

1. 内分泌　信号分子如激素,由特殊的内分泌细胞合成和分泌,通过血液循环到达较远距离的靶细胞发挥作用。由于被血液稀释,信号分子浓度较低,但与靶细胞的亲和力极高,作用缓慢而持久。

2. 旁分泌　体内某些细胞分泌的一些局部化学介质,如神经递质或细胞因子,通过扩散到达附近的靶细胞发挥作用,为短距离通信。由于不进入血液,信号分子浓度高,传递距离短,发挥作用快速而短暂。

3. 自分泌　有些信号分子如细胞因子,可以对同种细胞或分泌细胞自身起调节作用,称为自分泌信号。

第二节　受　体

一、受体的种类

受体(receptor)是细胞表面或细胞内能识别信号分子并与之特异结合,引起相应生物学效应的蛋白质。受体在细胞信号转导过程中起着极为重要的作用,负责接受信号并将其准确放大及传递到细胞内部。我们把能与受体特异结合的活性生物分子称为配体(ligand),最常见的配体是细胞间信号分子,某些药物、维生素和毒物也可以作为配体发挥生物学作用。

按照存在的部位不同,可以将受体分为两类:细胞膜受体和细胞内受体。

(一)细胞膜受体

亲水性信号分子不能通过细胞膜,其受体位于细胞膜上,称为细胞膜受体,这类受体大部分是糖蛋白。按照受体的结构和作用方式不同,可将细胞膜受体分为三大类:离子通道型受体、G 蛋白偶联受体和酶偶联受体。

1. 离子通道型受体　离子通道型受体是配体依赖性离子通道,主要存在于神经和肌肉等可兴奋细胞,信号分子为神经递质。受体呈环状结构,结合配体后,受体变构成为离子通道,细胞膜内外的离子流动引起膜电位变化,传递相应信息。

2. G 蛋白偶联受体　G 蛋白偶联受体的 N -端在细胞外,C -端在细胞内,中间有七段 α 螺旋反复回折形成七段跨膜区,并形成内外各三个环,因此又被称为蛇形受体,其中胞液面的第三内环可与 G 蛋白相互作用(图 13 - 1)。

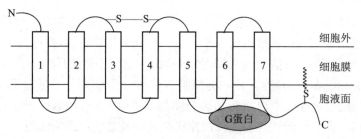

图 13 - 1　G 蛋白偶联受体的结构

G 蛋白又称鸟苷酸结合蛋白(guanylate binding protein),是由 α、β 和 γ 三个亚基构成的异三聚体,位于细胞膜内侧或胞液中。α 亚基是 GTP 或 GDP 结合亚基,并具有 GTP 酶活性,可将 GTP 水解成 GDP。G 蛋白呈三聚体状态(αβγ)时无活性,此时 α 亚基与 GDP 结合(GDP 结合型);当信号分子与受体结合时,受体变构并作用于 G 蛋白,使 α 亚基与 GDP 亲和力下降,GTP 取代 GDP,α 亚基(GTP 结合型)与 βγ 亚基解离而被活化。活化的 α 亚基作用于效应分子,产生生物学效应。随后,α 亚基的 GTP 酶活性将 GTP 水解成 GDP,并重新与 βγ 亚基聚合成无活性状态(图 13 - 2)。

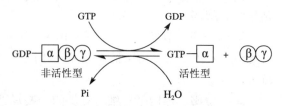

图 13 - 2　活性型与非活性型 G 蛋白的互变

目前已分离出几十种 G 蛋白,按 α 亚基的种类及其效应分子可以将 G 蛋白分为:激动型 G 蛋白(stimulatory G protein,Gs)、抑制型 G 蛋白(inhibitory G protein,Gi)、磷脂酶 C 型 G 蛋白(PLC G protein,Gq)及转导素 G 蛋白(transducin,Gt)(表 13-1)。

表 13-1 G 蛋白的种类及其效应分子

G 蛋白的种类	效应分子	功 能
激动型 G 蛋白(Gs)	(＋)腺苷酸环化酶	cAMP↑
抑制型 G 蛋白(Gi)	(－)腺苷酸环化酶	cAMP↓
磷脂酶 C 型 G 蛋白(Gq)	(＋)磷脂酶 C	Ca^{2+}、IP_3、DG↑
转导素 G 蛋白(Gt)	(＋)cGMP 磷酸二酯酶	Na^+ 通道关闭,视觉相关

注:(＋)为激活效应分子,(－)为抑制效应分子。

[要点:G 蛋白的组成及分类]

知识拓展与思考

G 蛋白的发现者

1994 年度诺贝尔生理学或医学奖被授予两位美国科学家艾尔弗雷德·吉尔默(Alfred G.Gilman)和马丁·罗德贝尔(Martin Rodbell),因为他们率先分离并确定了生物细胞内发挥着内部"选择开关"作用的 G 蛋白。他们的研究历程正像其他科学研究一样,是一个勇于挑战、探索创新和艰苦奋斗的过程。

思考题:

成功者应具备哪些品质特征?

----

3. 酶偶联受体 通常,酶偶联受体本身具有激酶活性(催化型受体)或者通过偶联胞液中的激酶发挥作用。这类受体通常为单次跨膜蛋白,与配体结合后,受体构象改变而被激活。目前已知的酶偶联受体有六种类型:① 酪氨酸激酶型受体;② 酪氨酸激酶连接型受体;③ 鸟苷酸环化酶型受体;④ 丝氨酸/苏氨酸激酶型受体;⑤ 酪氨酸磷脂酶型受体;⑥ 组氨酸激酶连接型受体。其中前三种类型最为重要。

(1) 酪氨酸激酶型受体:酪氨酸激酶型受体本身具有酪氨酸蛋白激酶(tyrosine protein kinase,TPK)活性,是催化型受体。如胰岛素受体、表皮生长因子(EGF)受体、血小板衍生生长因子(PDGF)受体等。受体单体由三部分组成:① 与配体结合的胞外区,位于 N-端;② 跨膜区(由疏水氨基酸组成,形成单跨膜 α-螺旋);③ 胞内区(位于 C-端,具有 TPK 活性)(图 13-3)。

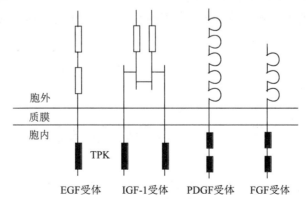

图 13-3 具有 TPK 活性的受体

EGF:表皮生长因子;IGF-1:胰岛素样生长因子-1;

PDGF:血小板衍生生长因子;FGF:成纤维细胞生长因子

受体与信号分子结合后,受体单体发生二聚化。受体的酪氨酸激酶活性使二聚体中的两个单体特定位点的酪氨酸残基发生磷酸化,产生相应的生物学效应。

（2）酪氨酸激酶连接型受体:其配体多为细胞因子,如干扰素和白介素等,又称细胞因子受体超家族。这类受体也是单次跨膜蛋白,但受体不具有 TPK 活性。通过连接胞内酪氨酸蛋白激酶（如 JAK）,启动下游信号转导。

（3）鸟苷酸环化酶型受体:是具有鸟苷酸环化酶（Guanylate cyclase,GC）活性的受体,可以催化 GTP 环化生成 cGMP,也是催化型受体,分为膜受体和可溶性受体。

膜受体多分布于心血管组织、小肠、精子及视杆细胞,配体为心钠素（arrionatriuretic peptide,ANP）和鸟苷蛋白等。膜受体为具有 GC 活性的单次跨膜糖蛋白,组成同源三聚体或四聚体。与配体结合后,受体高度磷酸化,GC 活性大大提高,随后迅速去磷酸化而失活。

（二）细胞内受体

细胞内受体分布于胞液或细胞核内,其配体为亲脂性信号分子和小分子亲水性信号分子。这类受体多为转录因子,其结构从 N-端到 C-端包括高度可变区、DNA 结合区、铰链区和激素结合区,分别负责转录激活、DNA 结合、核转位以及结合激素。活化的受体与特定基因的调节元件结合,调控基因的表达（图 13-4）。

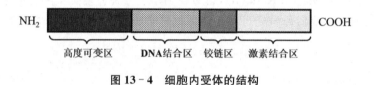

NH_2　　　　　　　　　　　　　　　　　　COOH

高度可变区　　DNA结合区　铰链区　激素结合区

图 13-4　细胞内受体的结构

二、受体的作用特点

受体与信号分子的结合具有以下特点。

1. 高度的亲和力　激素等信号分子的有效浓度相当低（$\leqslant 10^{-8}$ mol/L）,这种高度的亲和力可以保证信号分子对靶细胞的有效调节。

2. 高度的专一性（特异性）　受体选择性地与特定的信号分子结合。这种选择性源于受体的配体结合部位的空间结构的差异,以保证信息传递的准确性。

3. 可饱和性　由于受体的数量有限,因此所产生的生物学效应不会随信号分子数量的增加无限增强,而是呈可饱和性。

4. 可逆性　由于信号分子与受体间通过非共价键可逆结合,因此二者结合时引发生物学效应,分离时生物学效应消失。随着信号分子的降解,受体恢复原有状态,有利于不断接受新的信息,更好地适应环境变化。

［要点:受体的作用特点］

第三节　信号转导途径

通常将细胞内若干信号分子所构成的级联反应系统称为信号转导途径。根据信号分子作用的受体不同,生物体内信息传递的方式可分为细胞膜受体介导的信号转导途径和细胞内受体介导的信号转导途径。不同的信号转导途径既相对独立,又存在着广泛的相互联系,形成复杂的信息网络系统。

一、细胞膜受体介导的信号转导途径

该信号转导途径的基本规律是:信号分子与膜受体结合使受体变构→通过第二信使作用于效应蛋白或直接作用于效应蛋白→改变效应蛋白活性→产生生物学效应(调节物质代谢、基因表达或离子通道开放等)。

参与信号转导的效应蛋白通常是蛋白激酶(protein kinase,PK),使下游信号分子发生磷酸化修饰,主要的蛋白激酶,如表13-2。

表 13-2　主要的蛋白激酶

激酶全称	激酶简称	所需第二信使
cAMP 依赖性蛋白激酶	蛋白激酶 A(protein kinase A, PKA)	cAMP
cGMP 依赖性蛋白激酶	蛋白激酶 G(protein kinase G, PKG)	cGMP
Ca^{2+}/CaM 依赖性蛋白激酶	—	Ca^{2+}/CaM
DG 和 Ca^{2+} 依赖性蛋白激酶	蛋白激酶 C(protein kinase C, PKC)	DG 和 Ca^{2+}
酪氨酸蛋白激酶(TPK)	—	—

(一) G 蛋白偶联受体介导的信号转导途径

按照第二信使和效应蛋白的不同,G 蛋白偶联受体介导的信号转导途径可分为两种方式:

1. cAMP-PKA 途径　肾上腺素和胰高血糖素等激素通过 cAMP-PKA 途径传递信息。以胰高血糖素为例,该途径的基本过程是:① 激素与受体结合,受体变构,激活 G 蛋白;② 活化的 G 蛋白(Gs)激活腺苷酸环化酶(AC);③ AC 催化 ATP 生成 cAMP(图 13-5),磷酸二酯酶(PDE)负责 cAMP 的降解;④ PKA 的调节亚基与 cAMP 结合,并与催化亚基分离,催化亚基被释放而活化(图 13-6);⑤ 活化的 PKA 通过增加糖原磷酸化酶的活性,同时降低糖原合酶的活性,引起血糖浓度升高。

图 13-5　cAMP 的生成与降解

图 13-6　蛋白激酶 A 的激活示意

cAMP-PKA 信号途径可以简要概括为:激素+受体→G 蛋白→AC→cAMP→PKA→底物蛋白(酶)→生物学效应(图 13-7)。

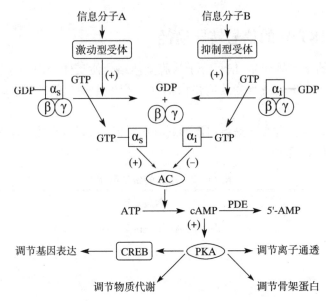

图 13 - 7　cAMP - PKA 途径的级联反应

［要点：cAMP - PKA 途径的信号转导过程］

- -

知识链接

cAMP - PKA 途径在霍乱腹泻中的作用

信号转导途径的异常可能诱发严重的细胞功能紊乱，在某些感染性疾病中也存在这种异常，比如霍乱。进一步阅读请扫二维码。

- -

2. IP_3/DG - PKC 途径　去甲肾上腺素和升压素等激素通过 IP_3/DG - PKC 途径传递信息。该途径的基本过程是：① 激素与受体结合，受体变构，激活 G 蛋白（Gq）。② 活化的 G 蛋白激活磷脂酶 C（PLC）。③ PLC 催化磷脂酰肌醇-4，5-二磷酸（phosphatidyl inositol - 4，5 - diphosphate，PIP_2）水解，生成肌醇三磷酸（IP_3）和甘油二酯（DG）（图 13 - 8）。④ IP_3 作为 Ca^{2+} 通道激活剂，使内

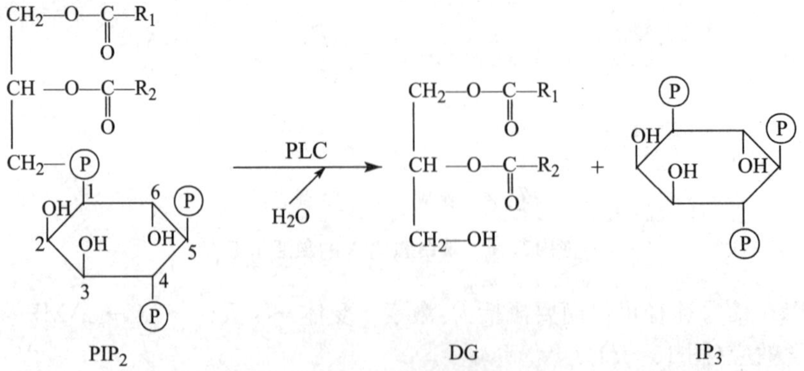

图 13 - 8　DG 和 IP_3 的生成

质网的钙离子通道开放,贮存的钙离子进入胞液,胞液中的 Ca^{2+} 浓度升高,Ca^{2+} 与钙调蛋白(CaM)结合并激活 Ca^{2+}/CaM 依赖性蛋白激酶,使下游蛋白(或酶)发生磷酸化,产生生物学效应;DG 则与 Ca^{2+} 共同激活 PKC,并进一步磷酸化下游蛋白(或酶),引起广泛的生物学效应。

IP_3/DG-PKC 途径也可以简要概括为:激素＋受体→G 蛋白→PLC→PIP_2→IP_3(＋DG)→Ca^{2+}/CaM 依赖性蛋白激酶(或 PKC)→底物蛋白(或酶)→生物学效应。

(二)酶偶联受体介导的信号转导途径

1. **受体型 TPK-Ras-MAPK 途径** 以表皮生长因子为例,该途径的主要信号转导过程是:① EGF 与受体结合,受体变构并发生二聚化,从而激活胞内区的酪氨酸蛋白激酶,引发受体的酪氨酸磷酸化。② 特异的接头蛋白——生长因子结合蛋白(Grb2)可识别受体磷酸化的酪氨酸,并招募一种鸟苷酸交换因子 Sos,从而促进 Ras 蛋白释放 GDP 而结合 GTP 转变为活性形式 Ras-GTP。③ Ras 进一步活化 Raf(一种 MAPKK 激活因子,即 MAPKKK)。④ Raf 可以使 MEK(一种 MAPK 激酶,即 MAPKK)磷酸化而活化。⑤ MEK 再使 ERK1 磷酸化,ERK1 是一种有丝分裂原激活的蛋白激酶(mitogen-activated protein kinase,MAPK)。⑥ 活化的 ERK1 进入细胞核,可使多种转录因子活化,调控相关基因的表达,调节细胞的生长和分化。

TPK-Ras-MAPK 途径可简要概括为:生长因子＋受体→Grb2→Sos→Ras→Raf→MEK→ERK1→转录因子→调控基因表达。

MAPK 系统包括 MAPK、MAPKK、MAPKKK,它们是一组丝氨酸/苏氨酸蛋白激酶。其中,MAPK 既能催化丝/苏氨酸又能催化酪氨酸残基磷酸化,具有双重催化活性。

2. **酪氨酸激酶连接型受体的 JAK-STAT 途径** JAK-STAT 途径最早是在干扰素信号转导研究中被发现的,大致的过程是:① γ-干扰素与受体结合,受体发生二聚化而激活。② 二聚化受体激活 JAK-STAT 系统(JAK 是胞液中的酪氨酸蛋白激酶,活化后使受体的酪氨酸磷酸化,STAT,即信号转导子和转录激活子,可以识别磷酸化的受体并与之结合),STAT 继续被 JAK 磷酸化并二聚化,然后穿过核孔进入细胞核内调控相关基因的表达。

JAK-STAT 途径可简要概括为:细胞因子＋受体→JAK→STAT→转录因子→调控基因表达。

3. **cGMP-PKG 途径** 以心钠素为例,cGMP-PKG 途径的转导过程是:① 心钠素与受体结合,受体变构,激活胞内区的 GC。② 活化的 GC 催化 GTP 生成 cGMP。③ cGMP 作为第二信使进一步激活 PKG。④ 活化的 PKG 使某些蛋白质的丝/苏氨酸残基磷酸化,改变其活性,产生相应的生物学效应。

cGMP-PKG 途径可简要概括为:信号分子＋受体(膜结合型/可溶性)→GC→cGMP→PKG→底物蛋白(酶)→生物学效应。

[要点:膜受体介导的信号转导途径的种类]

二、细胞内受体介导的信号转导途径

目前已知的细胞内受体介导的信号转导途径所涉及的信号分子多是脂溶性激素,如类固醇激素(糖皮质激素、盐皮质激素和性激素)、甲状腺素和 $1,25-(OH)_2-D_3$ 等。脂溶性信号分子可以跨越细胞膜,与位于胞液或细胞核内的受体结合。糖皮质激素的受体位于胞液,而性激素和甲状腺素受体位于细胞核内。

以糖皮质激素为例,在没有激素作用时,受体与热休克蛋白(heat shock protein,HSP)形成无活性复合物;在激素与受体结合后,受体构象发生变化,释放热休克蛋白,暴露 DNA 结合区。在胞液中形成的激素-受体复合物以二聚体形式穿过核孔进入核内,与 DNA 上特定基因的激素反应元件(hormone response element,HRE)结合,从而调节相应基因的表达(图 13-9)。

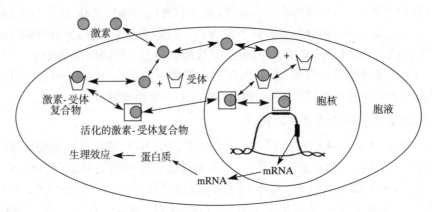

图 13 - 9　胞内受体介导的信号转导途径

知识链接

激素、信号转导与药物

　　生物体内细胞信号转导的正常进行,对于维持细胞、组织、器官及生物体的正常结构和功能至关重要。在日常生活中务必谨慎使用激素类药物。进一步阅读请扫二维码。

本章小结

　　信号分子通常是指在细胞间或细胞内传递信息的化学物质,它们能够被细胞膜或细胞内特异的受体识别与结合,并通过一系列信号转导机制,实现对靶细胞的生长、分化、发育和代谢等的调节。按化学本质不同,可以将信号分子分为亲水性信号分子、亲脂性信号分子和气体信号分子。按作用部位不同,又可以将信号分子分为细胞间信号分子和细胞内信号分子。细胞间信号分子也被称为第一信使,通过与靶细胞表面或细胞内的受体特异结合发挥作用,如激素、神经递质和生长因子等。它们通过内分泌、旁分泌或自分泌等方式传递信息。细胞受第一信使刺激后产生的、在细胞内传递信息的小分子化学物质,被称为第二信使。常见的第二信使有 cAMP、cGMP、肌醇三磷酸(IP_3)、Ca^{2+} 和甘油二酯(DG)。通常把这些在细胞内传递信号的化学物质,包括第二信使和某些蛋白质或多肽称为细胞内信号分子。

　　受体是细胞表面或细胞内能识别信号分子并与之特异结合,引起相应生物学效应的蛋白质。能与受体特异结合的活性生物分子称为配体,最常见的配体是细胞间信号分子。按照存在部位不同,可以将受体分为细胞膜受体和细胞内受体。细胞膜受体多为细胞膜上的糖蛋白,结合亲水性信号分子,有三种类型:离子通道型受体、G 蛋白偶联受体和酶偶联受体。细胞内受体位于胞液或细胞核内,其配体为亲脂性信号分子和小分子亲水性信号分子。受体与信号分子的结合具有高度亲和力、高度专一性、可饱和性和可逆性等特点。

　　信号转导途径是指细胞内若干信号分子所构成的级联反应系统,分为细胞膜受体介导的信号转导途径和细胞内受体介导的信号转导途径。细胞膜受体介导的信号转导途径又分为 G 蛋白偶联受体介导的信号转导途径和酶偶联受体介导的信号转导途径。前者主要包括两条途径:cAMP - PKA 途径和 IP_3/DG - PKC 途径;后者主要包括三条途径:受体型 TPK - Ras - MAPK 途径、酪氨酸激酶连接型受体的 JAK - STAT 途径和 cGMP - PKG 途径。细胞内受体介导的信号转导途径所涉及的信号分子多是脂溶性激素，如类固醇激素（糖皮质激素、盐皮质激素和性激素）、甲状腺素和 $1, 25 - (OH)_2 - D_3$ 等。这类信号分子可以跨越细胞膜，与胞液或细胞核内的受体结合。激素-受体复合物与 DNA 上特定基因的激素反应元件(HRE)结合，调节相应基因的表达。

教学课件   微课

思考题

1. 细胞膜受体介导的主要的信号转导途径有哪几条？涉及的第二信使有哪些？

2. 以肾上腺素为例叙述 cAMP 介导的信号转导途径如何调节糖原的合成与分解。

更多习题，请扫二维码查看。

达标测评题

（王宏娟）

第十四章 肝的生物化学

学习目标

掌握：生物转化的概念、特点和反应类型；胆红素的生成、转运、肝内转化和胆素原肠肝循环；黄疸的概念、类型和特征。

熟悉：肝在物质代谢中的作用；胆汁酸的合成原料、限速酶、主要种类、肠肝循环和生理功能。

了解：非营养物质的来源；影响生物转化的因素。

【导学案例】

患者，男性，50岁，患慢性乙型肝炎十余年，常腹胀、腹泻、乏力、食欲减退，明显消瘦。体格检查发现面颈部有数枚蜘蛛痣，双手见肝掌，全身皮肤黏膜、巩膜黄染，腹壁静脉曲张。B型超声检查发现肝硬化、脾大、腹腔有大量积液。实验室检查发现血清总蛋白、清蛋白减少，总胆红素和直接胆红素增加。临床初步诊断为慢性乙型肝炎引起的肝硬化失代偿期。

思考题：

1. 患者为什么会出现食欲减退、蜘蛛痣、肝掌和黄疸症状？

2. 肝硬化为什么会引起血浆总蛋白和清蛋白减少？这与腹水的产生有何关系？

3. 该患者的黄疸属于哪种类型？为什么？

肝是人体内最大的实质性器官，也是体内最大的腺体。成年人肝的重量约1 500 g，占体重的2.5%。肝不仅参与糖、脂类、蛋白质、维生素和激素等物质的代谢，而且还具有分泌、排泄和生物转化等重要功能，因此肝被称为"物质代谢的中枢器官"和"人体化工厂"。

肝的复杂功能与其特殊的组织结构和化学组成特点密切相关：① 具有肝动脉和门静脉双重血液供应，通过肝动脉可获得由肺和其他组织转运来的氧和代谢物，从门静脉获得由消化道吸收的各种物质。② 具有肝静脉和胆道两条输出通道，分别与体循环和肠道相连通。③ 具有丰富的血窦，有利于肝细胞与血液进行物质交换。④ 肝细胞含有丰富的细胞器（如线粒体、内质网、高尔基复合体、溶酶体等）和丰富的酶体系，有些酶甚至是肝所特有的，因此肝细胞代谢活跃，除了一般细胞所具有的代谢途径，还具有一些特殊的代谢功能。

第一节　肝在物质代谢中的作用

一、肝在糖代谢中的作用

肝在糖代谢中的主要作用是维持血糖浓度的相对恒定。正常的血糖浓度是保证全身各组织,尤其是大脑和红细胞能量供应的必需条件。

肝主要通过肝糖原的合成与分解和糖异生来保持血糖浓度的相对恒定。进食以后,自肠道吸收进入肝门静脉的葡萄糖浓度升高,肝细胞迅速摄取葡萄糖,合成糖原储存起来,避免血糖浓度过度升高;空腹时,随着循环血糖浓度下降,肝糖原逐渐分解为葡萄糖以补充血糖。肝糖原的储备有限,一般在空腹十多个小时后,绝大部分已被消耗掉,此时糖异生便成为血糖的主要来源。禁食一两日后,肝的糖异生作用可达最大速度。另外过多的糖还可以转变为脂肪、氨基酸等,从而降低血糖浓度。

当肝功能严重受损时,血糖浓度会出现较大的波动,难以维持在正常水平,进食时易出现一时性高血糖,饥饿时易出现低血糖。

二、肝在脂类代谢中的作用

肝在脂类的消化、吸收、分解、合成和运输中均具有重要的作用。

(一)分泌胆汁,促进脂类的消化和吸收

肝细胞分泌的胆汁酸盐是较强的乳化剂,促使脂类物质乳化成细小微团,增加消化酶和脂类物质的接触面积,有利于脂类物质的消化吸收。当肝功能受损或胆道阻塞时,可出现厌油腻、脂肪泻等症状。

(二)合成脂类和血浆脂蛋白,维持血脂代谢平衡

肝是各种脂类和血浆脂蛋白合成的主要场所。肝合成的甘油三酯、磷脂、胆固醇、胆固醇酯等脂类物质与载脂蛋白形成 VLDL 进入血液运输,可进一步转变为 LDL,供其他组织摄取利用。HDL 也主要在肝内合成,可将肝外组织胆固醇转运到肝内处理,防止动脉粥样硬化发生。

若肝功能受损或磷脂合成原料缺乏时,肝细胞合成磷脂减少,导致 VLDL 合成减少,出现脂肪运输障碍,脂肪沉积在肝,形成脂肪肝。

知识拓展

脂肪肝

脂肪肝是一种常见的临床现象而非独立的疾病。营养不良或长期饮酒者,以及由于其他原因使肝的脂代谢功能发生障碍,导致脂类物质的运输障碍,动态平衡失调,脂肪在肝组织内储存量在5%以上,或在组织学上有 50%以上的肝细胞脂肪化时,即称为脂肪肝。

(三)生成酮体,为肝外组织输送能源

肝是合成酮体的唯一器官。在空腹或饥饿状态下,肝从血液中摄取大量游离脂肪酸,小部分氧化释放能量供肝细胞自身需要,大部分合成酮体。酮体不能在肝氧化利用,而是经血液循环运输到心、脑、肾、骨骼肌等肝外组织,作为这些组织的良好能源。

三、肝在蛋白质代谢中的作用

肝的蛋白质代谢极其活跃,蛋白质的更新速度远高于其他组织,是体内蛋白质合成、分解及氨基酸代谢的重要场所。

(一)肝是合成血浆蛋白质的主要器官

肝不仅能合成自身所需蛋白质,还合成并分泌90%以上的血浆蛋白质,如清蛋白(又称白蛋白)、纤维蛋白原、凝血酶原等,并通过这些蛋白质在维持血浆胶体渗透压、凝血、物质运输等方面发挥重要的作用。当肝功能严重受损时,清蛋白合成减少,可出现组织水肿或腹水;凝血因子合成障碍可出现凝血时间延长及出血倾向。

(二)肝是氨基酸分解代谢的重要器官

体内氨基酸除了支链氨基酸在肌肉进行分解代谢外,其他氨基酸均在肝细胞进行分解代谢。肝细胞内含有丰富的氨基酸代谢有关酶类。当肝细胞受损时,细胞膜通透性增大,细胞内的酶便会释放入血,导致血浆中相应的酶活性升高。如当肝细胞受损时,ALT、AST逸出,因此将血清中转氨酶活性升高作为诊断肝炎的指标之一。

(三)肝是合成尿素、解除氨毒的主要器官

肝是合成尿素的最主要器官,通过鸟氨酸循环,肝将有毒的氨合成无毒的尿素,解除了氨毒。当肝功能严重受损时,肝合成尿素的能力下降,可使血氨浓度升高,引起肝性脑病。

四、肝在维生素代谢中的作用

肝在维生素的吸收、储存、运输、转化等方面具有重要的作用。

(一)促进脂溶性维生素吸收

肝分泌的胆汁酸盐作为乳化剂,可促进脂溶性维生素吸收。肝胆出现疾患,导致胆汁酸合成减少或胆汁酸不能正常进入肠道,将会影响脂溶性维生素的吸收,导致相应维生素缺乏症的出现。

(二)储存多种维生素

肝是维生素A、维生素D、维生素E、维生素K及维生素B_{12}的主要储存场所,其中维生素A的储存占到体内总量的95%,因此适量食用动物肝,能预防和治疗夜盲症。

(三)协助维生素运输

肝通过合成维生素相关转运蛋白来协助维生素运输。例如肝合成视黄醇结合蛋白和维生素D结合蛋白,血浆中的维生素A和血浆中85%的维生素D代谢物分别与之结合而运输。当肝功能严重受损时,转运蛋白合成减少,从而导致相应维生素运输受阻。

(四)参与维生素转化

肝直接参与多种维生素的转化,即将无活性的维生素转变为有活性的形式。如将维生素D_3转变为25-羟维生素D_3,便于其进一步在肾中转变为1,25-二羟维生素D_3,维生素B_2转变为FMN、FAD,维生素PP转变为NAD^+和$NADP^+$,泛酸转变为辅酶A,维生素B_6转变为磷酸吡哆醛,维生素B_1转变为TPP等。

五、肝在激素代谢中的作用

肝在激素代谢中的作用是参与激素的灭活和排泄。

激素在发挥调节作用后,主要在肝中转化、降解或失去活性,这一过程称为激素的灭活。激素灭活后成为易于排泄的代谢物,随尿及胆汁排出体外。当肝功能严重受损时,激素灭活功能降低,

出现相应的高激素水平状态,如雌激素水平过高,可引起男性乳房女性化、蜘蛛痣、肝掌等症状;醛固酮和抗利尿激素水平升高,可引起高血压及水、钠潴留等症状。

[要点:肝在糖、脂类、蛋白质、维生素和激素代谢中的主要作用]

第二节　肝的生物转化作用

一、生物转化的概念和特点

(一)非营养物质及分类

在生命活动中,人体内产生或从外界摄入的某些物质既不参与机体构成,又不能为机体供应能量,并且其中许多物质对机体有一定的异常生物活性或毒性作用。通常将这类物质统称为非营养物质。

非营养物质按其来源可以分为内源性和外源性两类。内源性非营养物质包括体内物质代谢的产物或代谢中间物(如胺类、胆红素等)以及发挥生理作用后有待灭活的各种生物活性物质(如激素、神经递质等)。外源性非营养物质是从外界摄入体内的异源物,如药物、毒物、食品添加剂、环境化学污染物等以及从肠道吸收的腐败产物(如苯酚、吲哚、氨、胺类等)。

(二)生物转化的概念

非营养物质在体内经过化学转变,使其极性增强,水溶性增加,易于随胆汁或尿液排出体外的过程称为生物转化(biotransformation)。肝是进行生物转化的主要器官。此外,肾脏、胃肠道、脾、皮肤也有一定的生物转化功能。

(三)生物转化的特点

1. 解毒与致毒双重性　大多数物质经过生物转化后毒性减弱或消失(即解毒作用),但也有少数物质反而出现毒性或毒性增强(即致毒作用)。例如,香烟中的化学物质苯并芘,本身无直接致癌作用,但经过微粒体氧化系统生物转化后形成的环氧化物,能与DNA结合,影响其结构和功能而诱发细胞癌变。此外,肝的生物转化还可激活亚硝酸胺和黄曲霉素的致癌作用。

2. 连续性和多样性　一种物质的生物转化反应往往非常复杂,常需要连续进行几种反应,产生几种产物,称为生物转化作用的连续性。例如阿司匹林(乙酰水杨酸)进入体内后,先被水解成水杨酸,再进行结合反应,然后才能排出体外。同一种或同一类物质可进行多种不同类型的生物转化反应,产生不同的产物,称为生物转化作用的多样性。例如,水杨酸既可与葡萄糖醛酸结合生成β-葡萄糖醛酸苷,又可与甘氨酸结合生成水杨酰甘氨酸,还可先氧化成羟基水杨酸,再进行多种结合反应。

[要点:生物转化的概念、特点]

二、生物转化的类型

生物转化可以概括为两相反应,第一相反应包括氧化、还原和水解反应,第二相反应为结合反应。有的物质经过第一相反应后水溶性增加,即可排出体外。但许多物质在经过第一相反应后,极性的改变仍不大,必须进行第二相反应,与某些极性更强的物质(如葡萄糖醛酸、硫酸等)结合,增加其水溶性,才能排出体外。有的物质不经第一相反应,直接经第二相反应后排出体外,如胆红素等。

（一）第一相反应——氧化、还原及水解反应

1. 氧化反应　该反应是生物转化反应中最常见的类型。肝细胞内有多种氧化酶系催化该反应。

（1）加单氧酶系：主要存在于肝、肾的微粒体中，催化药物、毒物和类固醇激素等物质的氧化。加单氧酶又称羟化酶或混合功能氧化酶。其反应通式为：

$$NADPH + H^+ + O_2 + RH \xrightarrow{\text{加单氧酶}} ROH + NADP^+ + H_2O$$

（2）单胺氧化酶：位于肝细胞线粒体中，是一种黄素蛋白，可催化肠道腐败作用产生的胺类物质（如组胺、尸胺等）及体内生理活性物质（如 5 - 羟色胺、儿茶酚胺等）发生氧化脱氨反应而消除其毒性，生成相应醛类。其反应通式为：

$$RCH_2NH_2 + O_2 + H_2O \xrightarrow{\text{单胺氧化酶}} RCHO + NH_3 + H_2O_2$$

（3）脱氢酶系：位于肝细胞微粒体和胞液中，包括醇脱氢酶和醛脱氢酶，以 NAD^+ 为辅酶，分别催化醇类和醛类脱氢，生成醛或酸。其反应通式为：

$$RCH_2OH \xrightarrow[\text{醇脱氢酶}]{NAD^+ \quad NADH+H^+} RCHO \xrightarrow[\text{醛脱氢酶}]{NAD^+ + H_2O \quad NADH+H^+} RCOOH$$

知识拓展与思考

纵酒伤肝

　　酒精（即乙醇）进入机体后，可被胃、肠道迅速吸收。吸收后的乙醇约 2% 不经转化由肺呼出或由肾随尿排出，其余在肝内进行生物转化。肝细胞的乙醇脱氢酶能将乙醇氧化为乙醛，乙醛经乙醛脱氢酶催化生成乙酸，进入三羧酸循环，产生 ATP。大量饮酒造成乙醛堆积（部分人因醛脱氢酶活性低少量饮酒也可造成乙醛堆积）可造成肝损伤。乙醇氧化过程中生成大量 NADH，能将丙酮酸还原为乳酸。乳酸和乙酸堆积可引发酸中毒和电解质紊乱。可见，长期过量饮酒对人的健康非常有害。

　　请调查周围人群的饮酒情况，分析饮酒原因，思考如何帮助饮酒者戒酒。

----

2. 还原反应　该反应主要是在肝微粒体中进行，由硝基还原酶和偶氮还原酶催化，由 NADH 或 NADPH 供氢，使硝基化合物和偶氮化合物还原生成相应的胺类。例如：

3. 水解反应　肝细胞的微粒体和胞液中含有多种水解酶，如酯酶、酰胺酶、糖苷酶等，可催化脂类、酰胺类及糖苷类化合物（如阿司匹林、普鲁卡因等）发生水解反应，使这些物质丧失或减弱活性，但通常需要进一步进行结合反应才能排出体外。例如：

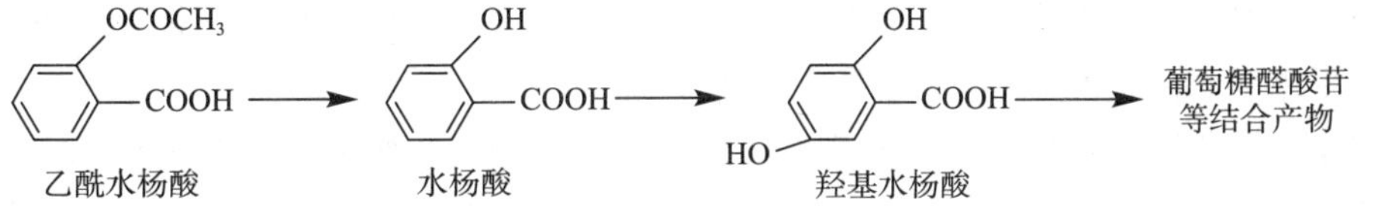

乙酰水杨酸　　　　　水杨酸　　　　　羟基水杨酸

（二）第二相反应——结合反应

结合反应是指非营养物质及其第一相反应的产物在肝细胞内与体内一些极性较强的物质或化学基团（内源性结合剂）结合，从而增强其极性和水溶性，使之易于排出体外。结合反应是体内最重要、最普遍的生物转化方式，主要在肝细胞的胞液和微粒体进行。凡含有羟基、羧基、巯基、氨基的非营养物质均可发生结合反应，根据参加反应的结合剂种类的不同，结合反应可以分为多种类型。

1. **葡萄糖醛酸结合反应**　该反应是机体内最普遍、最重要的结合反应。反应所需的葡萄糖醛酸基由尿苷二磷酸葡萄糖醛酸（UDPGA）提供。肝细胞微粒体中的葡萄糖醛酸基转移酶催化非营养物质进行此类反应，生成相应的葡萄糖醛酸苷。例如：

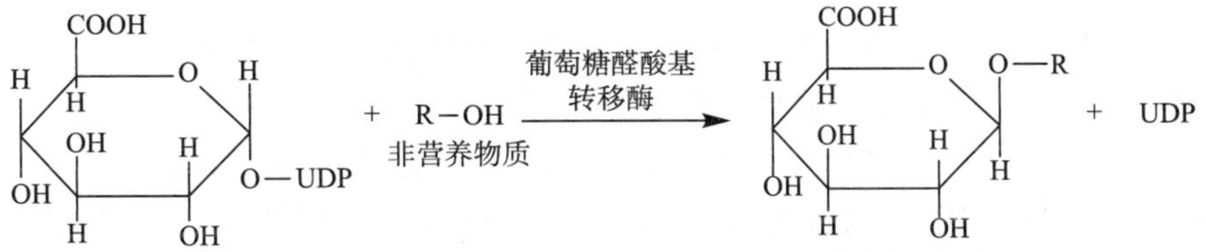

α-D-UDP-葡萄糖醛酸　　　　　　　　　　β-D-葡萄糖醛酸苷

2. **硫酸结合反应**　该反应属常见结合反应。在肝细胞胞液中的硫酸基转移酶催化下，活性硫酸供体 3′-磷酸腺苷-5′-磷酸硫酸（PAPS）中的硫酸根转移到醇、酚、胺等非营养物质上生成硫酸酯。例如雌酮的灭活：

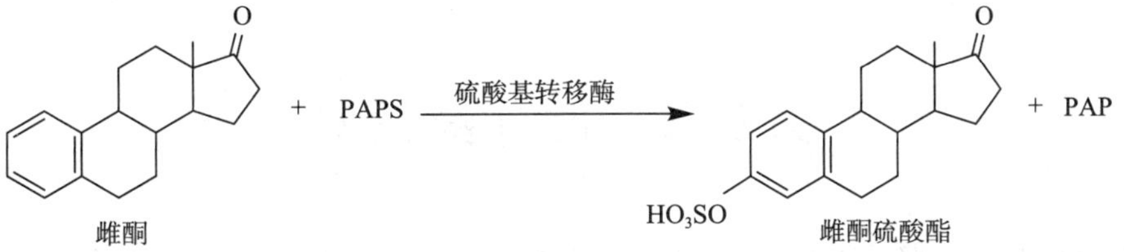

雌酮　　　　　　　　　　　　　　　　　雌酮硫酸酯

3. **乙酰基结合反应**　由乙酰CoA提供乙酰基，在肝细胞胞液中乙酰基转移酶的催化下，将乙酰基转移到苯胺、磺胺、异烟肼等芳香族胺类化合物的氨基上，生成乙酰基化合物，从而降低或消除其毒性。例如：

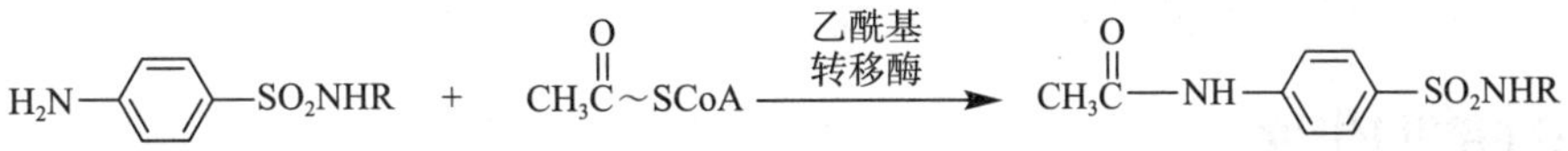

磺胺药　　　　　　乙酰CoA　　　　　　　　　N-乙酰磺胺

4. **谷胱甘肽结合反应**　肝细胞胞液中富含谷胱甘肽-S-转移酶，可与多种环氧化合物和卤代化合物结合生成相应结合产物，主要参与对致癌物、环境污染物、抗肿瘤药物及内源性活性物质的生物转化。如黄曲霉素 B_1-8，9-环氧化物与 GSH 结合而转化代谢，从而避免与 DNA 结合导致致癌作用。

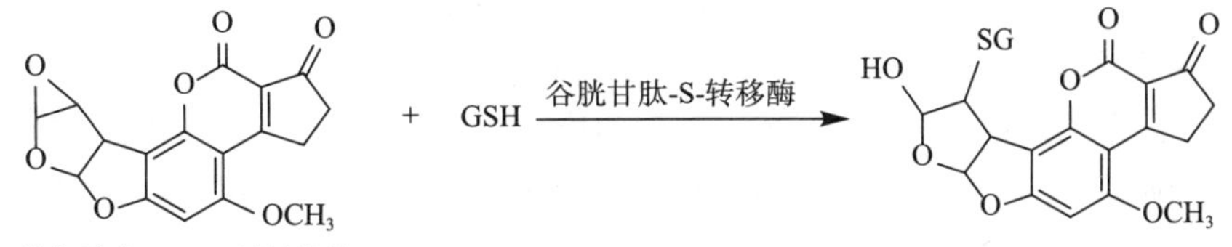

黄曲霉素B_1-8,9-环氧化物　　　　　　　　　谷胱甘肽结合产物

5. 甲基化反应　甲基供体是 S-腺苷甲硫氨酸(SAM)。一些胺类生物活性物质可在肝细胞胞液和微粒体甲基转移酶催化下,生成甲基化产物而灭活。

6. 甘氨酸、牛磺酸结合反应　含羧基的药物和毒物的羧基被激活为酰基 CoA 后,可与甘氨酸、牛磺酸结合生成相应的结合产物。如苯甲酸与甘氨酸结合形成马尿酸,随尿液排出体外。

三、生物转化的影响因素

生物转化受年龄、性别、营养、疾病、遗传因素及诱导物或抑制物等多种因素的影响。

1. 年龄　新生儿因肝生物转化酶系发育不全,对药物、毒物的转化能力弱,容易发生中毒。老年人因器官功能退化,生物转化能力下降,药物在体内的半衰期延长,药物不良反应增大。因此,临床上对新生儿及老年人的药物用量要严加控制。此外,很多药物注明儿童、老年人慎用或禁用。

2. 性别　女性生物转化能力一般比男性强,如女性体内醇脱氢酶的活性高于男性,女性对乙醇的处理能力比男性强;再如氨基比林在女性体内的半衰期低于男性。但在妊娠晚期妇女很多生物转化酶的活性下降,导致生物转化能力降低。

3. 药物的诱导与抑制　许多药物或毒物可诱导生物转化酶类的合成,增强肝的生物转化能力。例如长期服用苯巴比妥可诱导肝微粒体加单氧酶系的合成,使机体对苯巴比妥类催眠药产生耐药性。另外,由于很多物质的生物转化常受同一酶系的催化,因而同时服用几种药物时,可发生药物对酶的竞争性抑制作用,影响药物的生物转化。如保泰松可抑制双香豆素的代谢,增强双香豆素的抗凝作用,如果同时服用保泰松和双香豆素,双香豆素的抗凝作用增强,易发生出血。

4. 疾病因素　肝是生物转化的主要器官,肝功能受损可直接降低肝的生物转化能力,导致药物灭活能力减弱,故肝病患者用药应慎重。

［要点:生物转化的反应类型］

第三节　胆汁酸代谢

胆汁由肝细胞分泌,储存于胆囊,并通过胆管系统进入十二指肠。肝胆汁是肝细胞初分泌的胆汁,清澈透明,呈橙黄色。肝胆汁进入胆囊后,胆囊壁上皮细胞吸收其中的部分水和其他一些成分,并分泌黏液进入胆汁,从而浓缩成为胆囊胆汁,呈暗褐色或棕绿色。胆汁的成分主要是水,其次是胆汁酸(bile acids)、胆色素、胆固醇、磷脂、蛋白质、无机盐等。胆汁酸占胆汁中固体物质总量的 50%～70%,主要以盐的形式存在,故胆汁酸与胆汁酸盐为同义词。

一、胆汁酸的生成

胆固醇在肝细胞内转化生成的胆汁酸为初级胆汁酸(primary bile acids),后者分泌到肠道后受肠道细菌作用生成的产物为次级胆汁酸(secondary bile acids)。

(一)初级胆汁酸

正常人每日合成 1～1.5 g 胆固醇,其中约 40% 在肝细胞内转变为胆汁酸,这是体内胆固醇的主要去路。胆固醇首先在位于微粒体及胞液中的 7α - 羟化酶(7α - hydroxylase)的催化下,生成 7α - 羟胆固醇,再在多种酶的催化下,经羟化、加氢、侧链氧化断裂和加辅酶 A 等一系列反应后,生成初级游离胆汁酸,包括胆酸(cholic acid)、鹅脱氧胆酸(chenodeoxycholic acid)。初级游离胆汁酸再与甘氨酸或牛磺酸结合,生成初级结合胆汁酸,包括甘氨胆酸、牛磺胆酸、甘氨鹅脱氧胆酸、牛磺鹅脱氧胆酸,并以胆汁酸钠盐或钾盐的形式随胆汁排出。

7α-羟化酶是胆汁酸合成的限速酶,其活性受多种因素的调节。① 受胆汁酸浓度的负反馈调节;② 受胆固醇浓度的正向调节;③ 受激素调节,糖皮质激素、生长激素、甲状腺素可提高该酶的活性。

(二)次级胆汁酸

初级结合胆汁酸随胆汁进入肠道,协助脂类物质消化吸收的同时,在肠道细菌的作用下,先水解脱去甘氨酸和牛磺酸,重新生成初级游离胆汁酸(胆酸和鹅脱氧胆酸),再发生 7 位脱羟基反应,使胆酸转变为脱氧胆酸(deoxycholic acid),鹅脱氧胆酸转变为石胆酸(lithocholic acid),此二者为次级游离胆汁酸。次级游离胆汁酸经肠道吸收入血,在肝细胞中与甘氨酸或牛磺酸结合,生成次级结合胆汁酸,如甘氨脱氧胆酸、牛磺脱氧胆酸等,并以胆盐的形式随胆汁经胆管排入胆囊储存。石胆酸溶解度小,绝大部分随粪便排出。胆汁酸的分类如表 14-1,部分胆汁酸的结构如图 14-1。

[要点:胆汁酸的分类及主要胆汁酸的名称]

表 14-1　胆汁酸的分类

按来源分类	按结构分类	
	游离胆汁酸	结合胆汁酸
初级胆汁酸	胆酸	甘氨胆酸、牛磺胆酸
	鹅脱氧胆酸	甘氨鹅脱氧胆酸、牛磺鹅脱氧胆酸
次级胆汁酸	脱氧胆酸	甘氨脱氧胆酸、牛磺脱氧胆酸
	石胆酸	甘氨石胆酸、牛磺石胆酸

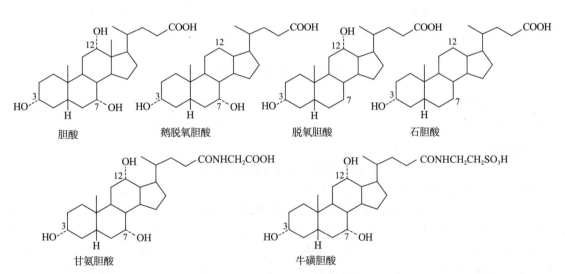

图 14-1　部分胆汁酸的结构式

(三)胆汁酸的肠肝循环

进入肠道中的各种胆汁酸有 95% 以上可被肠道重吸收,其余的随粪便排出体外。结合胆汁酸在回肠部位主动重吸收,游离胆汁酸在小肠和大肠被动重吸收。被重吸收的胆汁酸,经门静脉重新入肝,肝再把游离胆汁酸转变为结合胆汁酸,与新合成的结合胆汁酸一起再进入肠道,此过程称为胆汁酸的肠肝循环(enterohepatic circulation of bile acid)。胆汁酸的肠肝循环见图 14-2。

胆汁酸的肠肝循环有着重要的生理意义。正常成人每日合成胆汁酸 0.4~0.6 g,机体内胆汁酸代谢池也仅有 3~5 g 胆汁酸,这些胆汁酸远远不能满足脂类物质消化吸收的需要。因此,机体每次进餐后进行 2~4 次肠肝循环,使有限的胆汁酸被反复利用,每日由肠道重吸收的胆汁酸量为 12~32 g,保证了机体的正常需要。

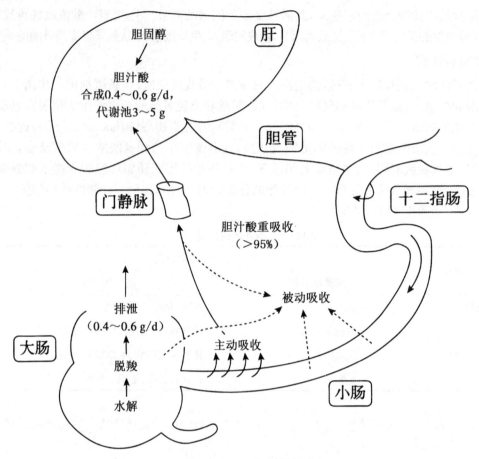

图 14-2　胆汁酸的肠肝循环

［要点：胆汁酸肠肝循环的过程和意义］

- -

知识拓展

考来烯胺的降血胆固醇作用

　　考来烯胺(消胆胺)是一种高分子量季胺类阴离子交换树脂,不溶于水,口服不吸收,在肠内通过离子交换与胆汁酸结合后由粪便排出,有效地阻断胆汁酸的肠肝循环,减少胆汁酸的重吸收。由于考来烯胺促进胆汁酸经肠外排的量较正常增加 3～15 倍,减少了肝中胆汁酸含量,使肝微粒体内 7α-羟化酶处于激活状态,促使胆固醇转化为胆汁酸。此外,胆汁酸为肠道吸收胆固醇所必需的物质,胆汁酸被考来烯胺结合后,又减少了食物中胆固醇的吸收。随着胆固醇在肝的转化排泄增加,肠道吸收减少,血中胆固醇浓度也相应降低。

- -

二、胆汁酸的生理功能

(一)促进脂类的消化吸收

　　胆汁酸分子既含有亲水的羟基、羧基,又含有疏水的烃核和甲基,属于表面活性分子,能降低油和水两相之间的表面张力,是较强的乳化剂。它可将脂类乳化成直径为 3～10 μm 的细小微团,既增加消化酶的作用面积,便于脂类的消化,又有利于通过小肠黏膜表面,促进脂类的吸收。

(二)维持胆汁中胆固醇的溶解状态

　　胆固醇可随胆汁分泌,经胆道排泄入肠道。因胆固醇难溶于水,必须与胆汁酸及卵磷脂形成可溶性微团,才能通过胆道排出体外。若胆汁酸含量减少或胆汁中的胆固醇含量过多,则使胆汁酸、卵磷脂和胆固醇的比例降低(<10∶1),而使胆汁中的胆固醇因过饱和而沉淀析出,形成胆结石。

[要点:胆汁酸的生理功能]

第四节　胆色素的代谢

胆色素(bile pigments)是铁卟啉化合物在体内的主要分解代谢产物,包括胆绿素、胆红素、胆素原和胆素。这些化合物主要随胆汁排出体外。除胆素原为无色物质外,其余均有颜色,胆绿素呈蓝绿色,胆红素呈橙黄色,胆素呈黄褐色。过量的胆红素对人体有害,可引起胆红素脑病。但适宜水平的胆红素对人体还呈现有益的一面,胆红素具有较强的抗氧化作用,可抑制体内的一些过氧化损害发生。

[要点:胆色素包括哪些物质]

一、胆红素的生成

正常人每天胆红素的生成量为 250～350 mg,其中 80% 的胆红素来自衰老红细胞中的血红素,其他主要来自含铁卟啉的化合物,包括肌红蛋白、细胞色素、过氧化氢酶和过氧化物酶等。红细胞的平均寿命约为 120 日。衰老的红细胞由于细胞膜的变化而被肝、脾、骨髓的单核吞噬细胞系统吞噬破坏,释放血红蛋白。血红蛋白进一步分解为珠蛋白和血红素。

知识拓展

血红素

血红素(heme)属于铁卟啉化合物,是血红蛋白、肌红蛋白、细胞色素、过氧化氢酶和过氧化物酶等的辅基。合成血红素的基本原料是甘氨酸、琥珀酰辅酶 A 和 Fe^{2+},限速酶是 δ - 氨基 - γ - 酮戊酸合酶(ALA 合酶)。除成熟红细胞外,体内各种细胞均具有合成血红素的能力,但主要合成器官是肝和骨髓。

在血红素加氧酶催化下,血红素分子中的 α - 次甲基(=CH—)氧化断裂,释放出 CO 和铁,形成胆绿素。胆绿素在胞液中的胆绿素还原酶的催化下,还原成胆红素。胆红素生成过程,如图 14-3。

二、胆红素的运输

胆红素在单核吞噬细胞系统形成后释放入血,在血浆中主要以胆红素-清蛋白复合物形式存在和运输。在生理条件下,胆红素分子内部形成 6 个氢键,而呈特定的卷曲结构,使亲水基团包裹到分子内部,疏水基团暴露在分子表面,所以具有很强的脂溶性,极易透过细胞膜(图 14-4)。胆红素-清蛋白复合物的形成,既增加了胆红素的水溶性使其便于运输,又阻止其自由通过细胞膜,有效抑制了对其他组织的毒害。这种在血浆中与清蛋白相结合,未进入肝进行生物转化的胆红素,称为未结合胆红素。未结合胆红素因分子内氢键的存在,不能直接与重氮试剂反应,需要加入乙醇或尿素等破坏氢键后才能与重氮试剂反应,生成紫红色偶氮化合物,因此未结合胆红素又称间接胆红素。胆红素与清蛋白结合后分子量变大,可防止其从肾小球滤过随尿排出,故尿液中没有未结合胆红素。

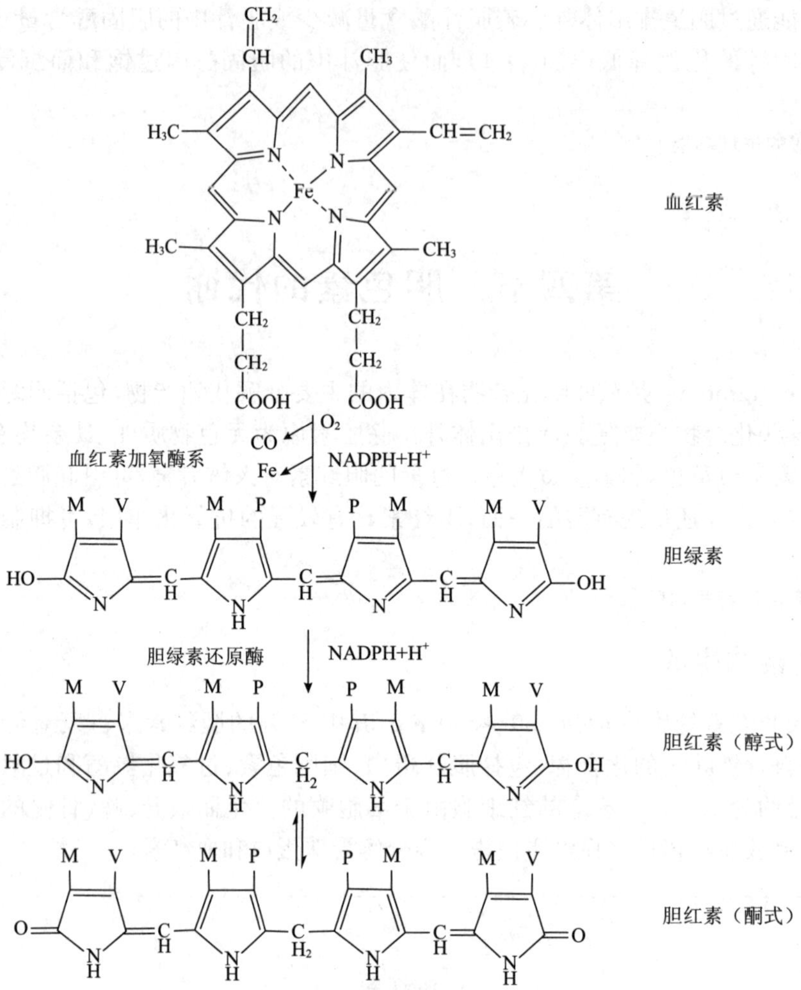

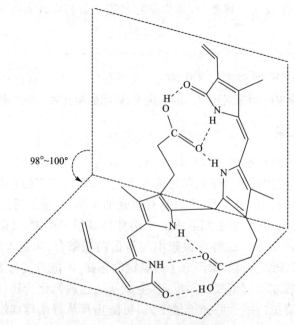

图 14 - 3　胆红素的生成过程

M：—CH₃；V：—CH =CH₂；P：— CH₂CH₂COOH

图 14 - 4　胆红素空间结构示意

若胆红素浓度升高、清蛋白含量下降或某些物质（如磺胺类药物、水杨酸、胆汁酸、脂肪酸等）与胆红素竞争结合清蛋白等，都会促使游离胆红素增多，从血浆向组织转移，产生毒性作用。过多游离胆红素与脑部基底核的脂类结合，将干扰脑的正常功能，引起胆红素脑病（又称核黄疸）。新生儿由于血-脑脊液屏障发育不全，游离胆红素更易进入脑组织，因此新生儿生理性黄疸期或有黄疸倾向的人，应慎用上述药物。

［要点：胆红素在血浆中的运输形式］

三、胆红素在肝中的转变

胆红素在肝中的代谢，包括肝细胞对胆红素的摄取、转化、排泄三个过程。

1. 肝细胞摄取胆红素　肝细胞对胆红素有极强的亲和力。当胆红素-清蛋白复合物随血液运输到肝时，胆红素与清蛋白分离，胆红素扩散进入肝细胞。在胞液中，胆红素与肝内载体蛋白——Y 蛋白或 Z 蛋白结合，以胆红素-载体蛋白的形式被转移至内质网。Y 蛋白对胆红素的亲和力比 Z 蛋白强，是肝细胞内主要的胆红素载体蛋白。

2. 胆红素转化为结合胆红素　胆红素以胆红素-载体蛋白复合物的形式被运输至内质网后，在 UDP-葡萄糖醛酸基转移酶的催化下，由尿苷二磷酸葡萄糖醛酸（UDPGA）提供葡萄糖醛酸基，胆红素与葡萄糖醛酸以酯键结合，生成葡萄糖醛酸胆红素。因胆红素分子中有 2 个羧基，最多可结合 2 分子葡萄糖醛酸，结果生成大量胆红素葡萄糖醛酸二酯和少量胆红素葡萄糖醛酸一酯。此外，还有少量胆红素与硫酸结合生成胆红素硫酸酯。经肝生物转化的胆红素称为结合胆红素，其分子内不再有氢键形成，可直接与重氮试剂发生反应，故又称直接胆红素。

结合胆红素极性较强，溶于水，不易透过细胞膜和血-脑屏障，避免了其对组织的毒害作用，是胆红素体内解毒的主要形式。结合胆红素主要随胆汁排泄，也可通过肾小球滤过，从尿中排出，正常人血液中含量甚微。未结合胆红素和结合胆红素的区别，如表 14-2。

表 14-2　未结合胆红素与结合胆红素

性质	未结合胆红素	结合胆红素
别名	游离胆红素、血胆红素、间接胆红素	肝胆红素、直接胆红素、
与葡萄糖醛酸结合	未结合	结合
重氮试剂反应	缓慢，间接反应	迅速，直接反应
溶解性	脂溶性	水溶性
透过细胞膜的能力	大	小
毒性	大	小
通过肾随尿排出	不能	能

［要点：结合胆红素的生成过程、结合胆红素与未结合胆红素的区别］

3. 肝细胞对胆红素的排泄　肝分泌结合胆红素进入毛细胆管，随胆汁排入小肠，此过程为肝代谢胆红素的限速步骤。因毛细胆管中结合胆红素的浓度远高于肝细胞内浓度，故肝细胞排出胆红素是一个逆浓度梯度的主动转运过程，需要消耗能量。若胆道阻塞或其他原因导致胆红素排泄受阻，则胆红素逆流入血，血中结合胆红素水平升高。

知识拓展

新生儿生理性黄疸

　　胎儿的血氧分压低,血液中的红细胞代偿性增多,出生时血氧分压增高,过多的红细胞被破坏,产生大量胆红素。另外,新生儿肝功能不完善,肝细胞中 Y 蛋白和 UDP -葡萄糖醛酸基转移酶含量低,肝摄取和处理胆红素的能力较差。因此新生儿易出现黄疸。新生儿黄疸可分为生理性黄疸和病理性黄疸。生理性黄疸,是新生儿时期特有的一种现象。50％～70％的新生儿出生后 2～3 日出现黄疸,4～6 日最明显,足月儿 7～14 日自然消退,早产儿可延迟 3～4 周消退。生理性黄疸一般不需特殊治疗。

四、胆红素在肠中的转变及胆素原的肠肝循环

　　1. 胆红素在肠中转变为胆素原　结合胆红素随胆汁排入肠道后,在肠道细菌的作用下,先水解脱去葡萄糖醛酸转变成游离胆红素,再逐步加氢还原成为无色的中胆素原、粪胆素原和尿胆素原,这些物质统称为胆素原。正常成人每天从粪便中排出 80％的胆素原,40～280 mg。粪便中的胆素原在肠道下段经空气氧化为黄褐色的粪胆素,这是粪便的主要色素。当胆道阻塞,胆红素不能排入肠道,无法形成胆素原及胆素时,粪便呈灰白色。

　　2. 胆素原的肠肝循环　正常情况下,肠道中 10％～20％的胆素原被重吸收入血,经门静脉进入肝,大部分又随胆汁排入肠道,形成胆素原的肠肝循环(bilinogen enterohepatic circulation)。小部分胆素原可以进入体循环,随尿液排出。胆素原与空气接触后被氧化成尿胆素,后者为尿液的主要色素。正常成人每日随尿排出的胆素原为 0.5～4.0 mg。尿胆红素、尿胆素原、尿胆素称为"尿三胆",作为黄疸类型诊断的指标。胆色素的代谢过程,如图 14-5。

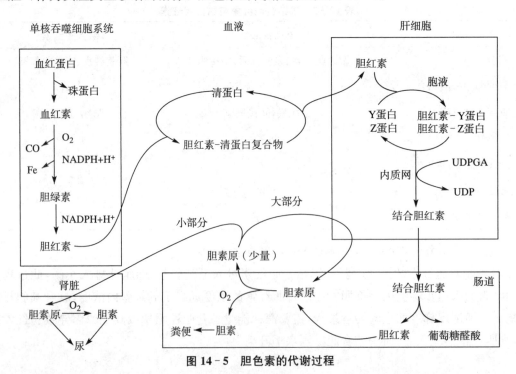

图 14-5　胆色素的代谢过程

［要点:胆素原的肠肝循环］

五、血清胆红素与黄疸

正常人血清胆红素总量为 3.4～17.1 μmol/L(0.2～1.0 mg/dl)，其中未结合胆红素占 4/5，结合胆红素占 1/5。每 100 mL 血浆中的清蛋白能结合 20～25 mg 游离胆红素，完全可以满足结合全部胆红素的需要，防止胆红素进入其他组织产生毒性作用。当某些因素导致体内胆红素生成过多或肝细胞对胆红素的摄取、转化、排泄过程发生障碍时，均可引起血中胆红素浓度升高，引起巩膜、皮肤、黏膜等组织出现黄染现象，称为黄疸(jaundice)。当血清胆红素浓度在 17.1～34.2 μmol/L 时，虽然高于正常，但肉眼看不到巩膜与皮肤的黄染现象，称为隐性黄疸。若血清胆红素浓度超过 34.2 μmol/L，肉眼可明显观察到组织黄染，称为显性黄疸。

根据黄疸的发病机制，可将黄疸分为以下三类。

1. 溶血性黄疸 又称肝前性黄疸，是由于药物、毒物等各种原因使红细胞破坏过多，超过了肝细胞对胆红素的处理能力，造成血清未结合胆红素浓度过高，出现黄疸。其基本特征为：血清中未结合胆红素含量增高，结合胆红素变化不大。未结合胆红素不能进入尿液，故尿胆红素阴性。肝对胆红素的转化能力增强，进入肠道的结合胆红素增多，胆素原和胆素生成增多，粪便颜色加深；从肠道重吸收的胆素原增多，尿胆素原和尿胆素增多，尿液颜色也加深。某些药物、某些疾病(如恶性疟疾、过敏等)、输血不当、镰状红细胞贫血、蚕豆病等多种因素均有可能引起红细胞大量破坏，导致溶血性黄疸。

2. 肝细胞性黄疸 又称肝原性黄疸，是由于肝功能受损，摄取、转化、排泄胆红素的能力降低所致。其基本特征为：肝细胞对未结合胆红素的转化能力降低，可造成血清未结合胆红素增高；肝细胞肿胀压迫毛细胆管造成阻塞，毛细胆管与肝血窦直接相通，使部分结合胆红素反流入血，造成血清结合胆红素也增高。由于肝功能受损，结合胆红素在肝中合成和排泄均减少，肠道胆素原合成减少，粪便颜色可能变浅。结合胆红素能通过肾小球滤过，尿胆红素阳性。尿胆素原和尿胆素的变化不确定。肝细胞性黄疸常见于肝实质性疾病，如各种肝炎、肝肿瘤和肝硬化等。

3. 阻塞性黄疸 又称肝后性黄疸，是由于各种原因(如胆结石、胆道炎症等)引起的胆汁排泄通道受阻，胆小管和毛细胆管内压力增高而破裂，致使结合胆红素反流回血液，造成血清结合胆红素升高引起黄疸。其基本特征为：血清结合胆红素升高，未结合胆红素无明显变化。胆红素排泄障碍，导致排入肠道的结合胆红素减少，胆素原减少，粪便和尿液颜色变浅。结合胆红素可进入尿液，故尿胆红素阳性。阻塞性黄疸常见于胆管炎、肿瘤(尤其胰腺癌)、胆结石或先天性胆管闭锁等疾病。

各种黄疸的血、尿、粪的变化，如表 14-3。

表 14-3 三种类型黄疸的血、尿、粪的变化

指标	正常	溶血性黄疸	肝细胞性黄疸	阻塞性黄疸
血清总胆红素	<17.1 μmol/L	>17.1 μmol/L	>17.1 μmol/L	>17.1 μmol/L
结合胆红素	<3.4 μmol/L	正常或轻度↑	↑	↑↑
未结合胆红素	<13.7 μmol/L	↑↑	↑	正常或轻度↑
尿胆红素	—	—	++	++
尿胆素原	少量	↑	不确定	↓
尿胆素	少量	↑	不确定	↓
粪便颜色	正常	加深	变浅或正常	变浅或陶土色

［要点：黄疸的概念、类型及各型黄疸的主要特点］

知识链接与思考

中医对黄疸的认识和治疗

中医对黄疸的认识是个逐渐深化的过程,早在《黄帝内经》中就有关于黄疸病名及主要症状的记载,后代医家对黄疸的形成机制、症状、分类进行了更加细致的探讨,并创制茵陈蒿汤等治疗方剂。进一步阅读请扫二维码。

本章小结

肝是物质代谢的中枢器官,在糖、脂类、蛋白质、维生素和激素等物质的代谢中均起到重要的作用。肝通过糖异生和肝糖原的合成与分解维持血糖水平的相对恒定;肝在脂类的消化、吸收、运输、合成、分解等方面发挥着重要的作用;肝是合成血浆蛋白质的重要器官,也是氨基酸分解代谢、合成尿素、解除氨毒的主要器官;肝在维生素的吸收、运输、储存和代谢等方面起重要的作用;肝是激素灭活的主要器官。

非营养物质在体内经过化学转变,使其极性增强,水溶性增加,易于随胆汁或尿液排出体外的过程称为生物转化。肝是进行生物转化的主要器官。生物转化可概括为两相反应,第一相反应包括氧化、还原和水解反应;第二相反应是结合反应。机体内最普遍、最重要的结合反应是葡萄糖醛酸结合反应,硫酸结合反应也是常见的结合反应类型。

胆汁酸是胆固醇在肝内转化的产物,是胆固醇体内代谢的最主要去路。初级游离胆汁酸包括胆酸和鹅脱氧胆酸,次级游离胆汁酸主要是脱氧胆酸和石胆酸,游离胆汁酸在肝细胞内结合甘氨酸或牛磺酸形成相应的结合型胆汁酸。肠道中的各种胆汁酸约有95%以上被重吸收,重新回到肝脏构成胆汁酸肠肝循环。胆汁酸的生理意义是促进脂类物质的消化和吸收,并能维持胆汁中胆固醇的溶解状态,防止结石形成。

胆色素是铁卟啉化合物在体内的主要分解代谢产物,包括胆绿素、胆红素、胆素原和胆素。在单核吞噬细胞系统中血红素逐步转化为胆绿素和胆红素,胆红素进入血液与清蛋白结合,形成胆红素-清蛋白复合物而运输。肝细胞摄取胆红素在内质网与葡萄糖醛酸结合生成结合胆红素,随胆汁排入肠道。胆红素在肠道中转化为胆素原和胆素,少量胆素原可以重吸收构成胆素原肠肝循环。血中胆红素过多引起黄疸,黄疸可分为溶血性黄疸、肝细胞性黄疸和阻塞性黄疸三种类型。

教学课件　　　微课

思考题

1. 为什么说肝是物质代谢的中枢器官？

2. 什么是生物转化？简述生物转化的反应类型及特点。

3. 试述胆汁酸的肠肝循环及其意义。

4. 何为黄疸？简述常见黄疸类型的发病机制及其血、尿、便的特征性变化。

更多习题，请扫二维码查看。

达标测评题

（陆　璐）

第十五章　水和无机盐代谢

学习目标

掌握：体液和电解质的含量与分布特点；钠、钾、氯的代谢特点；钙、磷的生理功能及其代谢的调节。

熟悉：水与无机盐的生理功能；水的来源与去路；血浆中钙、磷的含量关系。

了解：水和无机盐代谢的调节。

【导学案例】

患者，女性，52岁，因高血压急症入院，护士遵医嘱静脉注射呋塞米（速尿）20 mg。执行后患者出现乏力、腹胀、肠鸣音减弱症状。

请思考：

1. 该患者发生了怎样的水、无机盐代谢紊乱？

2. 在对该患者的进一步治疗和护理中应注意什么？

水与溶解在水中的无机盐、小分子有机物、蛋白质等构成体液。因体液中的无机盐及有机物常以离子形式存在，故又称为电解质，水和无机盐代谢常被称为水、电解质平衡。机体中的一切代谢均在体液中进行，维持体液的容量、分布、渗透压、酸碱度和电解质浓度，是保证正常生命活动的重要条件。疾病和内外环境的剧烈变化都可引起水和无机盐代谢的异常，严重时危及生命。因此，掌握水和无机盐代谢的基本理论，对于防治疾病有很重要的意义。

第一节　体　液

一、体液的含量与分布

正常成人体液总量约占体重的 60%，以细胞膜为界分为细胞内液与细胞外液，细胞外液包括血浆和细胞间液（或组织间液）两部分（图 15-1）。淋巴液、消化液、脑脊液、胸腔液和腹腔液等可视为细胞外液的特殊部分。

［要点：体液的组成及各部分体液占体重的比例］

人体体液的含量与分布随年龄、性别和胖瘦的

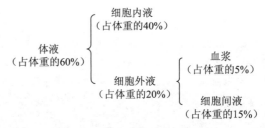

图 15-1　体液的含量和分布

不同而有较大差异。随着年龄增长,人体体液总量逐渐减少。由于体内脂肪组织含水量为 $15\%\sim30\%$,肌肉组织含水量为 $75\%\sim80\%$,所以肥胖者的体液量比同体重瘦者少。同理,女性体液含量略低于男性,一般比男性低 $5\%\sim10\%$。

二、体液中电解质的含量与分布

体液中主要电解质含量与分布,如表 15-1。

表 15-1 体液中电解质的含量与分布

电解质		血浆		组织间液		细胞内液	
		离子 (mmol/L)	电荷 (mmol/L)	离子 (mmol/L)	电荷 (mmol/L)	离子 (mmol/L)	电荷 (mmol/L)
阳离子	Na^+	145	145	139	139	10	10
	K^+	4.5	4.5	4	4	158	158
	Mg^{2+}	0.8	1.6	0.5	1	15.5	31
	Ca^{2+}	2.5	5	2	4	3	6
	合计	152.8	156	145.5	148	186.5	205
阴离子	Cl^-	103	103	112	112	1	1
	HCO_3^-	27	27	25	25	10	10
	HPO_4^{2-}	1	2	1	2	12	24
	SO_4^{2-}	0.5	1	0.5	1	9.5	19
	蛋白质	2.25	18	0.25	2	8.1	65
	有机酸	5	5	6	6	16	16
	有机磷酸	—	—	—	—	23.3	70
	合计	138.75	156	144.75	148	79.9	205

从表 15-1 可以看出,各部分体液中电解质的含量与分布不尽相同,有如下四个特点。

1. 各部分体液均呈电中性 电解质浓度若以电荷浓度表示,则无论细胞内液、组织间液或血浆,其阴阳离子总量相等,体液呈电中性。

2. 细胞内外液离子分布差异很大 细胞外液主要的阳离子为 Na^+,主要的阴离子为 Cl^- 和 HCO_3^-;而细胞内液主要的阳离子为 K^+,主要的阴离子为 HPO_4^{2-} 和蛋白质阴离子。细胞内外离子分布的这种显著差异,是细胞完成基本生命活动所必需的。这种离子差异的维持主要依靠细胞膜上的 Na^+,K^+-ATP 酶(又称钠泵或钠-钾泵)的作用,它主动把 Na^+ 排出细胞外,同时把 K^+ 转入细胞内。

3. 细胞内、外液的渗透压相等 体内起渗透作用的溶质主要是电解质。细胞内液中电解质的总量大于组织间液和血浆,但由于细胞内液含蛋白质阴离子和二价离子较多,而这些电解质产生的渗透压较小,因此细胞内、外液的渗透压基本相等。

4. 血浆中蛋白质含量高于细胞间液 同属于细胞外液的血浆和细胞间液绝大多数离子含量接近,但蛋白质的含量却有明显差异。血浆蛋白质含量明显高于细胞间液,这种差异对于维持血容量以及血浆与细胞间液之间水的交换具有重要的意义。

[要点:体液中电解质含量与分布特点]

第二节   水平衡

水是机体含量最多的组成成分,也是维持人体正常生命活动的重要物质之一。

一、水的生理功能

体内的水大部分与蛋白质、多糖等结合,以结合水的形式存在;其余的水以自由状态存在,称为自由水。水在维持体内正常代谢活动和生理功能方面起着重要的作用。水的主要生理功能主要有以下五个方面。

(一) 促进和参与物质代谢

水是一切生化反应的必需物质,也是良好的溶剂,很多代谢物都能溶解或分散于水中,这是体内化学反应得以顺利进行的重要条件。水还直接参与体内的水解、水化、加水脱氢等反应。

(二) 运输作用

水不仅是良好的溶剂,而且黏度小,易流动,因而有利于体内营养物质和代谢产物经血液或淋巴液运输至各组织细胞内代谢或排出体外。

(三) 调节体温

水的比热大,因而能吸收较多的热量而本身的温度升高不多;水的蒸发热大,所以蒸发少量的汗液就能散发大量的热量;水的流动性大,能随血液循环迅速分布于全身,再通过体液交换,使物质代谢过程中产生的热量迅速通过体表散发到环境中去。所以水可以调节体温,维持产热和散热的平衡。

(四) 润滑作用

水是良好的润滑剂,能减少摩擦。例如,泪液可防止眼角膜干燥及有利于眼球的转动,唾液有利于吞咽及咽部湿润,关节腔的滑液有利于减少关节活动的摩擦作用。

(五) 维持组织的形态与功能

结合水具有与自由水完全不同的性质,它参与维持大分子的构象,对保持一些组织器官的形态、硬度、弹性和独特的生理功能有特殊意义。如心肌含水约 79%,血液含水约 83%,两者含水量相差不大,但心肌主要是结合水,使心肌能进行强有力地收缩,推动血液循环;而血液中的水主要是自由水,故能循环流动。

[要点:水的生理功能]

二、水的摄入与排出

水的摄入与排出保持动态平衡,以维持机体内环境的相对稳定。

(一) 水的摄入

正常成人在一般情况下,每日摄入的水总量约 2 500 mL。其来源有以下三种方式。

1.饮水   成人每日饮水量约 1 200 mL。

2.食物水   成人每日从食物摄取的水约 1 000 mL。

3.代谢水   糖、脂肪和蛋白质等营养物质在体内氧化分解产生的水称为代谢水,又称为内生水。成人每日生成的代谢水约为 300 mL。

（二）水的排出

正常成人每日排出的水总量约 2 500 mL。体内水的排出方式有以下四种：

1. **肾排出**　这是体内水的主要排出方式，对体内水的平衡起着主要调节作用。一般成人每日排尿量约 1 500 mL。尿量随饮水量、气候、劳动强度不同而变化，但正常成人每日尿量不应少于 500 mL。因为至少需要 500 mL 尿量才能充分溶解尿中的固体物质（主要是尿素、尿酸、肌酐等非蛋白质含氮物，约 35 g），否则会导致代谢废物在体内堆积引起中毒。临床上将每日尿量少于 500 mL 称为少尿，少于 100 mL 称为无尿。

2. **皮肤蒸发**　皮肤以非显性出汗和显性出汗两种形式排水。非显性出汗是以皮肤蒸发方式排水，成年人每天蒸发水约 500 mL。因其含电解质很少，故可以看成纯水。显性出汗是通过皮肤汗腺排出汗液，出汗量随环境温度、运动量或劳动强度不同而有很大差异。显性汗是低渗溶液，在排水的同时还伴有 Na^+ 和 Cl^- 以及少量 K^+ 的排出。故高温作业或强体力劳动大量出汗时，在补充水分的基础上，还需适当补盐。

3. **呼吸蒸发**　正常成年人每日通过呼吸排出的水量约 350 mL。

4. **粪便排出**　正常成年人每日由粪便排出的水量约 150 mL。消化液内含大量的电解质和水分，在正常情况下，这些消化液约 98% 在肠道被重吸收；在病理情况下，如呕吐、腹泻等引起消化液大量丢失可导致脱水和电解质平衡紊乱，引起水和无机盐代谢失常，因此对这些患者应补充水分和相应的电解质。

总之，正常成年人每日水的出入量相等（表 15-2），维持动态平衡，称为水平衡。

表 15-2　正常成人每日水的摄入与排出量/mL

方式	水的摄入量	方式	水的排出量
饮水	1 200	肾排出	1 500
食物水	1 000	皮肤蒸发	500
代谢水	300	呼吸蒸发	350
		粪便排出	150
共计	2 500	共计	2 500

从表 15-2 可见，当人体不能摄入水分时，成人每日至少排出 1 500 mL 水分（尿液 500 mL、皮肤蒸发 500 mL、呼吸蒸发 350 mL、粪便排出 150 mL），称为必然失水量。因此，临床上对昏迷或不能进食和饮水的患者，每日最低补水量为 1 500 mL。

［要点：水的摄入与排出途径］

第三节　无机盐的代谢

人体内大多数无机盐以离子形式存在，目前人体已发现二十余种，占人体体重的 4%～5%，在维持机体和细胞的生命活动中起着重要的作用。

一、无机盐的生理功能

（一）维持体液的渗透压

无机盐是细胞内液和外液的重要成分，形成晶体渗透压，与蛋白质形成的胶体渗透压一起维持细胞内外渗透压的平衡。例如，Na^+、Cl^- 是维持细胞外液渗透压的主要离子，K^+、HPO_4^{2-} 是维持细胞内液渗透压的主要离子。当电解质浓度发生改变时，造成细胞内、外液的渗透压改变，从而影响体内水的分布。

（二）维持体液酸碱平衡

人体各组织细胞只有在适宜的 pH 条件下才能维持正常的生命活动。正常人血浆的 pH 值为 $7.35 \sim 7.45$，体液中的 Na^+、K^+、HCO_3^-、HPO_4^{2-} 及蛋白质离子参与体液缓冲体系的构成，维持体液的酸碱平衡。

（三）维持神经、肌肉的应激性

神经、肌肉的应激性与多种无机离子的浓度和比例有关，其关系如下：

$$神经、肌肉的应激性 \propto \frac{[Na^+]+[K^+]}{[Ca^{2+}]+[Mg^{2+}]+[H^+]}$$

从上述关系式可以看出，Na^+、K^+ 能增强神经、肌肉的应激性，当血浆 Na^+、K^+ 浓度增高时，神经、肌肉的应激性增高；当血浆 K^+、Na^+ 浓度过低时，神经肌肉的应激性降低，可出现肌肉软弱无力、腱反射减弱或消失，甚至麻痹。而 Ca^{2+}、Mg^{2+}、H^+ 能降低神经肌肉的应激性，当血浆 Ca^{2+}、Mg^{2+}、H^+ 浓度增高时，神经肌肉的应激性降低；低血钙会使肌肉的应激性升高，可出现手足搐搦甚至惊厥。

无机离子也会影响心肌的应激性，其关系如下：

$$心肌的应激性 \propto \frac{[Na^+]+[Ca^{2+}]}{[K^+]+[Mg^{2+}]+[H^+]}$$

K^+ 对心肌有抑制作用，当血钾浓度升高时，心肌的应激性降低，可出现心率过缓、传导阻滞和收缩力减弱，严重时可使心脏停搏于舒张期。当血钾浓度过低时，心肌的应激性增强，可出现心律失常，易产生期前收缩，严重时可使心脏停搏于收缩期。Na^+ 和 Ca^{2+} 可拮抗 K^+ 对心肌的作用，维持心肌正常的应激状态。因此，临床上可通过静脉注射钠盐或钙盐来纠正血浆 K^+ 浓度过高对心肌的不利影响。

（四）维持细胞正常的新陈代谢

1. 作为酶的辅助因子或激活剂影响酶活性　如细胞色素氧化酶中的铜、碳酸酐酶中的 Zn^{2+}、激酶类的 Mg^{2+}。唾液淀粉酶的激活剂是 Cl^- 等。

2. 参与或影响体内物质代谢　如 Ca^{2+} 作为激素作用的第二信使，Na^+ 参与小肠对葡萄糖的吸收，Mg^{2+} 参与蛋白质、核酸、脂类和糖类物质的合成等。这说明无机盐在机体物质代谢及其调控中起着重要的作用。

3. 参与构成体内有特殊功能的物质　如维生素 B_{12} 中含钴，甲状腺激素中含碘，细胞色素中含铁等。

［要点：无机盐对心肌、骨骼肌应激性的影响］

二、钠和氯的代谢

（一）钠的代谢

1. 钠的含量与分布　正常成人体内钠含量为 $45 \sim 50$ mmol/kg 体重（相当于 1 g/kg 体重），其中约 45% 分布于细胞外液，10% 分布于细胞内液，45% 分布于骨骼中。血浆钠浓度为 $135 \sim 145$ mmol/L。

2. 钠的吸收与排泄　人体每日摄入的钠主要来自食盐（NaCl），正常成人每日需 NaCl $4.5 \sim 9.0$ g。摄入的钠在胃肠道几乎全部被吸收，正常情况下钠主要由肾排出，少量由皮肤及粪便排出，仅在严重腹泻、呕吐或长期大量出汗时才导致一定量钠的丢失。肾对钠的排出有很强的调节能力，正常人每日由肾小球滤过的 Na^+ 达 $20 \sim 40$ mol，而每日尿钠排出量仅为 $0.01 \sim 0.20$ mol，重吸收率达 99.4%。当血 Na^+ 浓度高于正常时，肾小管对 Na^+ 的重吸收能力降低，多余的钠通过肾随尿排出体外；当血 Na^+ 浓度降低时，肾小管对钠的重吸收能力增强，排钠减少；当机体完全停止钠的摄入时，肾小管几乎将尿钠全部重吸收，以维持体内钠的平衡。因此，肾脏排钠的特点是"多吃多排，少吃少排，不吃不排"。

［要点：肾脏排钠的特点］

- -

知识拓展与思考

钠盐的摄入量与高血压的关系

研究表明钠盐的摄入量与高血压的发生率成正相关，钠盐的摄入量越多，高血压的发病率越高。另外，有研究报道高钠摄入增加脑卒中和胃癌的发病风险。因此，《中国居民膳食指南(2021)》建议成人每天食盐摄入不超过 6 g，世界卫生组织建议成年人每天钠摄取量应低于 2 000 mg，即食盐摄取量应低于 5 g。

医学生将要从事"健康所系、性命相托"的工作，不仅个人要养成健康的生活方式，而且有责任对患者进行健康生活方式宣教。请思考在宣教中如何体现社会主义核心价值观的"文明、和谐"要求。

- -

（二）氯的代谢

1. 氯的含量与分而　正常成年人体内氯含量约为 33 mmol/kg 体重。其中 70% 的氯分布于血浆、细胞间液和淋巴液中，只有少量分布在细胞内液并主要存在于分泌 Cl^- 的细胞内。血清氯含量为 98～106 mmol/L。

2. 氯的吸收与排泄　食物中的 Cl^- 大多与 Na^+ 一起被小肠吸收。体内的氯主要经肾随钠排出，小部分由汗排出。肾小管上皮细胞可将肾小球滤出的 Cl^- 随 Na^+ 一起重吸收，过量的 Cl^- 随尿排出体外。

三、钾的代谢

（一）钾的含量与分布

正常成年人体内钾的含量为 45～55 mmol/kg 体重（相当于 2 g/kg 体重），其中 98% 存在于细胞内液，2% 存在于细胞外液。血清钾浓度为 3.5～5.5 mmol/L，而红细胞内钾浓度为 105 mmol/L，红细胞内钾约为血清钾浓度的 20 倍。故测血钾时应防止溶血，否则易误诊为高钾血症。

（二）钾的吸收与排泄

钾主要来自食物，正常成人每日钾的需要量为 2～4 g，普通膳食含钾丰富，可以满足机体对钾的需要。随食物摄入的钾约 90% 经消化道吸收入血。钾主要由肾排泄，少量由肠道排出，经皮肤汗腺排出甚少。肾对钾的排泄能力强且迅速，但调节不如对钠严格，即使不摄入钾，每日仍有约 10 mmol 的钾随尿排出。肾排钾的特点是"多吃多排，少吃少排，不吃也排"。所以，对长期不能进食的患者应注意监测血钾水平，并适量补钾。

（三）钾平衡的特点

1. 钾平衡缓慢　K^+ 在细胞内外液的平衡是个缓慢的过程，静脉补钾约需 15 h，心功能不全等病理情况下需要 45 h 左右才达平衡。因此，临床上需要多次测定血钾才能反映体内钾的含量，以防出现假性高值，在给缺钾患者补钾的治疗过程中，严禁静脉推注，而应尽量选择口服或静脉滴注，应遵循"缓慢、少量、低浓度、见尿补钾"的原则。

2. 物质代谢影响钾的分布　当糖原或蛋白质合成时，钾从细胞外进入细胞内；反之，当糖原或蛋白质分解时，钾由细胞内释放到细胞外。实验证明，每合成 1 g 糖原约有 0.15 mmol 的 K^+ 进入细胞，每合成 1 g 蛋白质约有 0.45 mmol 的 K^+ 进入细胞；而每分解 1 g 糖原或蛋白质时分别有等

量的 K^+ 由细胞内转移到细胞外。在组织生长旺盛、创伤愈合期、静脉输注胰岛素和葡萄糖液时，由于糖原或蛋白质合成加强，K^+ 由细胞外进入细胞内，引起血钾降低，故应注意补充钾；在烧伤、术后或感染、缺氧等情况下，蛋白质分解加强，细胞内 K^+ 转移到细胞外，导致高血钾，临床常用静脉滴注葡萄糖和胰岛素促进细胞外 K^+ 向细胞内转移，从而降低血钾浓度。

3. 钾的分布与酸碱平衡有密切关系　酸中毒时，血浆 H^+ 浓度增高，H^+ 进入细胞内液，K^+ 则移出，使血浆 K^+ 浓度增高；当血浆 K^+ 浓度增高时，K^+ 进入细胞内液，而 H^+ 移出，使血浆 H^+ 浓度增高。因此，酸中毒与高钾血症互为因果，碱中毒与低血钾互为因果。

四、水和无机盐代谢的调节

正常人体内水与无机盐代谢保持动态平衡，血浆渗透压是调节体液平衡的主要因素，当血浆渗透压发生变化时，机体通过神经和激素的调节使其恢复正常。

（一）神经系统的调节

中枢神经系统通过对体液渗透压变化的感受，来调节体液的容量和渗透压。当机体失水过多或进食高盐饮食后，可致血浆和细胞间液渗透压升高，水自细胞内向细胞外转移，同时刺激下丘脑视前区渗透压感受器，兴奋传至大脑，引起口渴的生理反射，饮水后渗透压下降，水自细胞外向细胞内转移，恢复体液平衡。

（二）激素的调节

1. 抗利尿激素的调节　抗利尿激素（ADH）又称血管升压素，是下丘脑视上核及室旁核神经细胞分泌的一种九肽激素，储存于神经垂体，在适宜的刺激下（血浆渗透压升高、血容量减少、血压下降等）分泌入血。ADH 的主要作用是促进肾远曲小管和集合管对水的重吸收，降低排尿量，维持体液渗透压相对稳定。

调节抗利尿激素合成和释放的主要因素是血浆晶体渗透压和循环血量的变化。它们分别通过刺激位于下丘脑视前区的渗透压感受器和位于左心房和胸腔大静脉内的容量感受器，调节抗利尿激素的释放。

2. 醛固酮的调节　醛固酮是肾上腺皮质球状带分泌的一种类固醇激素，能促进肾远曲小管和集合管上皮细胞分泌 H^+ 与 K^+，重吸收 Na^+。伴随 Na^+ 的重吸收，Cl^- 和水也被重吸收。总的效应是保留 Na^+ 和水，排出 K^+ 和 H^+。

影响醛固酮分泌的因素主要是血容量，K^+、Na^+ 的浓度，这些因素通过肾素-血管紧张素系统来影响醛固酮的分泌。有效刺激（循环血量减少和血压降低）可使肾产生肾素增多，进而激活血液中的血管紧张素原，生成血管紧张素Ⅰ，后者再转化为血管紧张素Ⅱ，血管紧张素Ⅱ刺激肾上腺皮质球状带分泌醛固酮。血清 Na^+ 浓度降低和 K^+ 浓度增高也能直接刺激醛固酮的分泌，促使肾排 K^+ 保 Na^+。

- -

知识链接与思考

补钾需谨慎

钾离子具有独特的代谢特点和生理功能，补钾时需要谨慎操作、密切观察。进一步阅读请扫二维码。

- -

第四节　钙磷代谢

一、钙磷的含量、分布和功能

（一）钙磷的含量、分布

人体中钙、磷含量相当丰富。正常成人体内含钙总量为 700～1 400 g,磷总量为 400～800 g,其中 99％的钙和 85％的磷以骨盐的形式存在于骨骼和牙齿中,其余以溶解状态分布于体液及软组织中。

（二）钙磷的生理功能

1. 钙的生理功能

（1）参与骨的生成:绝大部分钙以骨盐的形式存在,形成坚硬的骨骼和牙齿。

（2）发挥第二信使作用:Ca^{2+} 作为体内重要的第二信使,参与激活多种酶或蛋白,发挥重要的生理作用。

（3）降低神经肌肉应激性,促进心肌收缩:钙离子能降低神经肌肉应激性,提高心肌应激性,促进心肌收缩。

（4）其他:Ca^{2+} 可降低毛细血管壁和细胞膜的通透性,减少组织的渗出性病变（如炎症、水肿等）;Ca^{2+} 作为凝血过程必需的凝血因子Ⅳ,参与凝血过程;Ca^{2+} 是细胞内多种酶的激活剂或抑制剂,广泛参与细胞代谢调节;Ca^{2+} 还参与神经递质和激素的合成与分泌。

2. 磷的生理功能

（1）参与骨的生成:与钙共同构成骨盐,参与骨骼及牙齿的生成。

（2）参与多种物质与膜结构的组成:核酸、磷蛋白、高能化合物等机体内多种重要物质及具有磷脂双分子层的膜结构的形成均需要磷的参与。

（3）参与物质代谢的调节:磷酸化和脱磷酸化是酶化学修饰调节中最重要、最普遍的方式,通过此方式可快速改变酶的活性,对物质代谢进行调节。

（4）其他:参与能量的生成、储存及利用;以磷酸根的形式参与多种代谢反应;以无机磷酸盐构成缓冲对,对体液酸碱平衡进行调节。

二、钙磷的吸收与排泄

（一）钙的吸收与排泄

1. 钙的吸收　正常成人每日需钙量为 0.5～1.0 g,生长发育期的儿童和妊娠、哺乳期的妇女需钙量较正常成人稍多,每日需钙量为 1.0～1.5 g。很多食物如乳制品、豆制品、海带、白菜、油菜等均含有丰富的钙。食物中的钙主要在酸度较大的小肠上段吸收,其中十二指肠和空肠上段为最有效的吸收区。机体对钙的吸收有两种方式:一是肠黏膜细胞的主动转运,这是钙吸收的主要方式,作用机制为肠黏膜细胞上含有与 Ca^{2+} 亲和力较强的钙结合蛋白,能结合 Ca^{2+},促进其吸收;二是顺浓度梯度的扩散作用,这是钙吸收的次要方式。

影响钙吸收的因素如下:

（1）维生素 D:这是影响钙吸收的最主要因素,维生素 D 的活性形式 $1,25-(OH)_2-D_3$ 能促进小肠黏膜细胞合成钙结合蛋白,从而增加对钙的吸收。

（2）肠道 pH:钙盐在酸性环境下易于溶解,溶解状态的钙盐才能被机体吸收。因此,乳酸、柠檬酸、氨基酸等凡能使肠道 pH 下降的物质均可促进钙的吸收。临床补钙常用乳酸钙、葡萄糖酸钙等。此外,正常胃酸的分泌对钙吸收同样有促进作用。

（3）食物成分:食物中某些成分可影响钙的吸收,如菠菜中的草酸、谷物外皮中的植酸、碱性磷酸盐等可与钙形成难溶性钙盐,从而影响钙的吸收。

（4）年龄:机体对钙的吸收随年龄的增加而减少。婴儿和儿童对食物钙的吸收率分别可达50%和40%以上,正常成年人约为20%,老年人较正常成年人更低,这是老年人易患骨质疏松的原因之一。

2. 钙的排泄　正常成年人每日进出体内的钙量大致相等,多吃多排,少吃少排,保持动态平衡。人体钙约有 80% 经肠道随粪便排出,20% 经肾随尿排出。肠道排出的钙主要为食物中未被吸收的钙和消化液中未被重吸收的钙,其排出量随食物的含钙量和钙吸收状况而变动。经肾小球滤过的血浆钙每日约为 10 g,其中 95% 以上被肾小管重吸收。正常人从尿中排出的钙量较稳定,受食物钙量影响不大,但与血钙水平相关。当血钙浓度低于 1.9 mmol/L 时,尿中几乎无钙排出。

（二）磷的吸收与排泄

1. 磷的吸收　正常成年人每日磷需要量为 1.0～1.5 g。磷在食物中含量丰富,大部分磷以磷酸盐和有机磷酸酯的形式存在,其中有机磷酸酯需要经消化液中磷酸酶水解成无机磷酸盐才能被吸收。磷吸收的主要部位是小肠,以空肠吸收能力最强。磷较易吸收,食物中磷的吸收率可达70%;当血磷水平比较低时,可达 90%。影响磷吸收的因素和钙相似。此外,食物中 Ca^{2+}、Mg^{2+}、Fe^{3+} 等均能与磷酸结合成不溶性盐,阻碍磷的吸收。

2. 磷的排泄　机体 60%～80% 的磷经肾随尿排出,其余经肠道随粪便排出。尿磷的排出量取决于肾小球滤过率和肾小管重吸收功能,并随肠道摄入量的变化而变化。

[要点:影响钙磷吸收的因素]

三、血钙与血磷

（一）血钙

血液中的钙几乎全部存在于血浆中,因此血钙通常指血浆钙。正常成年人血钙含量为 2.25～2.75 mmol/L(9.0～11.0 mg/dl)。血钙以游离钙和结合钙两种形式存在,各约占 50%。游离钙又称离子钙,即自由存在的钙离子。结合钙绝大部分是与血浆蛋白质(主要是清蛋白)结合,小部分与柠檬酸、乳酸、HCO_3^- 等结合。因为血浆蛋白质结合钙不能透过毛细血管壁,也不易从肾小球滤过,故称为非扩散钙;柠檬酸钙等钙化合物以及游离钙可以透过毛细血管壁,则称为可扩散钙。血钙的分类,如表 15-3。

表 15-3　血钙的分类

按是否与其他物质结合	按能否通过毛细血管壁(占总量的百分比)	
	可扩散钙	非扩散钙
游离钙	钙离子(47.5%)	—
结合钙	柠檬酸钙等(6.5%)	蛋白质结合钙(46%)

血浆中各种形式的钙可以相互转变,处于动态平衡中,其中只有游离钙(钙离子)才能直接发挥生理作用。当 pH 下降时,结合钙中的钙游离出来,Ca^{2+} 浓度升高;反之,当 pH 上升时,游离钙形成结合钙,Ca^{2+} 浓度下降。故临床上碱中毒患者,可出现因低血钙引起的抽搐现象。

（二）血磷

血磷指血浆中以无机磷酸盐形式存在的磷,其中 80%～85% 是以 HPO_4^{2-} 的形式存在,15%

~20%以 $H_2PO_4^-$ 的形式存在。正常成人的血磷浓度为 0.97~1.61 mmol/L（3.0~5.0 mg/dl），新生儿血磷浓度稍高。血磷不如血钙稳定，受生理因素影响而波动。如体内糖代谢水平增强，血液中的磷将进入细胞，形成磷酸酯，使血磷水平下降。

（三）血浆中钙磷的含量关系

正常成人血浆中钙磷含量具有一定的数量关系，钙磷浓度若以 mg/dl 表示，二者浓度乘积为 [Ca]×[P]=35~40。当二者乘积大于 40 时，钙磷将以骨盐的形式沉积于骨组织中；当二者乘积小于 35 时，则会影响骨的钙化及成骨作用，甚至促使骨盐溶解，因此该乘积数值可作为临床佝偻病或软骨病诊断及治疗效果的参考指标之一。

［要点：血钙分类、血浆中钙磷的含量关系］

四、成骨作用与溶骨作用

1. 骨的组成 骨主要由骨盐、骨基质和骨细胞组成，其中主要组分是骨盐和骨基质，骨细胞数量很少。骨盐决定骨的硬度，骨基质决定骨的形状和韧性，骨细胞在骨代谢中起主导作用。

骨盐是骨中的无机盐，占骨干重的 65%~70%，主要为羟磷灰石结晶和无定型骨盐（磷酸氢钙）。羟磷灰石[$Ca_{10}(PO_4)_6(OH)_2$]约占 60%，磷酸氢钙（$CaHPO_4 \cdot 2H_2O$）约占 40%。磷酸氢钙是骨盐沉积的初级形式，它进一步钙化、结晶即形成羟磷灰石。羟磷灰石非常坚硬，从而赋予骨骼硬度。

骨基质中约 95% 为胶原，其余为蛋白多糖、脂类、糖原等非胶原化合物。胶原是三条多肽链拧成螺旋形的纤维状蛋白，并进一步聚合形成胶原纤维，胶原纤维间隙是骨盐沉积的区域。胶原和蛋白多糖赋予骨良好的韧性。

骨组织中有三种主要的细胞：成骨细胞、破骨细胞和骨细胞，它们都起源于间叶细胞。间叶细胞可转变为破骨细胞，破骨细胞在一定的条件下可转变为成骨细胞，成骨细胞完成成骨作用后转变为骨细胞。另外，破骨细胞也可由骨细胞转变而来。各种骨细胞之间的关系，如图 15-2。

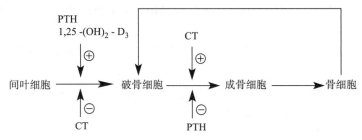

图 15-2 各种骨细胞之间的关系

2. 成骨作用 骨的生长、修复或重建过程，称为成骨作用。新骨生成时，先由成骨细胞合成分泌骨基质，然后骨盐沉积于骨基质表面（又称钙化）。骨盐沉积的初级形式是磷酸氢钙，它进一步钙化、结晶形成羟磷灰石。骨中含有水解磷酸酯类的碱性磷酸酶，可使磷酸盐浓度局部增加，利于成骨作用。血浆碱性磷酸酶活性可视为成骨作用的指标之一。佝偻病、骨软化症、甲状旁腺机能亢进等疾病的患者，常见血中碱性磷酸酶活性升高。

3. 溶骨作用 骨处于不断更新之中，原有旧骨的溶解称为溶骨作用。溶骨作用包括骨基质的水解和骨盐的溶解（又称脱钙），主要由破骨细胞参与完成。破骨细胞通过释放多种酶和一些有机酸（乳酸、柠檬酸等），使胶原等水解，并促使羟磷灰石从解聚的胶原中释出。分解产物经胞饮作用进入破骨细胞，经溶酶体酶类作用，最终将多肽和羟磷灰石分别转变为氨基酸和可溶解性钙盐，完成溶骨作用。溶骨作用产生的氨基酸和可溶解性钙盐由破骨细胞释放入血。溶骨作用增强时，血、尿中羟脯氨酸含量增高，其含量可作为溶骨作用的参考指标。

成骨作用和溶骨作用处于动态平衡中,既能充分保证骨骼的正常生长,又能调节血钙血磷浓度。处于生长发育阶段的婴幼儿和青少年,成骨作用大于溶骨作用;而老年人则溶骨作用明显增强。

[要点:成骨作用及溶骨作用]

五、钙磷代谢的调节

钙磷代谢主要受甲状旁腺素、降钙素和 $1, 25-(OH)_2-D_3$ 的调节,作用的靶器官是骨、小肠和肾。

(一) 甲状旁腺素的作用

甲状旁腺素(parathyroid hormone,PTH)是由甲状旁腺主细胞合成分泌的含有 84 个氨基酸残基的单链多肽激素。其分泌受血钙浓度的调节,二者成负相关。当血钙浓度升高时,PTH 分泌减少;当血钙浓度降低时,PTH 分泌增多。

1. 对骨的作用 ① 促使间叶细胞转变为破骨细胞,增加破骨细胞的数量和活性,促进骨盐溶解,提高血钙浓度。② PTH 还抑制破骨细胞转化为成骨细胞,减缓骨的生成。

2. 对肾的作用 促进肾远曲小管对钙的重吸收,抑制肾近曲小管对磷的重吸收,使尿钙排出量减少,尿磷的排出量增多,起到保钙排磷的作用。

3. 对肠的作用 PTH 可增加肾中 $1\alpha-$ 羟化酶的活性,使 $1, 25-(OH)_2-D_3$ 合成增加,从而间接促进小肠对钙磷的吸收。

总体而言,PTH 具有升高血钙、降低血磷的作用。

(二) 降钙素的作用

降钙素(calcitonin,CT)是甲状腺滤泡旁细胞(C 细胞)分泌的含有 32 个氨基酸残基的多肽激素。降钙素的分泌受血钙浓度的调节,二者成正相关。

1. 对骨的作用 一方面,降钙素抑制破骨细胞的生成,阻止骨盐溶解及骨基质的分解;另一方面,降钙素促进破骨细胞转化为成骨细胞,并增强其活性,使钙和磷沉积于骨中,导致血钙、血磷降低。

2. 对肾的作用 降钙素抑制肾近曲小管对钙磷的重吸收,使尿钙、尿磷排出增加,从而降低血钙、血磷浓度。

3. 对肠的作用 降钙素通过抑制肾 $1\alpha-$ 羟化酶,使 $1, 25-(OH)_2-D_3$ 合成减少,从而间接抑制肠道对钙磷的吸收,降低血钙、血磷浓度。

总体而言,降钙素具有降低血钙、血磷的作用。

(三) $1, 25-(OH)_2-D_3$ 的作用

$1, 25-(OH)_2-D_3$ 是维生素 D_3 的活性形式。维生素 D_3 先在肝羟化形成 $25-OH-D_3$,然后在肾皮质 $1\alpha-$ 羟化酶的作用下生成 $1, 25-(OH)_2-D_3$。

1. 对小肠的作用 $1, 25-(OH)_2-D_3$ 的最主要作用是促进小肠黏膜细胞内钙结合蛋白的合成,使小肠对钙磷的吸收增加。

2. 对骨的作用 $1, 25-(OH)_2-D_3$ 对骨组织兼有溶骨和成骨双重作用。① 可增强破骨细胞的活性与数量,加强溶骨作用,动员骨中钙和磷释放入血。② 由于能促进肠黏膜细胞对钙磷的吸收,使血钙、血磷浓度升高,从而促进成骨作用,形成新骨。

3. 对肾的作用 $1, 25-(OH)_2-D_3$ 可直接促进肾近曲小管对钙磷的重吸收,提高血钙、血磷的浓度,减少尿中钙磷的排泄。

总体而言,$1, 25-(OH)_2-D_3$ 的主要作用是升高血钙、血磷,从而促进骨的生长和钙化。

甲状旁腺素、降钙素和 $1, 25-(OH)_2-D_3$ 对钙磷代谢的调节作用总结如表 15 - 4。

表 15-4　甲状旁腺素、降钙素和 1，25-(OH)$_2$-D$_3$ 对钙磷代谢的调节作用

调节激素	血钙	血磷
PTH	↑	↓
CT	↓	↓
1，25-(OH)$_2$-D$_3$	↑	↑

［要点：1，25-(OH)$_2$-D$_3$、甲状旁腺素、降钙素对钙磷代谢的调节］

本章小结

　　体液总量占体重的 60%，可分为细胞内液和细胞外液，细胞外液又分为血浆和细胞间液。各部分体液均呈电中性，细胞外液主要的阳离子是 Na$^+$，主要的阴离子是 HCO$_3^-$ 和 Cl$^-$，细胞内液主要的阳离子是 K$^+$，主要的阴离子是 HPO$_4^{2-}$ 和蛋白质阴离子，细胞内外液渗透压相等。

　　水分为结合水和自由水。水具有促进和参与物质代谢等多种功能，水的摄入与排出保持动态平衡，每日水的平均摄入量约 2 500 mL，正常成人每日最低尿量为 500 mL。

　　无机盐具有维持体液渗透压、酸碱平衡、神经肌肉应激性等生理功能。人体的钠主要来自食盐，钠主要分布于细胞外液，肾对钠的排泄调控能力很强，具有"不吃不排"的特点。钾主要分布于细胞内液，物质代谢和酸碱平衡影响钾的分布情况，肾对钾的排泄控制能力较弱。人体中钙磷含量丰富，钙磷主要以羟磷灰石的形式形成骨盐。血钙、血磷的乘积为 35～40，可以作为判断成骨作用和溶骨作用的指标。正常人成骨作用与溶骨作用处于动态平衡状态，受甲状旁腺激素、降钙素、1，25-(OH)$_2$-D$_3$ 的调节作用。

教学课件

微课

思考题

1. 机体如何维持水平衡？

2. 依据钾平衡的特点，在静脉补钾时应遵循什么原则？

3. 影响钙、磷吸收的因素有哪些？血钙浓度和血磷浓度有什么数量关系？分析其数值变化对骨的影响。

4. 从骨、肾、肠三个方面，分析 1，25-(OH)$_2$-D$_3$、PTH、CT 在钙磷代谢中的调节作用。

更多习题，请扫二维码查看。

达标测评题

（王　熙）

第十六章　酸碱平衡

学习目标

掌握:酸碱平衡的概念;血液的缓冲作用;肺和肾对酸碱平衡的调节。

熟悉:酸性物质和碱性物质的来源;酸碱平衡与血钾、血氯的关系。

了解:酸碱平衡失调的类型;酸碱平衡的主要生化诊断指标。

【导学案例】

患者,男性,50 岁,有糖尿病史 10 年,因昏迷状态入院治疗。体格检查:血压为 90/40 mmHg,脉搏 102 次/min,呼吸 28 次/min。实验室检查:血糖 16.7 mmol/L,血浆 pH 7.1,HCO_3^- 9.9 mmol/L,PCO_2 9.9 mmHg,Na^+ 158 mmol/L,K^+ 5.0 mmol/L,Cl^- 102mmol/L,β-羟丁酸 1.0 mmol/L,尿酮体(＋＋＋),尿糖(＋＋＋),尿液酸性。诊断为糖尿病昏迷和代谢性酸中毒。

思考题:

1. 从哪些指标可判断患者发生了代谢性酸中毒?

2. 引起患者发生代谢性酸中毒的原因是什么?

3. 引起患者昏迷的主要原因是什么?

维持体液 pH 处于正常范围内具有极其重要的意义。体液 pH 影响多种物质的解离状态和功能,尤其是对酶活性有明显的改变,从而影响各种生理活动和重要器官的功能。机体在生命过程中不断产生酸性物质和碱性物质,同时又不断从食物中摄取酸、碱物质,这些酸性和碱性物质需要及时处理,才能维持正常的体液 pH。机体通过一系列的调节作用,把多余的酸性物质和碱性物质排出体外,使体液 pH 维持在相对恒定的范围内的过程,称为酸碱平衡(acid-base balance)。人体血浆 pH 值为 7.35～7.45,细胞间液 pH 略低于血浆,多数细胞内液 pH 也低于血浆。由于各部分体液相互连通和交流,所以血浆 pH 可以代表整个体液 pH。

［要点:酸碱平衡的概念］

第一节　体内酸性物质和碱性物质的来源

一、酸性物质的来源

体内的酸性物质主要来源于糖、脂肪和蛋白质等的分解代谢。此外,少量来自食物和药物。酸性物质可分为挥发性酸和非挥发性酸两大类。

（一）挥发性酸

挥发性酸即碳酸（H_2CO_3）。正常成人每日由糖、脂肪、蛋白质等分解代谢产生约 350 L（15 mol）的 CO_2，所生成的 CO_2 主要在红细胞内碳酸酐酶（carbonic anhydrase，CA）的催化下与水结合生成碳酸，少量 CO_2 物理溶解在血浆中，产生张力，即血浆二氧化碳分压（PCO_2）。所产生的碳酸随血液循环运至肺部后重新分解成 CO_2 并呼出体外，故称碳酸为挥发性酸，是体内酸的主要来源。

（二）固定酸

物质代谢过程中产生一些有机酸和无机酸，如乳酸、丙酮酸、乙酰乙酸、β-羟丁酸、尿酸、硫酸、磷酸等。这些酸性物质不能由肺呼出，必须经肾随尿排出体外，所以称之为固定酸或非挥发性酸。正常人每日产生的固定酸为 50～100 mmol。固定酸还可来自某些食物，如食醋中含有醋酸、饮料中含柠檬酸等。此外，某些药物，如阿司匹林、水杨酸等也呈酸性。

[要点：挥发酸和固定酸的概念]

二、碱性物质的来源

体内的碱性物质主要来源于食物，如蔬菜和水果。蔬菜和水果中含有较多的有机酸盐，如柠檬酸钾盐或钠盐、苹果酸钾盐或钠盐等。这些有机酸根在体内氧化生成 CO_2 和 H_2O，剩下的 Na^+、K^+ 则与 HCO_3^- 结合生成碳酸氢盐。体内的碱性物质也可来源于某些药物，如抑制胃酸的药物碳酸氢钠等。此外，体内在代谢过程中也可产生少量碱性物质，如氨基酸脱氨基产生的氨等。

在正常情况下，体内产生的酸性物质多于碱性物质，故机体对酸碱平衡的调节作用以对酸的调节为主。

知识拓展

酸性食物与碱性食物

酸性食物是指以糖、脂肪和蛋白质为主要成分的食物，它们在体内氧化分解产生大量挥发性酸和固定酸。碱性食物是指蔬菜、水果等富含 Na^+、K^+ 等阳离子的食物。判断食物的酸碱性，不能根据人们的味觉，也不能根据食物溶于水中的酸碱性，而是根据食物在体内的最终代谢产物来判断。

第二节　酸碱平衡的调节

体内酸碱平衡的维持是通过血液的缓冲作用、肺的呼吸功能和肾的排泄与重吸收功能三者的协同作用而实现的。

一、血液的缓冲作用

无论是体内代谢产生的还是由体外进入的酸性或碱性物质，都经血液稀释并被血液的缓冲体系所缓冲，把较强的酸、碱转变为较弱的酸、碱，使血液 pH 不致发生明显的变化。

（一）血液的缓冲体系

血浆的缓冲体系有：

$$\frac{NaHCO_3}{H_2CO_3}, \frac{Na_2HPO_4}{NaH_2PO_4}, \frac{NaPr}{HPr}（Pr 为血浆蛋白）$$

红细胞内的缓冲体系有：

$$\frac{KHCO_3}{H_2CO_3},\frac{K_2HPO_4}{KH_2PO_4},\frac{KHb}{HHb},\frac{KHbO_2}{HHbO_2}(Hb\text{为血红蛋白},HbO_2\text{为氧合血红蛋白})$$

血浆缓冲体系中以碳酸氢盐缓冲体系（$NaHCO_3/H_2CO_3$）最重要，红细胞缓冲体系中以血红蛋白（KHb/HHb）及氧合血红蛋白（$KIIbO_2/IIIIbO_2$）缓冲体系最为重要。全血中各缓冲体系的缓冲能力，如表 16-1。

[要点：血浆和红细胞中的主要缓冲体系]

表 16-1　全血中各缓冲体系的缓冲能力

缓冲体系	占全血缓冲能力的百分比/%	缓冲体系	占全血缓冲能力的百分比/%
HbO_2 和 Hb	35	无机磷酸盐	2
血浆碳酸氢盐	35	血浆蛋白质	7
有机磷酸盐	3	红细胞碳酸氢盐	18

血浆 pH 值主要取决于血浆 $NaHCO_3/H_2CO_3$ 浓度的比值。正常人动脉血浆 $NaHCO_3$ 浓度为 24 mmol/L，H_2CO_3 为 1.2 mmol/L，两者比值为 20:1。根据亨德森-哈塞巴方程式：

$$pH=pKa+\lg\frac{[NaHCO_3]}{[H_2CO_3]}=6.1+\lg\frac{20}{1}=6.1+1.3=7.4$$

pKa 为碳酸解离常数的负对数，在 37℃时为 6.1。根据该方程，只要血浆中 $NaHCO_3/H_2CO_3$ 缓冲体系的碱性成分与酸性成分浓度之比保持 20:1，血浆 pH 值即为 7.4。当其中一种成分的浓度发生变化时，只要另一成分的浓度也作相应的变化，使两者比值保持 20:1，则血浆 pH 值仍为 7.4。$NaHCO_3$ 浓度可反映体内的代谢状况，受肾的调节，称为代谢性因素；H_2CO_3 浓度可反映肺的通气状况，受呼吸作用的调节，称为呼吸性因素。

（二）血液的缓冲机制

进入血液的固定酸或碱性物质，主要由碳酸氢盐缓冲体系缓冲；挥发性酸主要由血红蛋白和氧合血红蛋白缓冲体系缓冲。

1. 对固定酸的缓冲作用　固定酸（HA）进入血液时，主要由 $NaHCO_3$ 缓冲，使酸性较强的固定酸转变为酸性较弱的 H_2CO_3。H_2CO_3 则进一步分解成 H_2O 及 CO_2，CO_2 可经肺呼出体外从而不致使血浆 pH 值有较大波动。

$$HA+NaHCO_3\longrightarrow NaA+H_2CO_3$$
$$H_2CO_3\longrightarrow H_2O+CO_2$$

血浆中 $NaHCO_3$ 主要用来缓冲固定酸，在一定程度上代表血浆对固定酸的缓冲能力，习惯上把血浆 $NaHCO_3$ 称为碱储。

血浆中磷酸氢盐缓冲体系和血浆蛋白缓冲体系对固定酸也有缓冲作用，但其含量少，作用较弱。

2. 对碱性物质的缓冲作用　碱性物质进入血液后，可被血浆中的 H_2CO_3、NaH_2PO_4 及 HPr 所缓冲，使强碱变为弱碱。由于机体不断产生 H_2CO_3，因此其缓冲作用最强。

$$OH^-+H_2CO_3\longrightarrow HCO_3^-+H_2O$$
$$OH^-+HPr\longrightarrow Pr^-+H_2O$$
$$OH^-+H_2PO_4^-\longrightarrow HPO_4^{2-}+H_2O$$

3. 对挥发性酸的缓冲作用　挥发性酸主要被血红蛋白和氧合血红蛋白缓冲体系缓冲，从而使 CO_2 从肺排出体外。

由于组织细胞与血液之间存在 CO_2 分压差，当血流经组织时，组织细胞代谢产生的 CO_2 可经毛细血管壁扩散进入血浆。血浆中无碳酸酐酶（CA），只有少量 CO_2 与水结合生成 H_2CO_3。血浆中生成 H_2CO_3 可由血浆蛋白盐和磷酸氢盐缓冲。

大部分 CO_2 扩散进入红细胞，在 CA 催化下生成大量的 H_2CO_3。红细胞中的 $KHbO_2$ 释放出 O_2 后转变为 KHb，然后 KHb 与 H_2CO_3 反应生成 HHb 和 $KHCO_3$ 而被缓冲。这样红细胞内 HCO_3^- 浓度不断增高而向血浆扩散，同时血浆中的等量 Cl^- 向红细胞内转移以保持电荷的平衡。

当血液流经肺时，CO_2 不断被呼出，血液中 H_2CO_3 浓度也不断下降。肺泡中的 O_2 扩散至红细胞与 HHb 结合为 $HHbO_2$，$HHbO_2$ 与 $KHCO_3$ 生成 $KHbO_2$ 和 H_2CO_3。H_2CO_3 在 CA 催化下迅速分解为 CO_2 和 H_2O，CO_2 从红细胞扩散经血浆进入肺而排出体外。此时红细胞中的 HCO_3^- 减少，血浆中的 HCO_3^- 转入红细胞，红细胞中的 Cl^- 扩散进入血浆，以维持电中性。

挥发性酸的缓冲过程，如图 16-1。

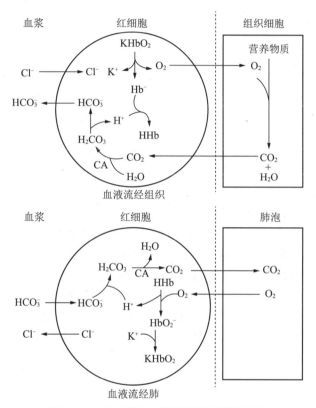

图 16-1 血红蛋白对挥发性酸的缓冲作用

综上所述，血液缓冲体系可以迅速有效地缓冲酸性和碱性物质，但缓冲能力是有限的。缓冲酸性物质需要消耗缓冲体系的碱性成分，增加缓冲体系的酸性成分，缓冲碱性物质的情况与之相反。经过缓冲作用，$NaHCO_3$ 和 H_2CO_3 的绝对浓度和两者的浓度比值均会发生改变，要维持二者的正常浓度和比值，尚需要肺和肾对酸碱平衡的调节作用。

二、肺对酸碱平衡的调节作用

肺主要以呼出 CO_2 来调节血浆中 H_2CO_3 的浓度。当血中 CO_2 分压增高或 pH 降低时，呼吸中枢兴奋，呼吸加深加快，排出 CO_2 增多，血中 H_2CO_3 浓度降低。反之，当血中 CO_2 分压降低或 pH 升高时，呼吸中枢抑制，呼吸变浅变慢，排出 CO_2 减少，血中 H_2CO_3 浓度升高。肺通过调节 CO_2 呼出的多少，来调节血中 H_2CO_3 的浓度，从而维持血浆 $NaHCO_3/H_2CO_3$ 的正常浓度比值。因此，临床上观察病情时应注意患者的呼吸深度和频率，以便及时了解病情的变化。

三、肾对酸碱平衡的调节作用

肾对酸碱平衡的调节作用，主要是通过排出过多的酸或碱，调节血浆中 $NaHCO_3$ 浓度，以维持血浆 pH 值的恒定。

（一）碳酸氢钠的重吸收

肾重吸收 $NaHCO_3$ 能力很强，90%在肾近曲小管重吸收，其余在肾远曲小管和髓袢重吸收。肾小管上皮细胞含有碳酸酐酶（CA），催化 CO_2 和 H_2O 反应生成 H_2CO_3，H_2CO_3 解离出 HCO_3^- 和 H^+。H^+ 被肾小管上皮细胞分泌到肾小管管腔，与肾小管液中的 $NaHCO_3$ 的 Na^+ 进行交换（H^+-Na^+ 交换），Na^+ 进入肾小管上皮细胞，与细胞中的 HCO_3^- 一起回到血浆。通过这一作用使由肾小球滤过的 $NaHCO_3$ 在通过肾小管时绝大部分被重吸收（图 16-2）。

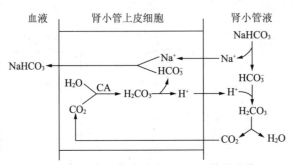

图 16-2 肾小管滤液中 $NaHCO_3$ 的重吸收

（二）尿液的酸化

正常情况下原尿的 pH 与血浆相同，在肾远曲小管分泌 H^+，重吸收 $NaHCO_3$ 的同时，使 HPO_4^{2-} 转变为 $H_2PO_4^-$，尿液的 pH 降低，这一过程称为尿液的酸化。

当原尿流经肾远曲小管时，肾小管上皮细胞分泌的 H^+ 可以与管腔中 Na_2HPO_4 解离的 Na^+ 进行交换。Na^+ 进入肾小管上皮细胞并与 HCO_3^- 一起进入血液，形成 $NaHCO_3$，而管腔中的 Na_2HPO_4 转变为 NaH_2PO_4 随尿排出体外（图 16-3）。正常人血浆中 Na_2HPO_4/NaH_2PO_4 的浓度比值为 4：1，在近曲小管管腔中，两者比值不变，但终尿中这一比值变小，尿中排出 NaH_2PO_4 增加，尿液 pH 值降低。肾小管液的 pH 值由原尿中的 7.4 下降到 4.8 时，几乎全部 Na_2HPO_4 转变为 NaH_2PO_4。

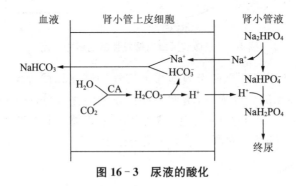

图 16-3 尿液的酸化

（三）NH_3 的分泌

肾远曲小管和集合管上皮细胞有泌 NH_3 作用。肾小管上皮细胞有谷氨酰胺酶，能催化谷氨酰胺水解生成谷氨酸和 NH_3；此外，NH_3 也来自于氨基酸的脱氨基作用。

分泌进入小管液的 NH_3 与 H^+ 结合生成 NH_4^+，后者与强酸根离子（如 Cl^-、SO_4^{2-} 等）生成铵盐（如氯化铵、硫酸铵等）随尿排出。这种交换称为 NH_4^+-Na^+ 交换（图 16-4）。

另外，肾远曲小管上皮细胞有主动排钾而换回钠的作用，称为 K^+-Na^+ 交换。K^+-Na^+ 交换虽不能直接生成 $NaHCO_3$，但与 H^+-Na^+ 交换有竞争性抑制作用，故间接影响 $NaHCO_3$ 的生成。

[要点：肾对酸碱平衡的调节方式]

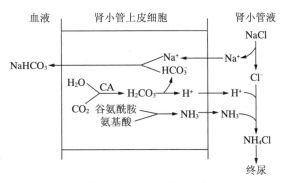

图 16 - 4　铵盐的排泄

第三节　酸碱平衡与电解质代谢的关系

1. 酸碱平衡与血钾浓度的关系　高血钾能引起酸中毒,低血钾能引起碱中毒。当血钾浓度升高时,部分 K^+ 进入细胞与 H^+ 交换,使细胞内 H^+ 移到细胞外,血液中 H^+ 浓度升高。同时肾小管上皮细胞泌 K^+ 作用增强,泌 H^+ 作用减弱,因而 H^+ 排出减少,重吸收 HCO_3^- 也减少,导致酸中毒而尿液呈碱性。反之,当血钾浓度降低时,血液中部分 H^+ 进入细胞与 K^+ 交换,使细胞内 K^+ 移到细胞外,导致血液中 H^+ 浓度降低。同时肾小管上皮细胞泌 K^+ 作用减弱,泌 H^+ 作用增强,因而排出 H^+ 增多,重吸收 HCO_3^- 也增多,导致碱中毒而尿液呈酸性。

酸中毒能引起高血钾,碱中毒能引起低血钾。当酸中毒时,部分 H^+ 进入细胞内与 K^+ 交换,K^+ 进入血液,同时肾小管细胞泌 H^+ 作用增强,泌 K^+ 作用减弱,血液 K^+ 浓度增高,导致高血钾的发生。反之,当碱中毒时,部分 K^+ 进入细胞内与 H^+ 交换,同时肾小管细胞泌 H^+ 作用减弱,泌 K^+ 作用增强,血液中 K^+ 浓度降低,导致低血钾的发生。

2. 酸碱平衡与血氯浓度的关系　高血氯能引起酸中毒,低血氯能引起碱中毒。各部分体液均呈电中性,即阴离子和阳离子的电荷总数相等。血浆中主要的阴离子是 Cl^- 和 HCO_3^-。两者呈相互消长的关系,Cl^- 浓度下降必然引起 HCO_3^- 浓度增高;反之,Cl^- 浓度升高必然引起 HCO_3^- 浓度下降。其主要原因是肾小管的重吸收。当血氯浓度降低时,肾小球滤液中 Cl^- 不足,引起 H^+ 分泌增加,$H^+ - Na^+$ 交换增强,$NaHCO_3$ 重吸收增加,形成代谢性低氯性碱中毒。反之,当血氯浓度升高时,形成代谢性高氯性酸中毒。

知识拓展

糖尿病酮症酸中毒

糖尿病酮症酸中毒(diabetic ketoacidosis,DKA)是最为常见的糖尿病急性并发症,也是糖尿病的一种严重的代谢紊乱状态。临床上通常除表现为血糖明显增高、酸中毒及血酮体或尿酮体强阳性外,往往伴随高血钾,需及时纠正。

[要点:血钾浓度、血氯浓度与酸碱平衡的关系]

第四节　酸碱平衡失调

当体内酸或碱产生过多或丢失过多,肺、肾的调节功能发生障碍,导致血液缓冲体系过度消耗而不能及时补充,从而导致 $NaHCO_3$ 和 H_2CO_3 的浓度之比出现异常,血浆 pH 发生改变,就会引起酸碱平衡失调。

一、酸碱平衡失调的基本类型

根据血液 pH 变化,可将酸碱平衡失调分为酸中毒和碱中毒两大类。再结合原发性因素的变化情况,酸碱平衡失调可分为以下四种基本类型。

(一)呼吸性酸中毒

呼吸性酸中毒是由于呼吸功能障碍,CO_2 呼出不畅,使血浆 H_2CO_3 浓度原发性升高所致。可见于呼吸道和肺部疾病(如哮喘、肺气肿、肺纤维性变)、呼吸中枢抑制(如使用麻药、安眠药)、心脏疾病(如左心衰竭引起的肺水肿)、呼吸肌麻痹等。

当血浆 CO_2 分压和 H_2CO_3 浓度升高时,肾小管细胞泌 H^+、泌 NH_3 作用增强,$NaHCO_3$ 重吸收增多,导致血浆 $NaHCO_3$ 继发性升高。肾的这种代偿作用如果可以维持 $NaHCO_3/H_2CO_3$ 的浓度比值为 20∶1,血液 pH 值仍在正常范围内,称为代偿性呼吸性酸中毒。当血浆 H_2CO_3 浓度过高,超出肾的代偿能力时,$NaHCO_3/H_2CO_3$ 的浓度比值减小,血液 pH 值<7.35,称为失代偿性呼吸性酸中毒。

(二)呼吸性碱中毒

呼吸性碱中毒是由于肺的呼吸过度(换气过度),CO_2 呼出过多,使血浆 H_2CO_3 浓度原发性降低所致。可见于呼吸中枢兴奋(药物中毒等)、癔症、发热、甲状腺功能亢进等,临床较少见。

当血浆 CO_2 分压和 H_2CO_3 浓度降低时,肾小管细胞泌 H^+、泌 NH_3 均作用减弱,$NaHCO_3$ 重吸收减少,血浆中 $NaHCO_3$ 浓度相应降低。通过肾的代偿作用,如果可以维持 $NaHCO_3/H_2CO_3$ 的浓度比值为 20∶1,血液 pH 仍在正常范围内,称为代偿性呼吸性碱中毒。当血浆 H_2CO_3 浓度过低,超出肾的代偿能力时,$NaHCO_3/H_2CO_3$ 的浓度比值增大,血液 pH 值>7.45,称为失代偿性呼吸性碱中毒。

(三)代谢性酸中毒

代谢性酸中毒是由于固定酸产生过多或排出障碍,以及碱性物质丢失过多,引起血浆 $NaHCO_3$ 浓度原发性降低所致。代谢性酸中毒是临床上最常见的酸碱平衡失调类型。可见于休克、心力衰竭、呼吸衰竭等出现的乳酸酸中毒,糖尿病、饥饿和乙醇中毒等出现的酮症酸中毒,腹泻、肠瘘等导致 $NaHCO_3$ 丢失过多,肾功能障碍导致酸性物质排出受阻,高钾血症等。

体内产生的固定酸经血液中的 $NaHCO_3$ 缓冲,生成固定酸的钠盐和 H_2CO_3,结果导致血浆 $NaHCO_3$ 浓度降低,H_2CO_3 浓度升高,pH 值降低。一方面,可刺激呼吸中枢引起呼吸加深加快,CO_2 排出增多,H_2CO_3 浓度降低;另一方面,肾小管细胞泌 H^+ 和泌 NH_3 作用增强,增加 $NaHCO_3$ 的重吸收和固定酸的排出。通过代偿,血浆 $NaHCO_3/H_2CO_3$ 的浓度比值仍为 20∶1,血浆 pH 在正常范围内,称为代偿性代谢性酸中毒。超出代偿能力,$NaHCO_3/H_2CO_3$ 的浓度比值减小,血液 pH 值<7.35,称为失代偿性代谢性酸中毒。

(四)代谢性碱中毒

代谢性碱中毒是由于各种原因导致血浆 $NaHCO_3$ 原发性增多所致。如严重呕吐时酸性物质丢失过多,碱性药物摄入过多或低血钾等。

血浆 $NaHCO_3$ 浓度升高时,血浆 pH 值升高,呼吸中枢兴奋性降低,呼吸变浅变慢,CO_2 排出减少,

血浆 H_2CO_3 浓度升高;肾小管细胞泌 H^+ 和泌 NH_3 作用减弱,$NaHCO_3$ 的重吸收减少。通过代偿,血浆 $NaHCO_3/H_2CO_3$ 的浓度比值仍为 20∶1,血浆 pH 值在正常范围内,称为代偿性代谢性碱中毒。超出代偿能力,$NaHCO_3/H_2CO_3$ 的浓度比值增大,血液 pH 值>7.45,称为失代偿性代谢性碱中毒。

　　[要点:酸碱平衡失常的基本类型]

知识拓展

水、无机盐与酸碱平衡多重失调的处理原则

　　发生水、无机盐与酸碱平衡多重失调,患者处于危重状态,需抓住主要矛盾、分清轻重缓急、循序采取措施,在积极治疗原发病的同时,科学制订纠正多重失调的治疗方案。首先要处理的是:① 积极补充患者的血容量,保证循环状态良好。② 积极纠正缺氧状态,促进有氧氧化,减少酸性中间物质生成。③ 及时纠正严重的酸中毒或碱中毒,维持正常体液 pH。④ 及时治疗重度高钾血症。纠正任何一种失调都不可能一步到位,应密切观察病情变化,边治疗边调整方案,严肃、认真、积极而有序的工作态度是做好救治工作的基础。

二、酸碱平衡的主要生化诊断指标

(一) 血浆 pH 值

　　血浆 pH 值是表示血浆中 H^+ 浓度的指标。正常人动脉血 pH 值为 7.35～7.45,平均为 7.40。pH 值<7.35 为失代偿性酸中毒;pH 值>7.45 为失代偿性碱中毒;pH 在正常范围内表明酸碱平衡正常或者代偿性酸碱平衡失调。

(二) 血浆二氧化碳分压

　　血浆二氧化碳分压(PCO_2)是指物理溶解于血浆中的 CO_2 所产生的张力。动脉血浆 PCO_2 的正常范围为 4.7～6.0 kPa(35～45 mmHg),平均为 5.3 kPa(40 mmHg)。血浆 PCO_2 是呼吸性酸碱平衡失调的重要诊断指标。PCO_2<4.7 kPa,提示肺通气过度,常见于呼吸性碱中毒;PCO_2>6.0 kPa,提示肺通气不足,常见于呼吸性酸中毒。代谢性酸碱平衡失调,通过肺的代偿作用也可以引起 PCO_2 变化,但变化幅度一般不大。

(三) 血浆二氧化碳结合力

　　血浆二氧化碳结合力(CO_2-CP)是指温度为 25℃、PCO_2 为 5.3 kPa(40 mmHg)时,每升血浆中以 HCO_3^- 形式存在的 CO_2 的量。正常参考范围为 23～31 mmol/L,平均为 27 mmol/L。代谢性酸中毒时,CO_2-CP 降低,代谢性碱中毒时,CO_2-CP 升高。呼吸性酸中毒时,由于肾的代偿作用,继发性引起 CO_2-CP 升高;呼吸性碱中毒时,由于肾的代偿作用,继发性引起 CO_2-CP 降低。

(四) 实际碳酸氢盐和标准碳酸氢盐

　　实际碳酸氢盐(actual bicarbonate, AB)是指在隔绝空气的条件下取全血标本测得血浆中 HCO_3^- 的真实含量。AB 的正常变动范围为 22～27 mmol/L,平均为 24 mmol/L,AB 反映血液中代谢性成分的含量,但也受呼吸性成分的影响。标准碳酸氢盐(standard bicarbonate, SB)是全血在标准条件下(Hb 的氧饱和度为 100%,温度为 37℃,PCO_2 为 5.3 kPa)测得的血浆中 HCO_3^- 的含量,不受呼吸性成分的影响,因此是反映代谢性成分的指标。

　　正常情况下 AB=SB,若两者均降低,为代谢性酸中毒;若两者均升高,为代谢性碱中毒。如果 AB>SB,则表明 PCO_2>5.3 kPa,为呼吸性酸中毒(或代偿性代谢性碱中毒);反之,如果 AB<SB,则表明 PCO_2<5.3 kPa,为呼吸性碱中毒(或代偿性代谢性酸中毒)。

(五) 碱剩余

　　血浆碱剩余(base exess, BE)是指在标准条件下(Hb 的氧饱和度为 100%,温度为 37℃,PCO_2

为 5.3 kPa)处理的全血,分离血浆后用酸或碱滴定至 pH 值为 7.40 时,所消耗的酸或碱的量。如果用酸滴定,结果用"+"表示;如果用碱滴定,结果则用"-"表示。血浆 BE 的正常参考范围为 $-3.0\sim$ $+3.0$ mmol/L。BE>$+3.0$ mmol/L 时,表示体内碱过剩,为代谢性碱中毒;BE<-3.0 mmol/L 时,表示体内碱欠缺,为代谢性酸中毒。

(六)阴离子间隙(AG)

阴离子间隙(anion gap,AG)是指血浆中未测定阴离子(undetermined anion,UA)与未测定阳离子(undetermined cation,UC)的浓度差值。血浆中主要的阳离子是 Na^+,称为可测定阳离子,其他阳离子称为未测定阳离子;血浆中主要阴离子是 Cl^- 和 HCO_3^-,称为可测定阴离子,其他阴离子称为未测定阴离子。若以电荷浓度表示,血浆中阴阳离子总浓度相等,故 AG 等于可测定阳离子和可测定阴离子的浓度差值。组成阴离子间隙的阴离子有:有机酸、磷酸、硫酸和蛋白质等阴离子。

$$([Cl^-]+[HCO_3^-])+[UA]=[Na^+]+[UC]$$
$$AG=[UA]-[UC]=[Na^+]-([Cl^-]+[HCO_3^-])$$

AG 的正常参考值为 8~16 mmol/L,平均为 12 mmol/L。当 AG<8 mmol/L 时,出现低蛋白血症;当 AG>16 mmol/L 时,出现代谢性酸中毒,如乳酸、酮体等增多。

[要点:判断酸碱平衡的主要生化指标]

本章小结

机体在代谢过程中不断产生酸性和碱性物质,另外也从体外摄入酸、碱物质。机体通过一系列的调节作用,把多余的酸性物质和碱性物质排出体外,使体液 pH 维持在相对恒定的范围内的过程,称为酸碱平衡。机体的酸碱平衡是通过血液的缓冲作用、肺对 CO_2 呼出的调节和肾对酸性和碱性物质排出的调节三方面的协同作用而实现的。血浆中碳酸氢盐缓冲体系决定血浆的 pH,在酸碱平衡的维持中具有重要的意义。K^+、Cl^- 等电解质对酸碱平衡也有重要的影响作用。酸碱平衡失调的四个基本类型为代谢性酸中毒、代谢性碱中毒、呼吸性酸中毒和呼吸性碱中毒,其中代谢性酸中毒是临床最常见类型。通过酸碱平衡生化诊断指标的变化可对失调类型和程度作出判断。

　　　　　　　　　　　　　　　　　　　　教学课件　　　　微课

思考题

1. 血浆和红细胞中主要的缓冲体系有哪些?

2. 肺在酸碱平衡调节中起什么作用?

3. 肾调节酸碱平衡的方式有哪些?

4. 高钾血症为何会引起酸中毒?

更多习题,请扫二维码查看。

达标测评题

(王晓凌)

第十七章　生化实验基本知识与操作

一、生化实验课的目的与要求

（一）生化实验课的目的

1. 通过实验验证生化基本理论,加深理解。

2. 通过实验学习并掌握生化基本操作技术和基本技能,培养独立工作能力,为临床实际应用打下基础。

3. 通过实验培养学生独立思考、严肃认真、实事求是的科学态度。

（二）生化实验课的要求

1. 实验前预习　明确实验目的,了解实验基本原理、操作步骤及实验中应注意的事项。

2. 实验中认真操作、仔细观察　掌握关键环节,认真观察,做好记录,综合分析,结果真实。

3. 实验后及时总结　按时完成实验报告。

4. 遵守实验室各项规章制度　爱护仪器,节约用水、电、试剂等,保持室内卫生。

5. 注意安全　进实验室后熟悉水、电设备,实验后认真检查,杜绝事故发生。

（三）实验记录与报告的书写

在实验过程中应及时将观察到的实验现象、实验结果和原始数据如实记录在实验报告上,当堂写出实验报告。实验报告中应包括题目、日期、目的、原理、操作步骤、结果、结果分析与讨论等内容。报告书写要求文句通畅、简练、字体工整。严禁互相抄袭报告。

二、生化实验基本操作

（一）玻璃仪器的洗涤和干燥

1. 洗涤　各种玻璃仪器的清洁程度直接影响实验结果的准确性。① 非定量敞口玻璃仪器,如试管、离心管、烧杯等,均可直接用毛刷蘸洗涤灵或洗衣粉刷洗,然后用自来水反复冲洗干净,最后用少量蒸馏水洗三遍。注意:洗前检查毛刷顶端铁丝是否裸露,洗刷时不可用力过猛,以免损坏仪器。② 定量玻璃仪器,如滴管、吸量管等。先用自来水冲洗晾干,然后置于洗液中浸泡数小时,取出,待沥净洗液后,用自来水充分冲洗,最后用蒸馏水冲洗 2~3 遍。③ 比色杯用完后立即用蒸馏水反复冲洗,避免用碱液或强氧化剂清洗,不可用试管刷或粗糙布(纸)擦拭。

清洁的标准:玻璃仪器洗净后,以倒置后内壁不挂水珠为清洁标准。

铬酸洗液的配制:称取重铬酸钾($K_2Cr_2O_7$)5 g,置于 500 mL 烧杯中,加蒸馏水 5 mL,使其尽量溶解,缓慢加入浓硫酸 100 mL,边加边搅拌,待冷却后使用。铬酸洗液一般呈棕色黏稠溶液,遇有机溶剂或水过多时变为绿色。

使用注意事项:洗液是强氧化剂,有很强的腐蚀性,使用时不要滴溅到衣物及实验台等处。拿取洗液中的玻璃仪器时,需戴耐酸手套,切忌用手直接拿。如洗液不小心溅到皮肤上,应立即用大量清水冲洗。

2. 干燥 玻璃仪器的干燥方法可根据不同仪器的种类而定。一般情况下,洗净后的玻璃仪器,若不急用,应倒放在晾架上,令其自然干燥。若有急用,可放在烘箱中烤干。但容量玻璃仪器,如容量瓶、吸量管、滴定管以及烧杯、结构复杂的玻璃仪器等,严禁烘烤。此类仪器,如急用可采用水泵抽气法干燥。

(二)液体的定量转移

1. 吸量管的使用 吸量管有奥氏吸量管、移液管和刻度吸量管三类,目前常用的是刻度吸量管,每根吸量管上有许多等分的刻度,刻度标记有自上而下和自下而上两种,规格有 0.1 mL、0.2 mL、0.5 mL、1 mL、2 mL、5 mL、10 mL 等。

吸量管的选取原则:在一次完成移液的前提下,应选用容量较小的吸量管;对于同一次实验中同一种试剂的移取,应选用同一支吸量管。

刻度吸量管的操作方法:① 执管,拇指和中指(辅以环指)执吸量管上部,使吸量管保持垂直,示指按管上口调节流速,刻度朝向操作者。② 取液,把吸量管插入液体,用吸耳球吸取液体至所需刻度上方 2~3 cm,移开吸耳球,迅速用示指压紧管口,然后抽离液面(必要时用滤纸片将管尖外围拭净)。③ 调刻度,吸量管垂直,尖端靠于试剂瓶颈内壁(位于试剂液面以上),用示指控制液体至所需刻度,此时液体凹面、视线和刻度应在同一水平线上。④ 放液,移开示指,让液体自然流入容器内。此时,管尖应接触容器内壁,但不应插入容器的原有液体中(否则管尖会沾上容器内试剂,再移液时致使试剂交叉污染)。管尖残液是否需吹入接受容器,视具体情况而定。一般来说,1 mL 及 1 mL 以下的吸量管均需吹出,大于 1 mL 的吸量管视标记而定,如吸量管上方标有"吹"或"◇"形符号,则残液需吹入接受容器;标有"快"字或无特殊说明,应使残液自然流下。⑤ 洗涤,吸取血浆、尿及黏稠试剂的吸量管,用后应及时清洗。吸取一般试剂的吸量管,待实验完毕后再清洗。

2. 微量移液器的使用 微量移液器可用来量取 μL 级别的液体,操作简单,规格有 10 μL、20 μL、50 μL、100 μL、200 μL、1 000 μL 等。可调微量移液器的结构,如图 17-1。推动按钮内部的活塞分两段行程,第一档用于吸液,第二档用于放液。

操作:调节刻度至所需体积值;套上吸头,旋紧;垂直持握微量移液器用拇指按至第一档;将吸头插入溶液,缓慢松开拇指,使其复位;将微量移液器移出液面,必要时可用纱布或滤纸拭去附于吸头表面的液体(注意:不要接触吸头孔口);放液时,重新将拇指按下,至第一档后稍作停留,继续按至第二档以排空液体,待液体排尽后,吸头应沿容器内壁向上滑动,取出后松开拇指,使其复位。移取另一样品时,应更换新吸头。

(三)液体的混匀

样品和试剂的混匀是保证化学反应充分进行的有效措施。常用的混匀方法有以下几种:① 旋转法:手持容器,使溶液作离心旋转,适用于未盛满液体的试管或小口器皿如锥形瓶。② 指弹法:一手执试管上端,另一只手轻弹试管下部,使管内溶液作旋涡运动。③ 搅动法:使用干玻璃棒搅匀,多用于溶解烧杯中的固体。④ 混匀器法:将容器置于混匀器的振动盘上,逐渐用力下压,使内容物旋转。⑤ 颠倒法:当容器口细且液体量较多时,可用瓶盖等按紧管口,颠倒数次,使液体混匀。

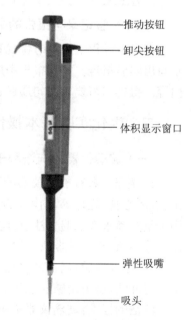

推动按钮

卸尖按钮

体积显示窗口

弹性吸嘴

吸头

图 17-1 微量移液器的结构

（四）恒温操作

将容器放入恒温水浴箱，调节温度设定钮至所需温度。水浴箱中的水要充足，实验过程中要随时监测温度，并及时调节。

（五）沉淀的分离

生化实验室常用的沉淀分离方法有两种：过滤和离心。

1. 过滤　一般生化实验中，常用过滤法分离沉淀。过滤用优质滤纸和小漏斗进行。先把圆形滤纸对折两次成圆锥体与漏斗内壁靠紧，用蒸馏水润湿滤纸，使之与漏斗壁之间无气泡，以加快过滤速度。玻璃棒加于三层滤纸一侧，沿玻璃棒向滤纸上倾注液体，加液量要低于滤纸上缘。

2. 离心　被分离的液体量过少或黏稠，难以过滤或不适于长时间过滤者，可离心分离。离心法是利用离心力将不同质量的物质进行分离。目前常用的电动离心机转速快，分离效果较好，能迅速地使溶液中的悬浮物沉淀下来，使上清液和沉淀物分离。

低速离心机的使用要领：

（1）离心前检查：取出所有套管，起动空载的离心机，观察转动是否平稳。

（2）离心原则：① 平衡，将一对离心管放入一对套管中，置于天平两侧，用滴管向较轻一侧的离心管与套管之间滴水至两侧平衡；② 对称，将已平衡好的一对套管置于离心机中的对称位置。

（3）离心操作：对称放置配平的一对管后，盖严离心机盖，调节转速调节钮，逐渐增加转速至所需值，计时。离心完毕后，缓慢将转速调回零。待离心机停稳后取出离心管，并将套管中的水倒净，将所有套管放回离心机中。

（六）分光光度计的使用

1. 原理　有色溶液颜色的深浅与其中呈色物质的含量成正比。在定量分析中，利用比较有色物质溶液的颜色深浅来测定物质含量的分析方法称为比色法。被测物质中，有的本身就是有色物质，但多数被测物质本身无色或颜色很浅，需加入某些化学试剂使被测物质与之发生反应生成有色的物质。利用物质对一定波长光线吸收的程度测定物质含量的方法，称为分光光度法（图 17 - 2）。

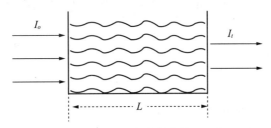

图 17 - 2　分光光度技术原理示意

分光光度法的理论依据是 Lambert-Beer 定律。设一束单色光 I_o 射入溶液，由于部分光线被溶液吸收，通过的光线为 I_t，则 I_t/I_o 之比为透光度 $T(\%)$，即：

$$T = I_t/I_0 \times 100\%$$

透光度（T）的倒数（$1/T$）反映了物质对光的吸收程度。在实际应用时，取 $1/T$ 的对数值作为吸光度，用 A 表示，即：

$$A = \lg(1/T) = -\lg T$$

吸光度（A）又称为光密度（OD）。

根据 Lambert-Beer 定律推导，当一束平行单色光通过均匀、无散射现象的溶液时，在单色光强度、溶液温度等不变的条件下，溶液的吸光度（A）与溶液的浓度（C）及液层厚度（L）的乘积成正比，即：

$$A = KCL$$

在实际比色时,标准溶液与被测溶液使用完全相同的比色杯,即液层厚度(L)相同;K为常数,测定同一种物质时,$K_标 = K_测$。所以,上式简化为仅是溶液的吸光度(A)与其浓度(C)之间的关系,即溶液的浓度越大,吸光度越大。可以通过测定吸光度求出某一溶液的浓度。设:测定管的吸光度和浓度分别为$A_测$和$C_测$,标准管吸光度和浓度分别为$A_标$和$C_标$,根据$A = KCL$,得

$$A_测 : A_标 = C_测 : C_标,则:C_测 = A_测 / A_标 \times C_标$$

上式中$C_标$为已知,$A_测$和$A_标$可在比色时读出数值,把这些数值代入公式,即可求出测定管中溶液的浓度。

2. 分光光度计的基本结构　分光光度计的种类和型号较多,现以 721 型分光光度计为例介绍。721 型分光光度计的内部包括光路系统和电子电路系统。主要部件有光源灯、单色光器、入射光及出射光调节系统、比色槽、光电管电子放大器等。仪器的光学系统为棱镜分光器,并采用自准光路以获得单色光束。

测定有色溶液的吸光度时,溶液必须是透明的。入射光的波长应该是溶液对光能有最大吸收的波长,这就要求选用单色光,使入射光的光能在通过溶液时被最大限度地吸收,使透过光的光能明显减少。因此,测定时应根据溶液的颜色选用适当波长的光线。分光光度计能提供波长范围极窄接近于单色光的入射光。测定有色溶液时,选用入射光的波长在可见光范围内(波长 400～760 nm)。

3. 721 分光光度计的使用要领
(1) 接通电源,打开开关指示钮,打开比色箱盖。
(2) 选择所需波长及适宜灵敏度。
(3) 转动 0 旋钮,开盖调 T 为 0;转动 100 旋钮,闭盖调 T 为 100。预热 20 min。
(4) 将空白液、标准液、测定液分别倒入 3 个比色杯中,将比色杯放入比色槽,再将比色槽放入比色箱中,使空白液对准光路。开盖调"0",闭盖调"100",反复几次直至稳定。
(5) 轻轻拉动比色槽拉杆,先后将标准液、测定液对准光路,分别记录数值$A_标$和$A_测$。
(6) 比色完毕,关闭电源,拔下电源插头,恢复各旋钮至原来位置,取出比色杯,盖上比色箱盖,套上布罩。将比色杯冲洗干净后倒置晾干。
(7) 计算:根据记录的$A_测$、$A_标$和已知的$C_标$ 3 个数值,代入公式$C_测 = A_测 / A_标 \times C_标$,求出$C_测$。

附录:实验指导

1. 实验一　血清蛋白醋酸纤维薄膜电泳
2. 实验二　蛋白质的沉淀与凝固
3. 实验三　影响酶活性的因素
4. 实验四　丙二酸对琥珀酸脱氢酶的抑制作用
5. 实验五　血糖的测定(GOD 法)
6. 实验六　肝中酮体的生成作用
7. 实验七　血清 ALT 的测定(赖氏法)
8. 实验八　纸层析法鉴定转氨基作用

请扫二维码查看实验指导内容。

实验一至实验八

参考文献

［1］周春燕，药立波. 生物化学与分子生物学［M］. 9 版. 北京：人民卫生出版社，2018.

［2］梁金环，徐坤山，王晓凌. 生物化学［M］. 北京：化学工业出版社，2019.

［3］赵瑞巧. 生物化学［M］. 2 版. 北京：科学出版社，2014.

［4］李刚，贺俊崎. 生物化学［M］. 4 版. 北京：北京大学医学出版社，2018.

［5］邓恒，乔建卫，王晓凌. 正常人体功能［M］. 2 版. 武汉：华中科技大学出版社，2014.

［6］张又良，刘军. 生物化学［M］. 2 版. 北京：人民卫生出版社，2020.

［7］田余祥. 生物化学［M］. 4 版. 北京：高等教育出版社，2020.

［8］李清秀. 生物化学［M］. 3 版. 北京：人民卫生出版社，2018.

［9］赵玉娥，刘晓宇. 生物化学［M］. 3 版. 武汉：化学工业出版社，2021.

［10］解军，侯筱宇. 生物化学［M］. 2 版. 北京：高等教育出版社，2020.

［11］王志刚. 分子生物学检验技术［M］. 2 版. 北京：人民卫生出版社，2021.

［12］查锡良. 生物化学［M］. 8 版. 北京：人民卫生出版社，2013.

［13］刘新光，罗德生. 生物化学［M］. 3 版. 北京：科学技术出版社，2021.

［14］翟静，黄忠仕.生物化学［M］.2 版. 南京：江苏凤凰科学技术出版社，2018.

［15］陈辉. 生物化学［M］. 3 版. 北京：高等教育出版社，2019.

［16］贾祥捷，宾巴. 生物化学［M］. 武汉：华中科技大学出版社，2020.

［17］姚文兵. 生物化学［M］. 8 版. 北京：人民卫生出版社，2016.

［18］张向阳. 医学分子生物学［M］. 2 版. 南京：江苏凤凰科学技术出版社，2018.

［19］唐炳华，郑晓珂. 分子生物学［M］. 3 版. 北京：中国中医药出版社，2017.

［20］晁相蓉，余少培，赵佳［M］. 北京：中国科学技术出版社，2017.

［21］吕士杰，王志刚. 生物化学［M］. 8 版. 北京：人民卫生出版社，2019.

［22］何旭辉，周爱儒. 医学生物化学学习指导［M］. 3 版. 北京：北京大学医学出版社，2008.

［23］王健华，王晓凌，孟翠丽，等. 医学生化理论教学中实施情感教育的探索［J］. 教育现代化，2018，5(17)：218 － 219.

［24］邱乐泉，汤晓玲，汪琨，等. 思政元素有机融入生物化学课程教学的实践与探索［J］. 生命的化学，2021，41(7)：1653 － 1659.

［25］RÜHLE T，LEISTER D. Assembly of F1F0 － ATP synthases［J］. Biochim Biophys Acta，2015，1847(9)：849 － 860.

［26］CHANDEL NS. Amino acid metabolism［J］. Cold Spring Harb Perspect Biol，2021，13(4)：a040584.